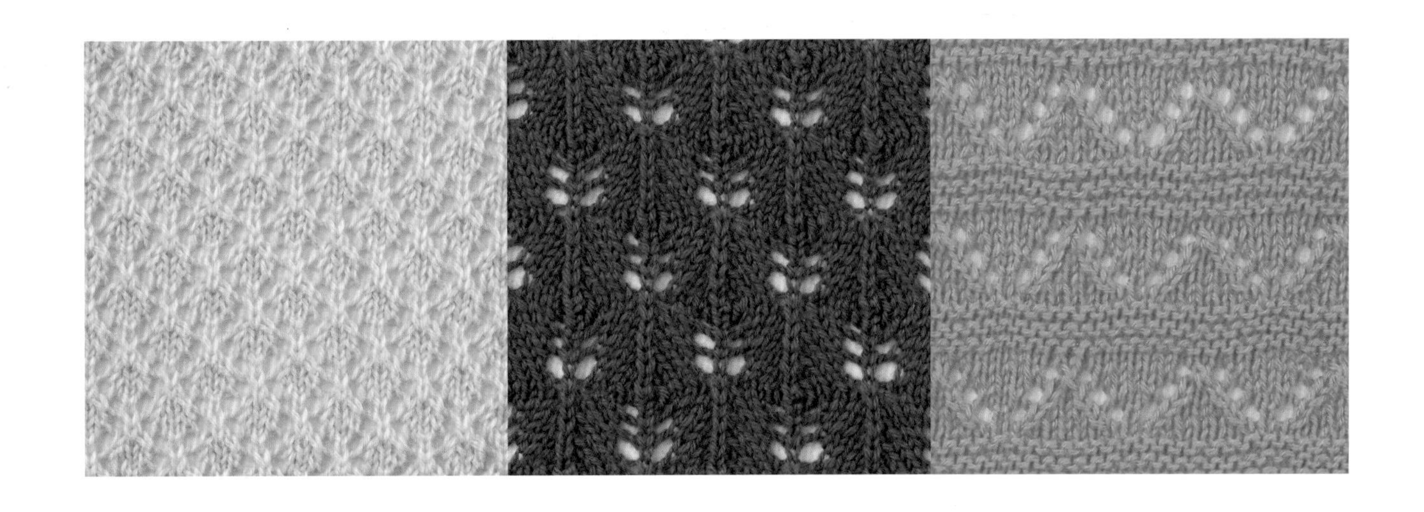

Flower ✻ Leaf ✻ Form ✻ Line ✻ Wave ✻ Combination

增订版

镂空花样280

精选280种棒针编织蕾丝花样和11款可以快速完成的编织小物

日本宝库社　编著　　蒋幼幼　译

河南科学技术出版社
·郑州·

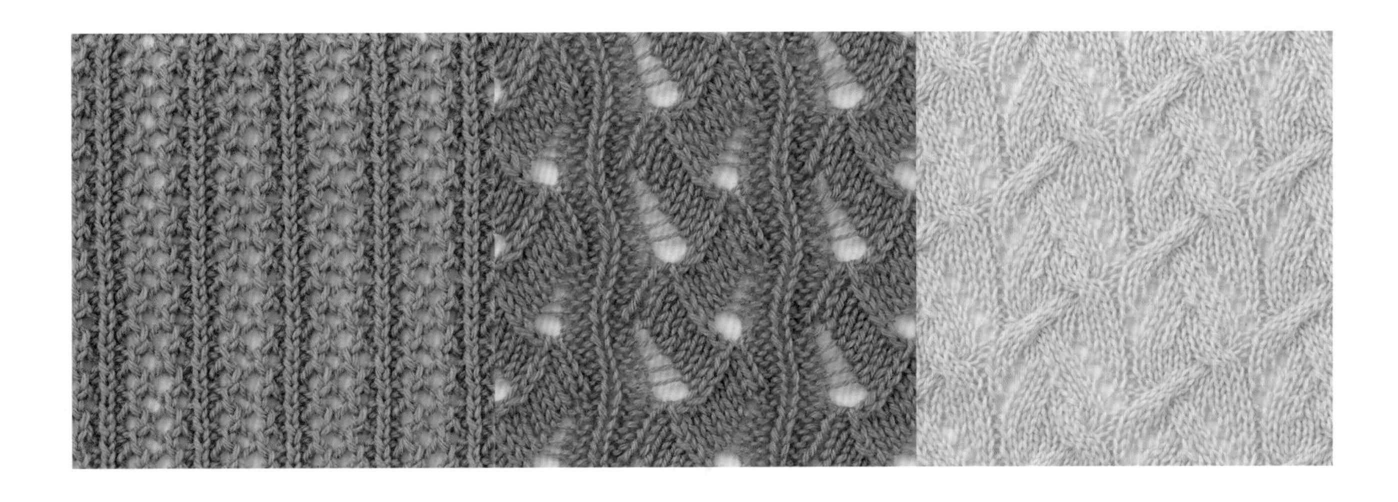

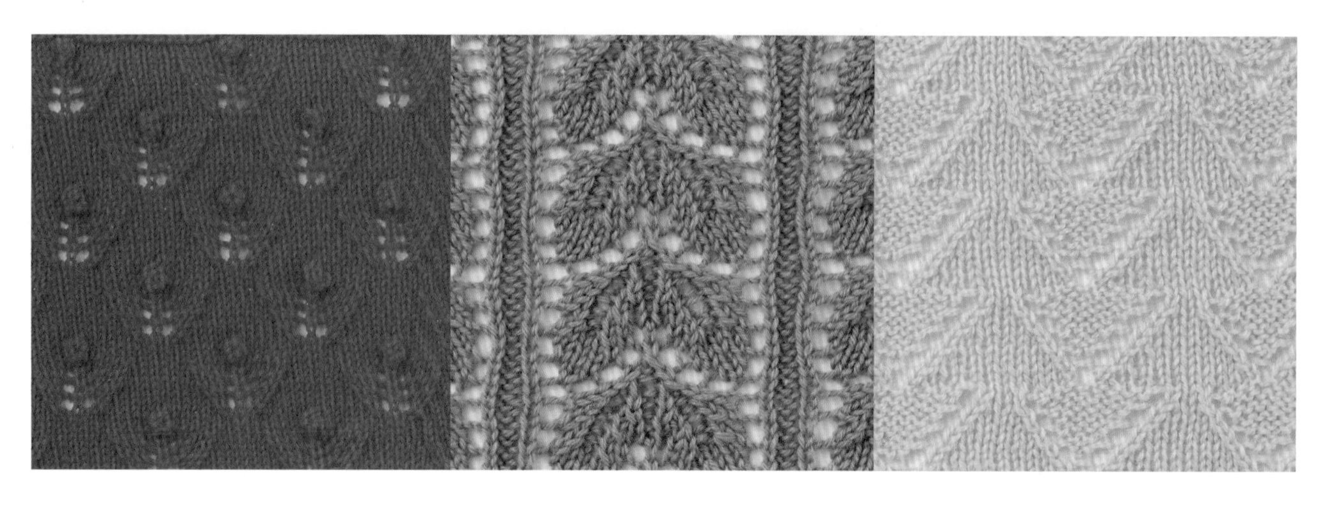

目录

本书的编织花样符号图全部是从正面看到的织物状态。为了使符号图更加清晰明了，省略了下针或上针，省略的针目会在符号图的下方以“□ =”的形式加以标注。想在作品中巧妙利用这些花样前，请务必阅读“符号图的看法和使用方法”（p.14、p.15）。

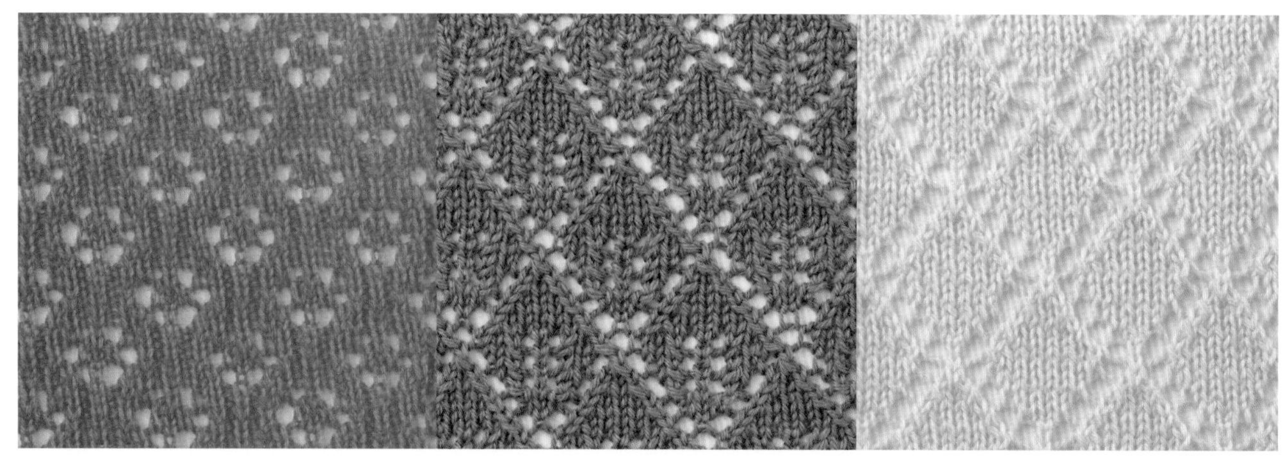

※ 本书是日文版《镂空花样 300》的增订版，在精选出的人气花样的基础上增加了最新的花样。

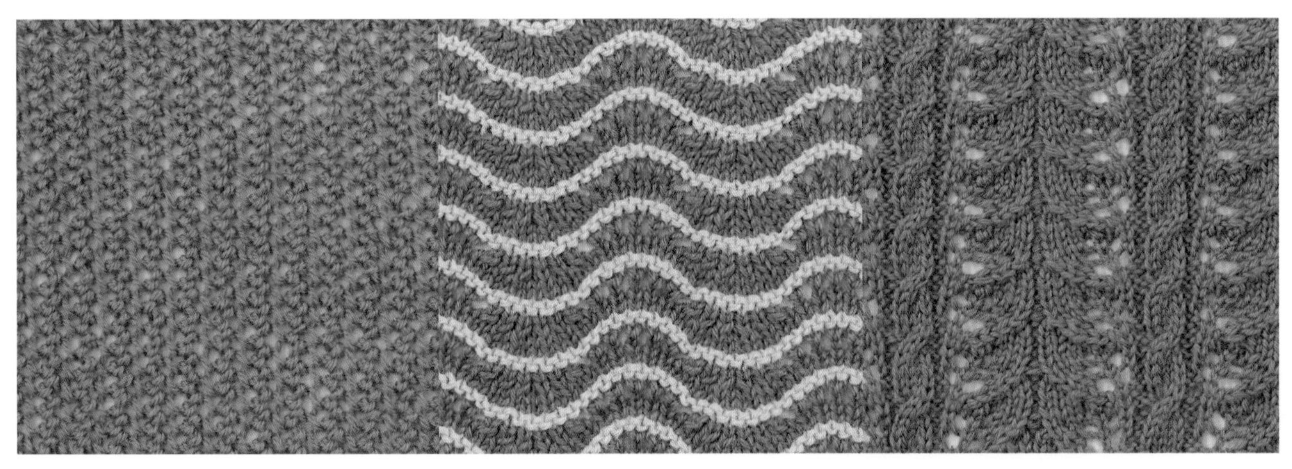

树叶花样的
长方形披肩

仿佛密密麻麻的树叶相互交错层叠，披肩的花样呈现出漂亮的浮雕效果。四周统一编织起伏针，尺寸也足够宽大。沉稳大气的深灰色最是契合初秋的风景，百搭实用。

使用线材／芭贝 Princess Anny

编织方法／p.120

波形花样的长款围脖

可爱的花样自然形成舒缓的波浪形饰边，透着一丝怀旧气息。由于是从下往上环形编织，针数会比较多。不过行数也可以自行调整，在保持花样完整性的同时编织得窄一点。如果围成两圈可增加领口部位的厚实感，不仅保暖，还能起到瘦脸的效果！

使用线材／芭贝 Alba
编织方法／p.121

条纹花样的三角形披肩

这是一件夏季款披肩，冷色调的条纹花样给人清凉的感觉。7针起针后，一边在两端和中心挂线加针，一边朝三角形的顶点方向编织。重复编织的绕2圈和绕3圈的卷针，在镂空纹理中演绎出上下起伏的韵律感，令人赏心悦目。

使用线材／芭贝 Arabis
编织方法／p.122

斜纹花样的披肩

这款浅灰色披肩的斜边角设计新颖时尚。利用倾斜走向的花样特性，在一端编织挂针，在另一端编织2针并1针。因为想编织一条可长期珍惜使用的披肩，所以选择了手感轻柔舒适的优质羊绒线。

使用线材／RICH MORE Cashmere
编织方法／p.124

圆形花样的
露指手套

露指手套上圆鼓鼓的洋葱花样十分引人注目。使用单个花样点缀也非常别致，但却很想尝试一下连续花样的效果。让人联想到大自然中的树木和土地的大地色最不挑人，而且还给人温暖的感觉，所以这款手套作为礼物送人也很不错哟。

使用线材／芭贝 British Fine
编织方法／p.125

短款围脖

用挂针隔开起伏针和下针编织完成的锯齿形花样，给人简约、轻快的感觉。这个花样可以按自己的喜好简单地调整锯齿的宽度、长度和间隔等。轻柔舒适的短款围脖小巧方便，真是一款可以随身携带的冬季实用单品。

使用线材／RICH MORE Kaunis
编织方法／p.126

帽子

这是一款富有色彩变化的浅蓝色帽子。在挂针和2针并1针的作用下，麻花针呈螺旋状旋转，形成别致的花样。既可将整个帽子深深地套在头上，也可将帽顶压扁后浅浅地戴在头上，可以戴出不同效果的独特设计令人惊喜。

使用线材／芭贝 British Eroika
编织方法／p.128

发带

像石墙一样交织的斜方格花样让人印象深刻。这种花样具有一定的伸缩性，正适合用来编织发带。因为花样的操作行几乎都是针法符号，编织时要特别注意2针并1针和3针并1针的方向。先进行往返编织，然后将两端缝合在一起形成环形。

使用线材／和麻纳卡 Exceed Wool FL(粗)
编织方法／p.121

真丝棉
护臂手套

长款的护臂手套非常实用，既能阻挡夏日紫外线对皮肤的伤害，又能抵挡空调房内的冷气。1针与2针的交叉花样和镂空花样交替排列形成纵向条纹，给人简洁利落的感觉。优质的真丝棉线散发着雅致的光泽，宛如精美的饰品。

使用线材／RICH MORE Silk Cotton Fine
编织方法／p.129

竖条纹花样披肩

鲜亮的蓝绿色披肩让人神采奕奕。每行重复编织挂针和3针并1针所形成的竖条纹花样类似罗纹针的效果，作品看上去宽大松软。符号图乍一看似乎很复杂，其实正面和反面的编织针法相同。

使用线材／MADE条纹花样TOSH Tosh Merino Light

编织方法／p.130

马海毛三角形披肩

薰衣草色的三角形披肩可以为普通的着装增添别样的光彩。在两端编织挂针，以花样为单位逐渐加宽织片。用马海毛线编织的披肩既轻柔又暖和，只需简单地披在肩上，就连牛仔等休闲风装束也会被衬托得精致优雅。

使用线材／和麻纳卡 Alpaca Mohair Fine
编织方法／p.127

符号图的看法和使用方法

镂空花样由挂针和减针构成。1行中挂针和减针的针数一定是相同的，如果一种针法比另一种多，总针数就会减少或者增多。(有时也会灵活利用加、减针改变织物形状。)不过，编织的末端未必刚好可以重复1个花样。这种情况下，会通过改变两端的边针符号进行调整，使总针数保持不变。本书的符号图都对边针做了调整，可以直接按符号图进行编织。

编织花样符号图的看法

◎本书的编织符号图表示的全部是从正面看到的织物状态。 奇数行看着织物的正面，按符号图从右往左编织。偶数行看着织物的反面，按符号图从左往右用所示符号相反的针法编织(如例)。
(例)偶数行是下针符号时，实际上是看着织物的反面编织上针。

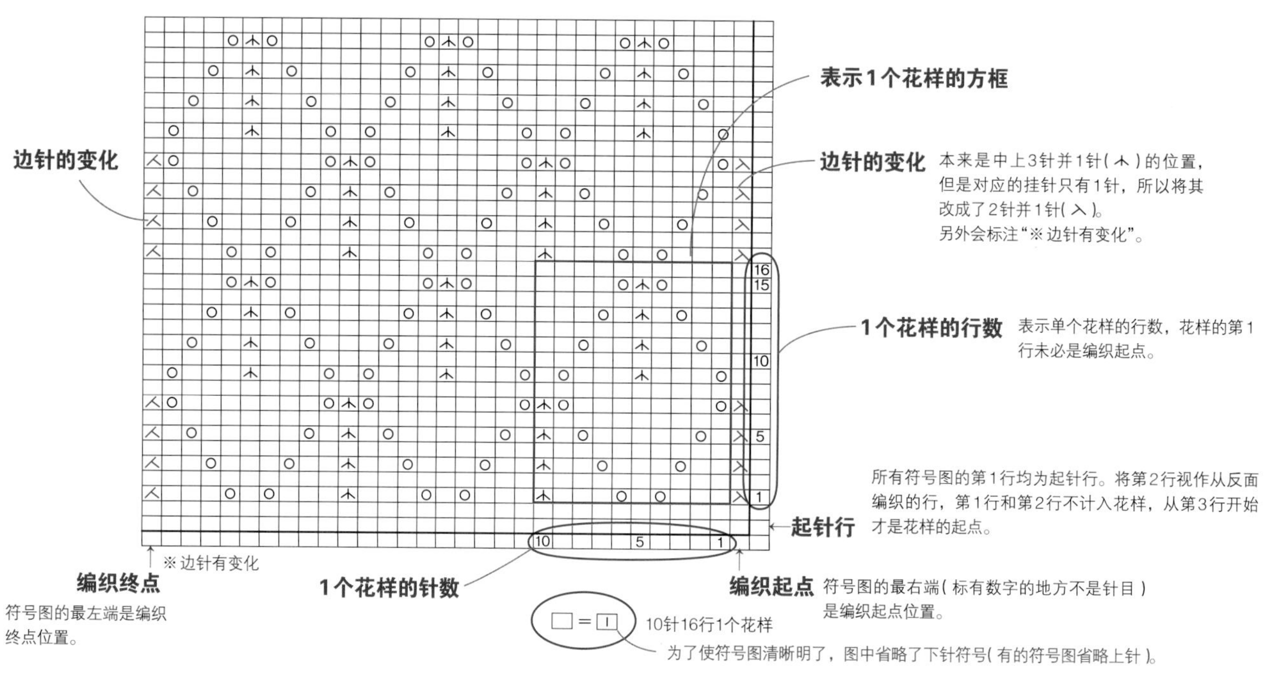

此符号图中1个花样(即重复的单元花样)排列了2次。因为页面空间的关系，有时只显示1次单元花样和边针的变化。

编织时符号图的使用方法

◎重复1个花样至想要编织的作品宽度。两端的针目按符号图进行调整。

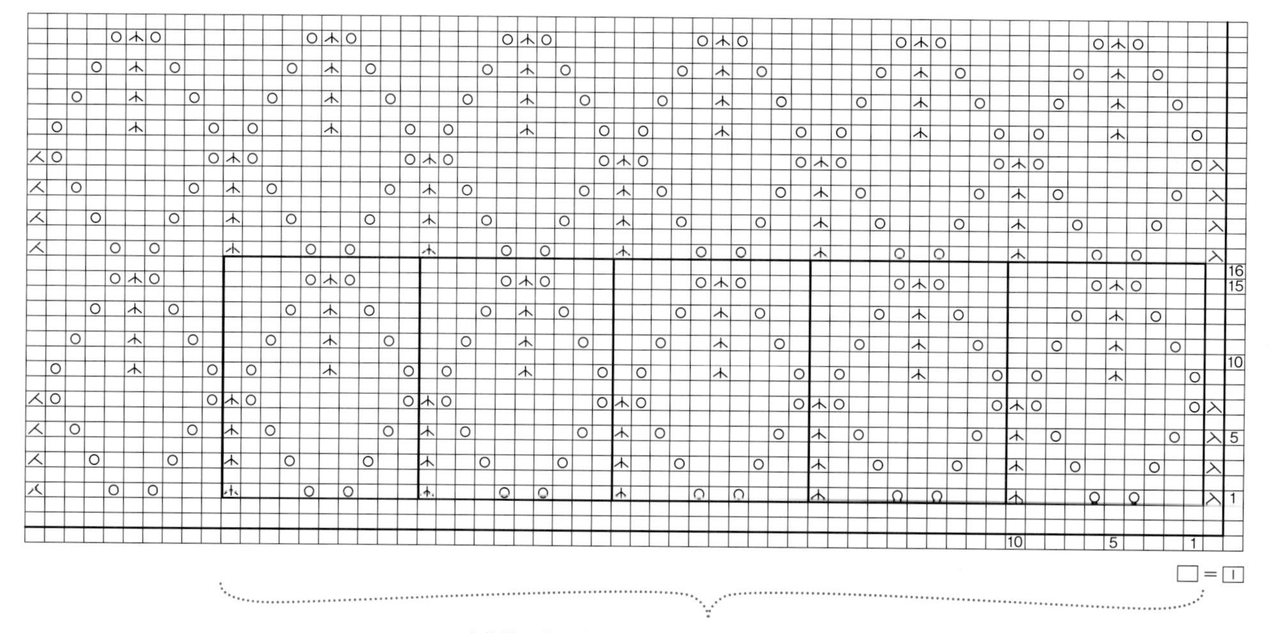

1个花样10针 × 花样个数(所需针数还要再加上变化的针数)

不过，如果直接这样编织，织物的边缘(上下、左右)会不平整，最好在编织花样的前几行以及两侧加入起伏针一起编织(参照p.15)。

使用方法实例

◎下面两个实例在符号图的编织起点处以及两端加了起伏针，这样可以保持织物的平整。

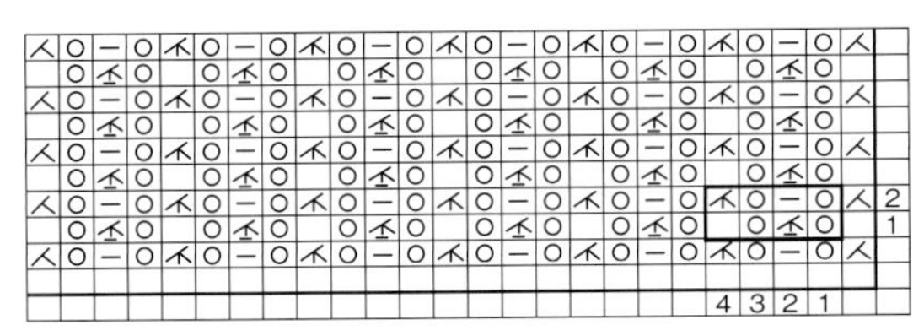

□=□ 4针2行1个花样

A

p.12 的作品 竖条纹花样 182(边针有变化的情况)

这个花样是"挂针、上针的3针并1针、挂针、下针"的重复。因为花样在反面编织的行是从上针的3针并1针开始的，就会少1针挂针，所以将边上的3针并1针改成了2针并1针。

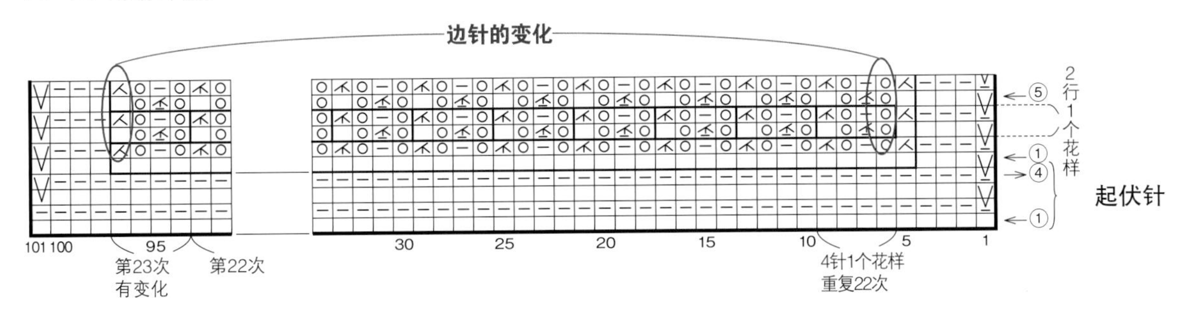

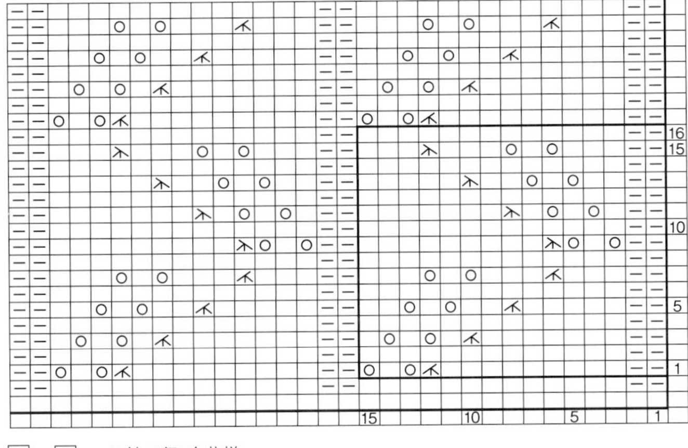

□=□ 15针16行1个花样

B

p.4 的作品 树叶花样 75 (边针没有变化的情况)

这个花样与A一样，也是3针并1针和2针挂针的重复。因为花样的特性，很难从花样的中间开始编织，所以必须以花样为单位进行排列。虽然边针不需要调整，如果左右两端能统一针数，作品则会显得更加工整美观。

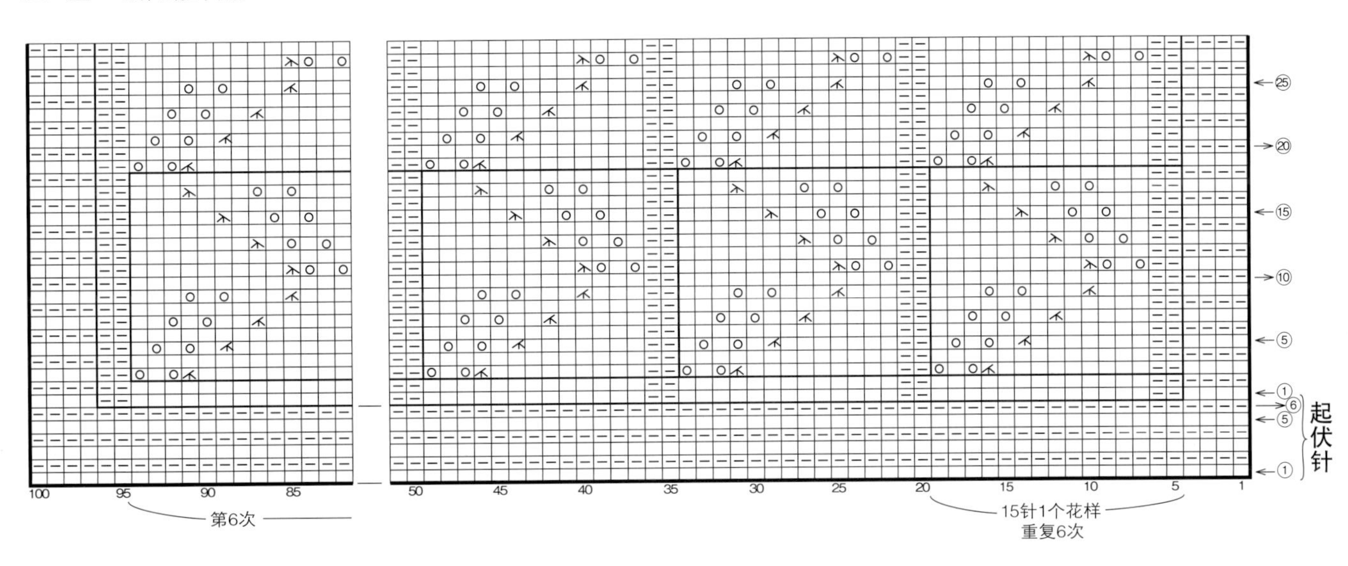

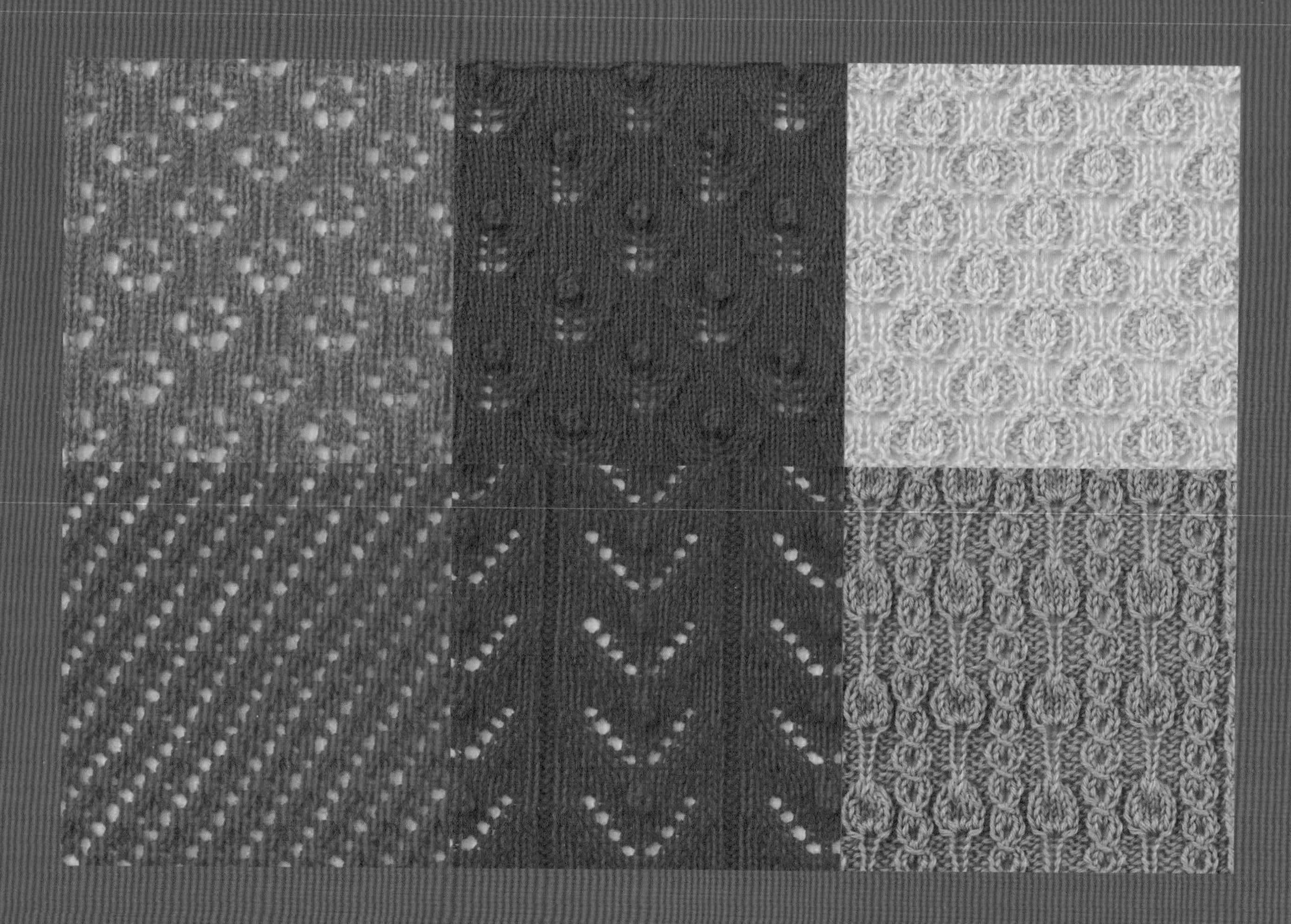

花朵花样

从铺满织物的小花样，到华丽装饰作品的大花样，花朵形状的花样有很多。小花样比较容易调整，可以用在有加、减针的部分。大花样则需要考虑行的编织终点在花样中的位置，再来确定编织起点。

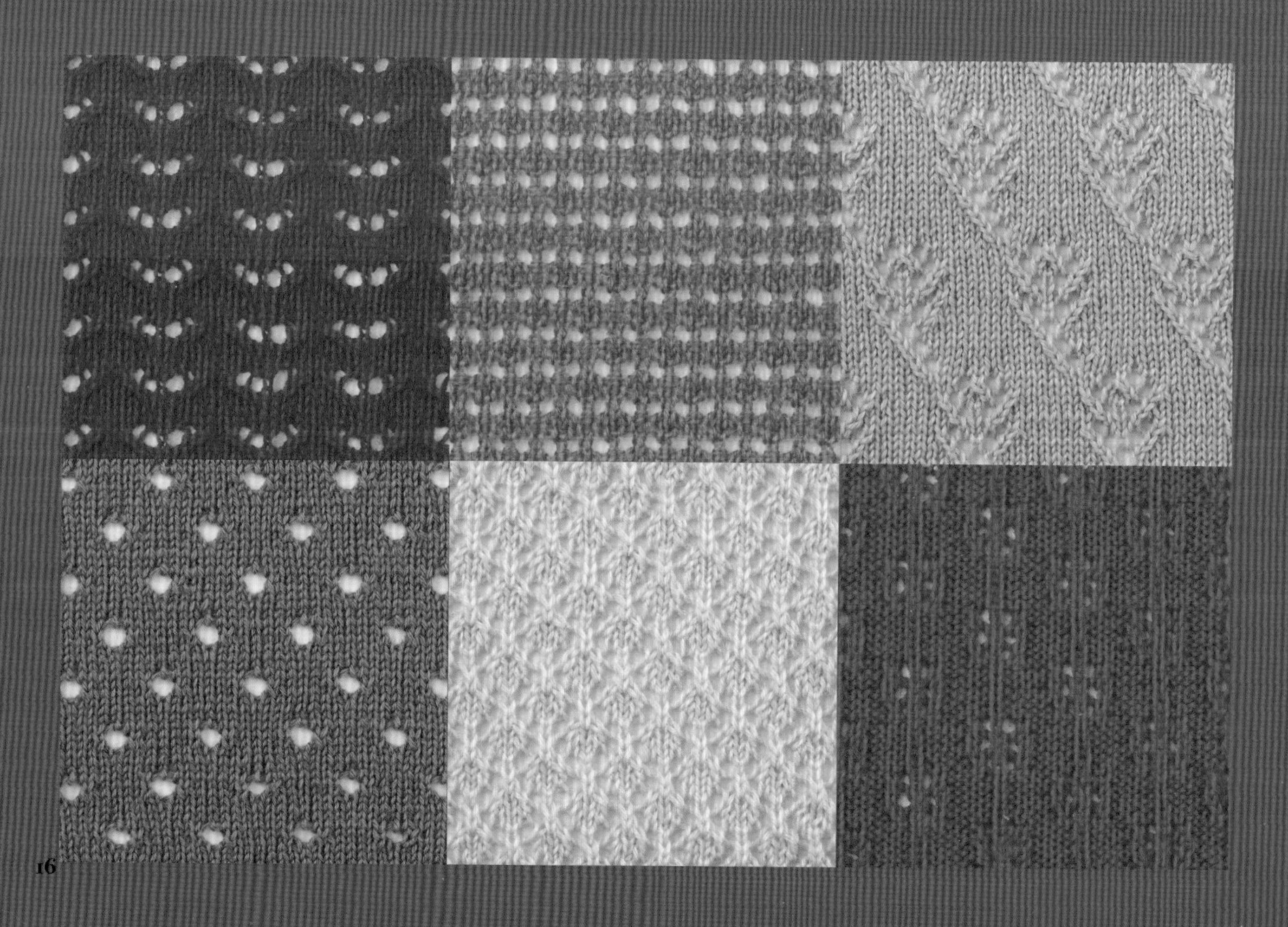

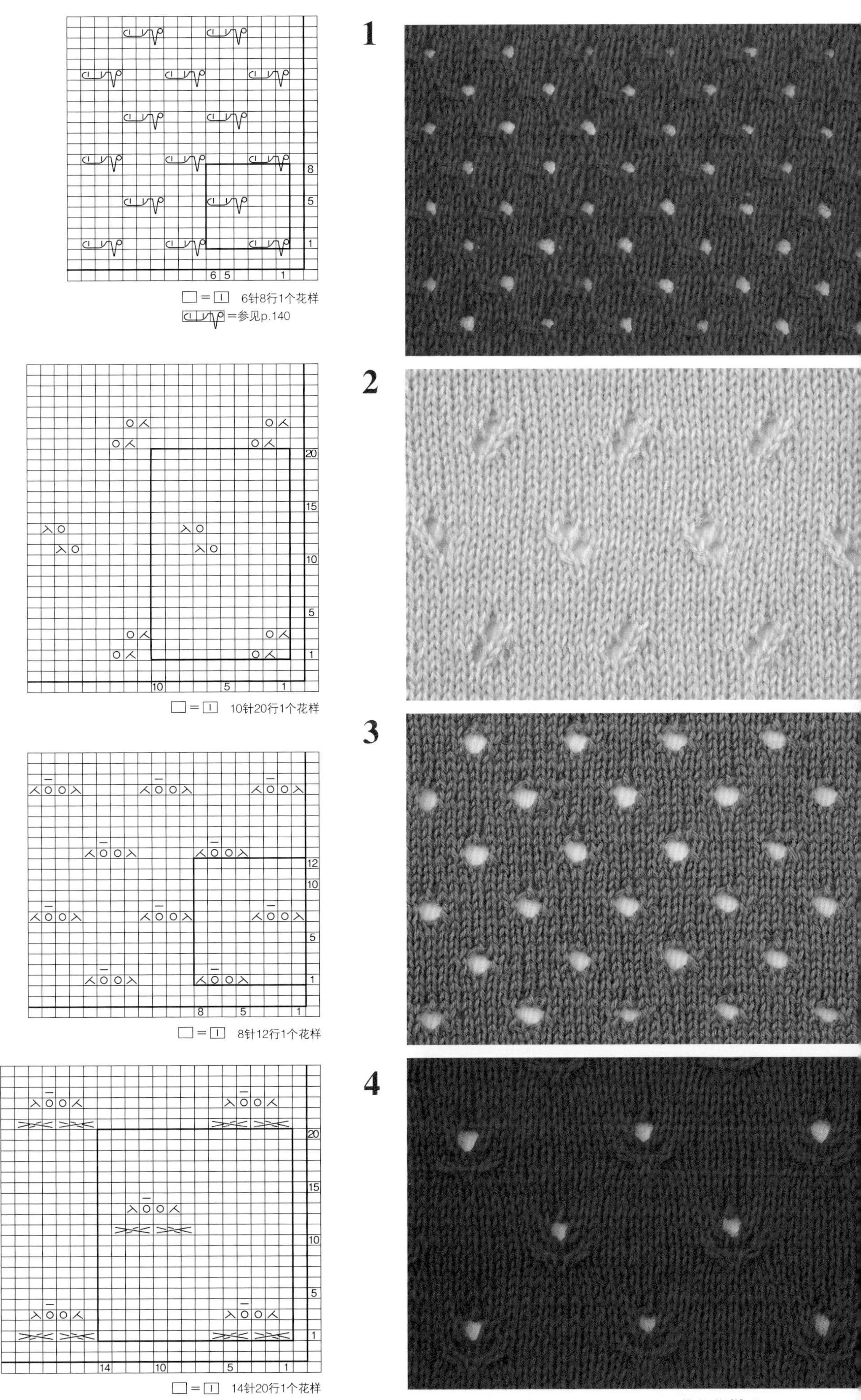
1
8
5
1
6 5
1
□＝□ 6针8行1个花样
＝参见p.140
2
20
15
10
5
1
10
5
1
□＝□ 10针20行1个花样
3
12
10
5
1
8
5
1
□＝□ 8针12行1个花样
4
20
15
10
5
1
14
10
5
1
□＝□ 14针20行1个花样

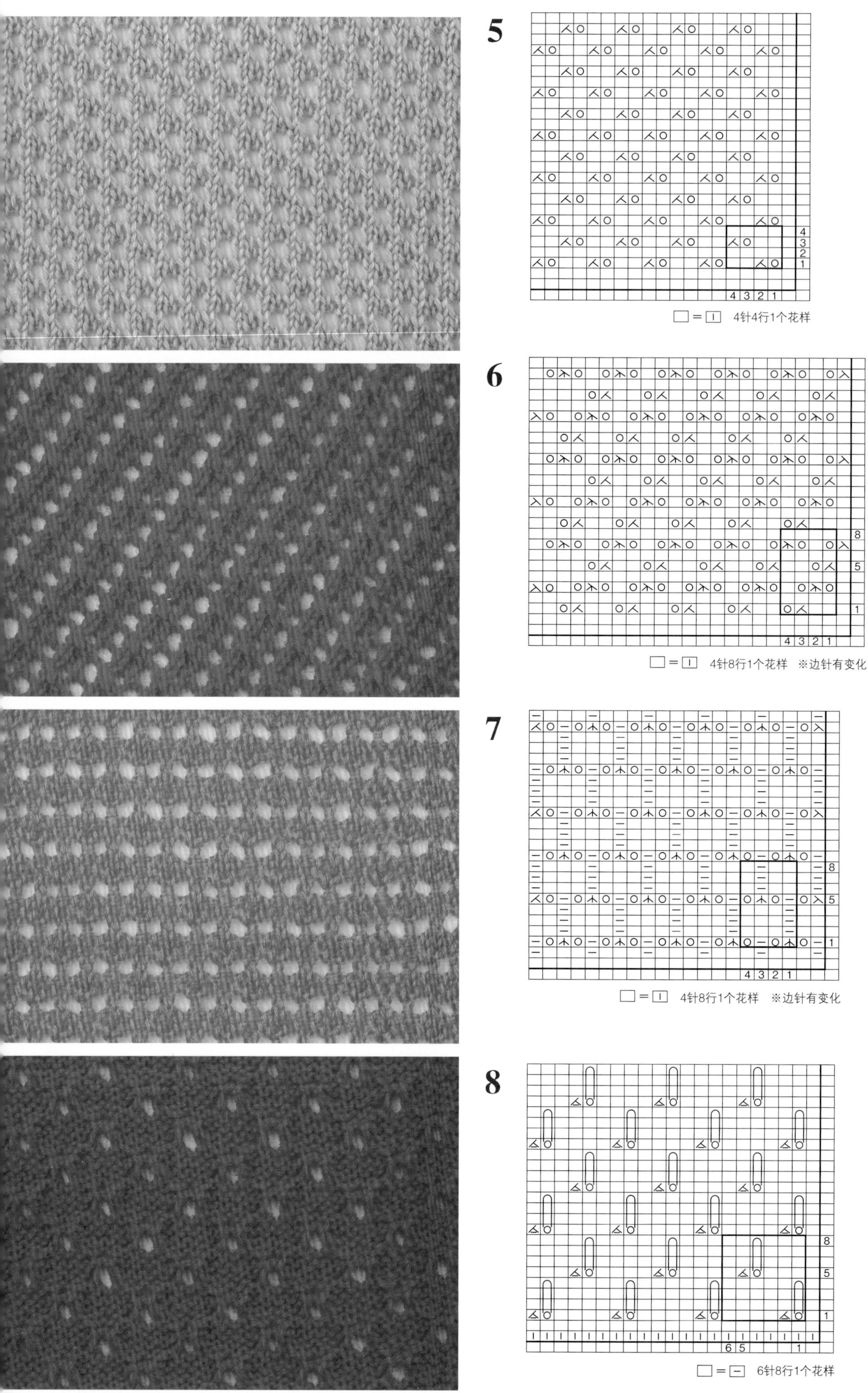
5
4针4行1个花样
6
4针8行1个花样 ※边针有变化
7
4针8行1个花样 ※边针有变化
8
6针8行1个花样

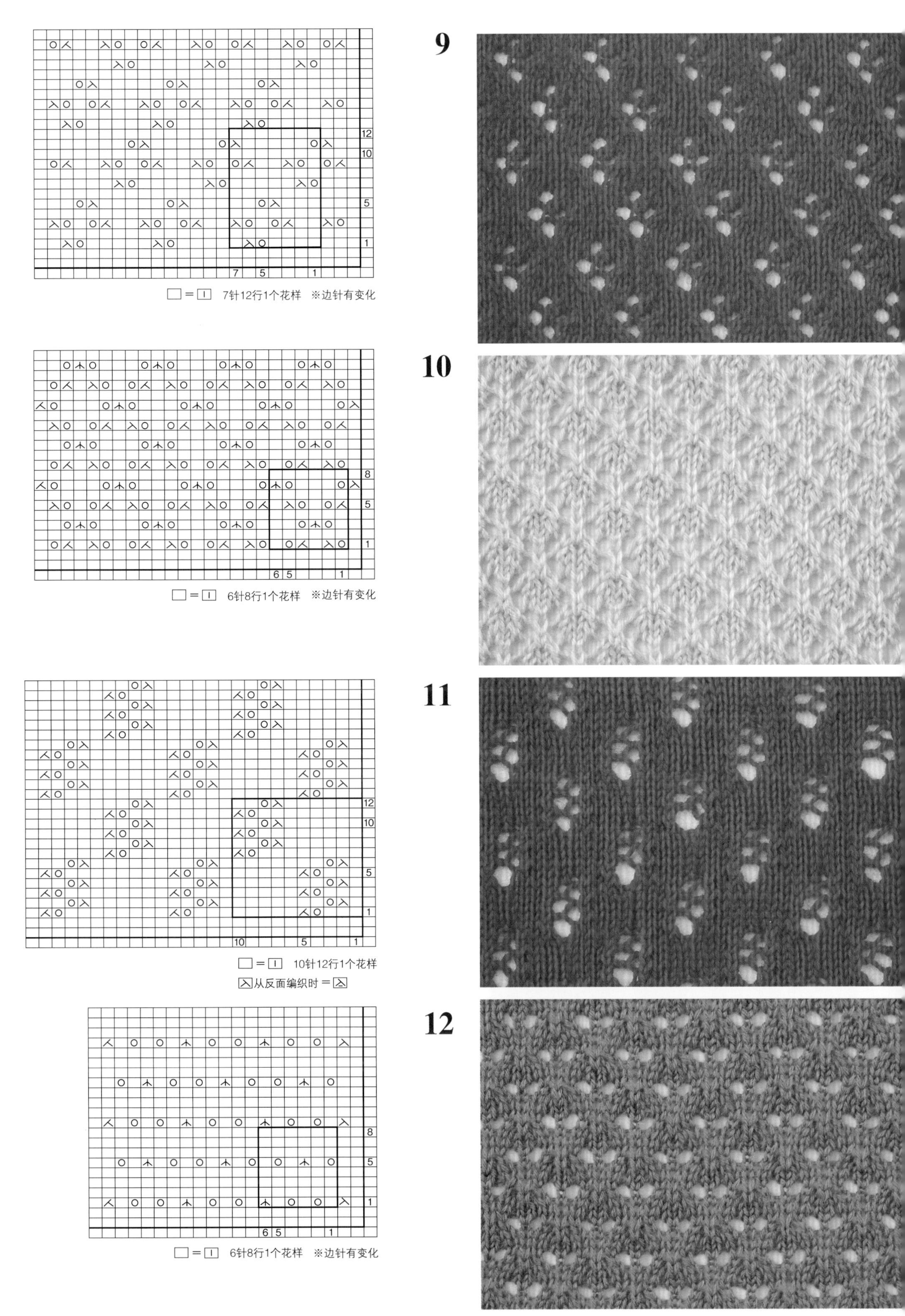
9
10
11
12
7针12行1个花样 ※边针有变化
6针8行1个花样 ※边针有变化
10针12行1个花样
从反面编织时＝
6针8行1个花样 ※边针有变化

13

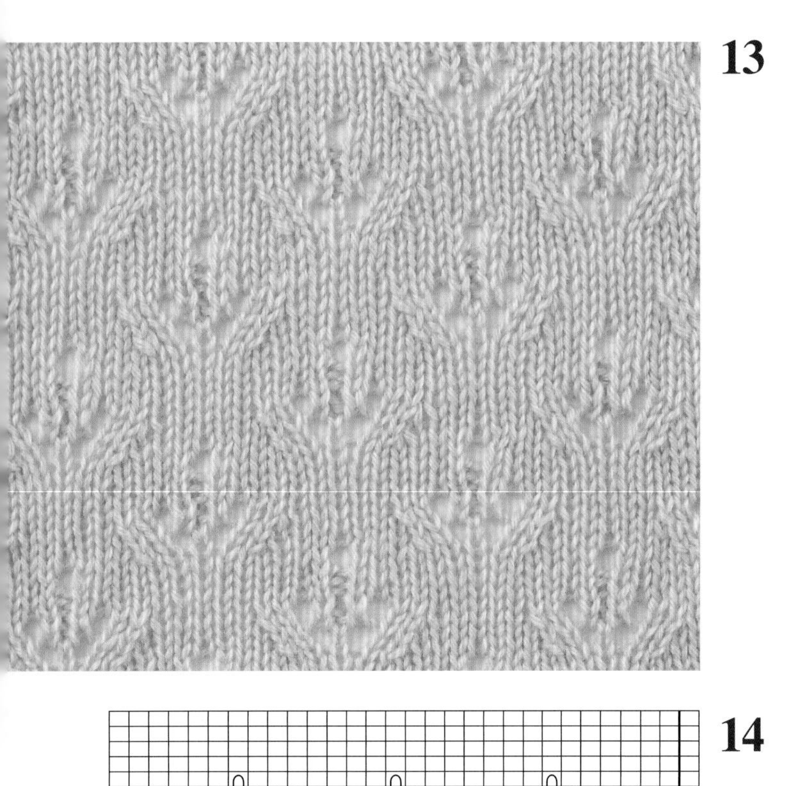

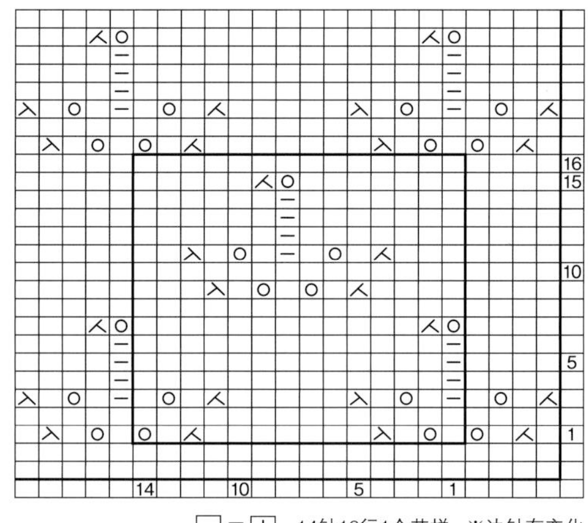

□＝□ 14针16行1个花样 ※边针有变化

14

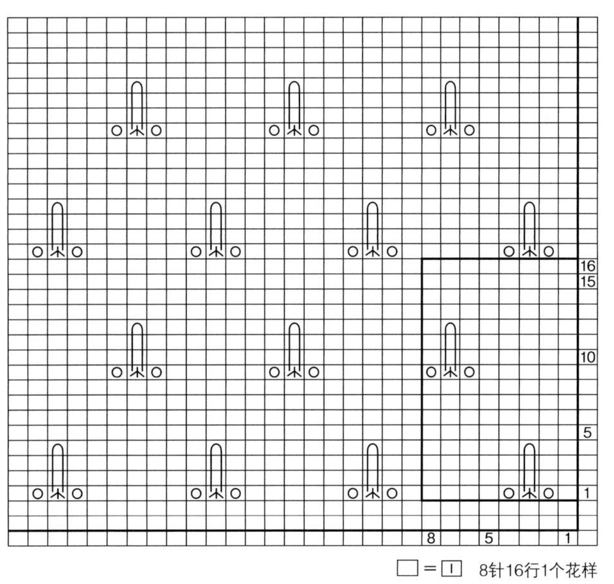

□＝□ 8针16行1个花样

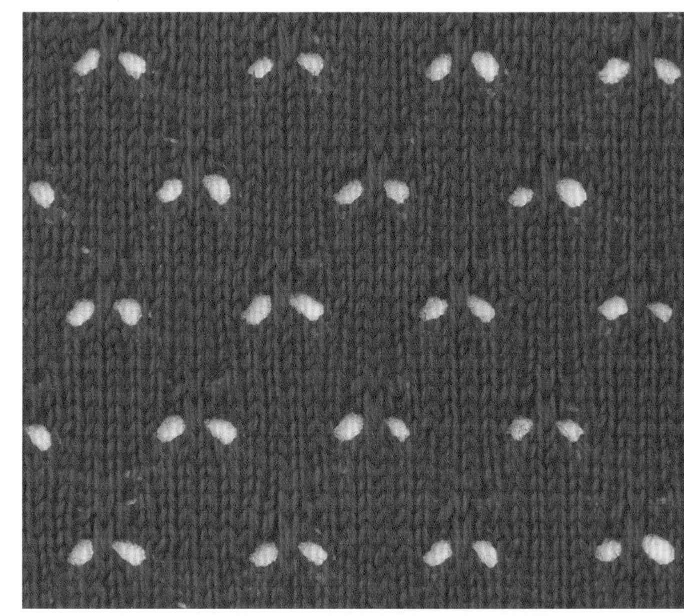

15

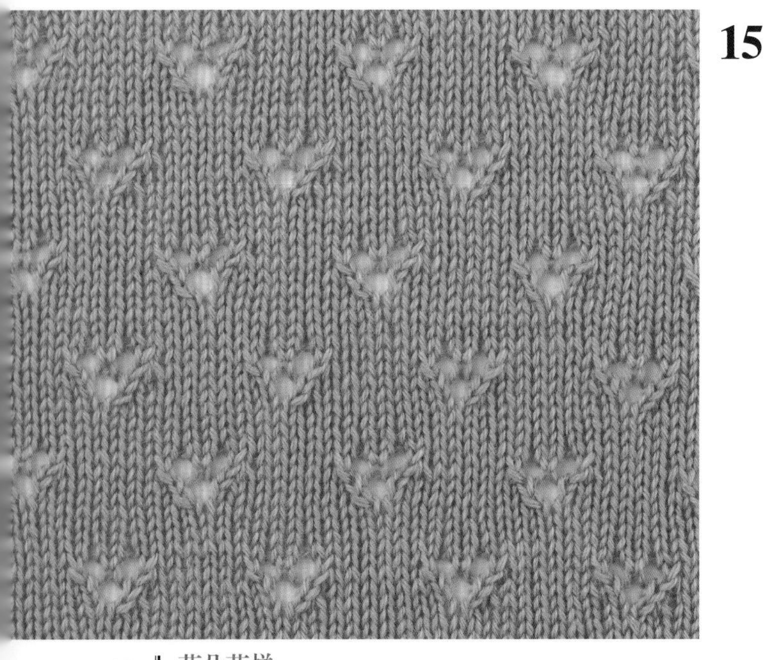

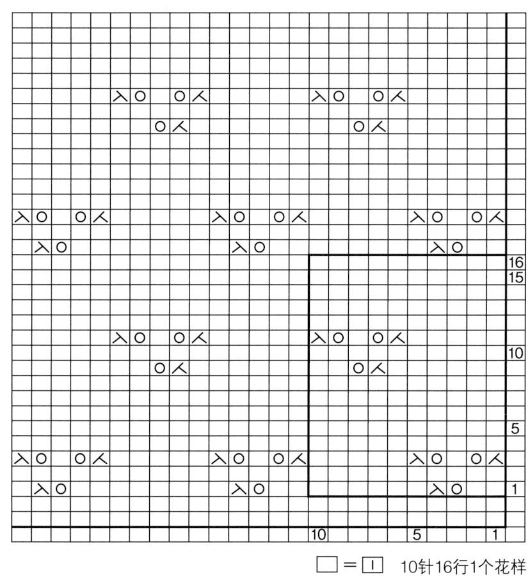

□＝□ 10针16行1个花样

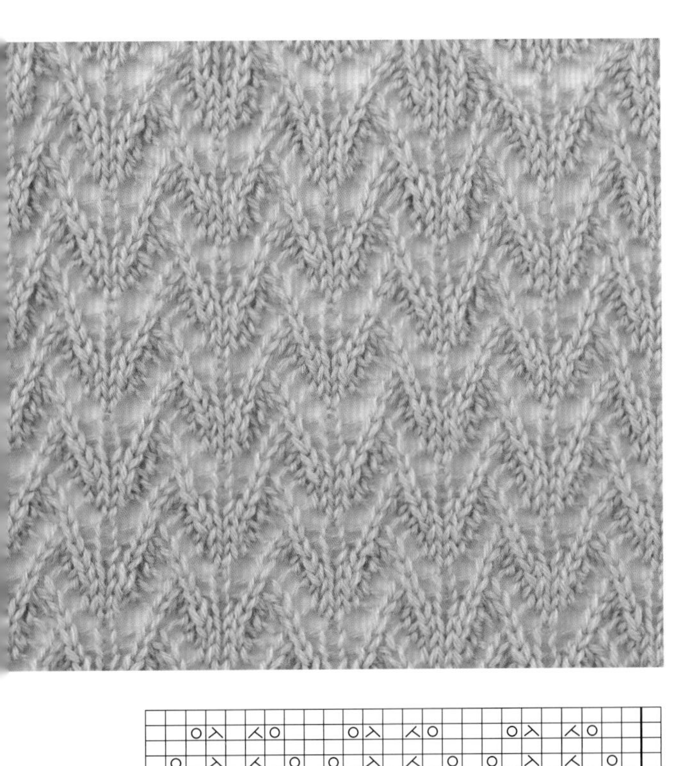

16

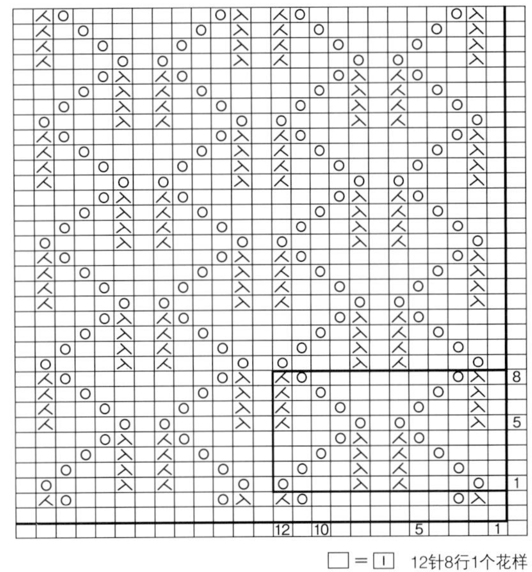

□＝□ 12针8行1个花样

⋌ 从反面编织时 ＝⋌

⋋ 从反面编织时 ＝⋋

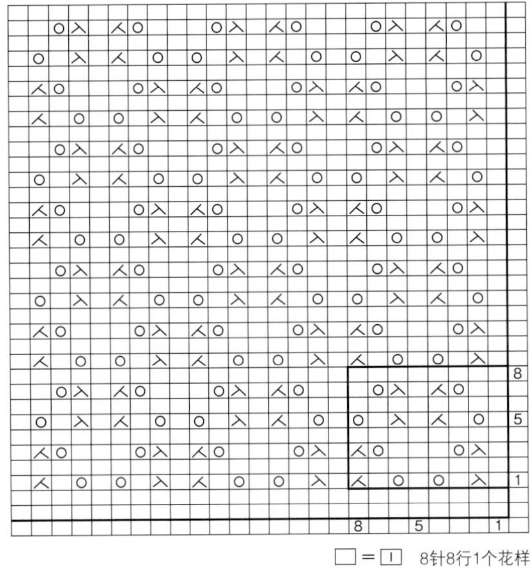

□＝□ 8针8行1个花样

17

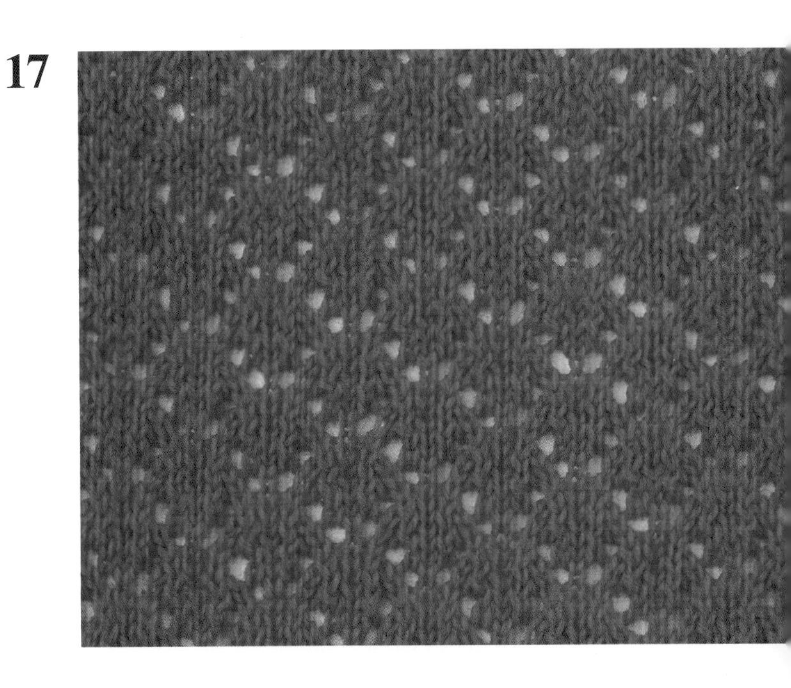

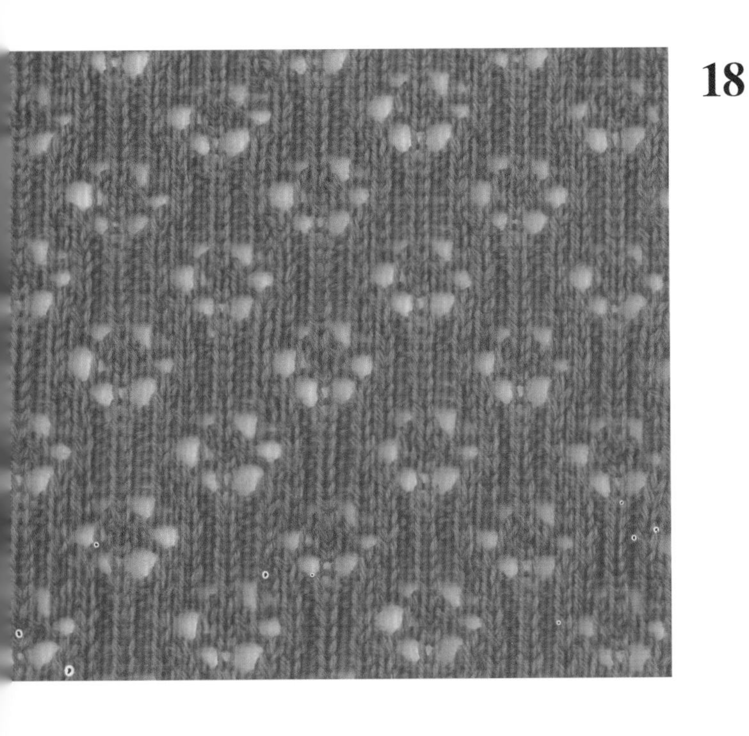

18

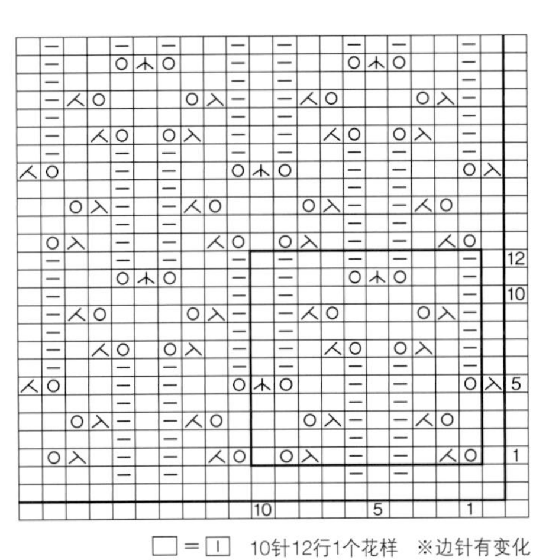

□＝□ 10针12行1个花样 ※边针有变化

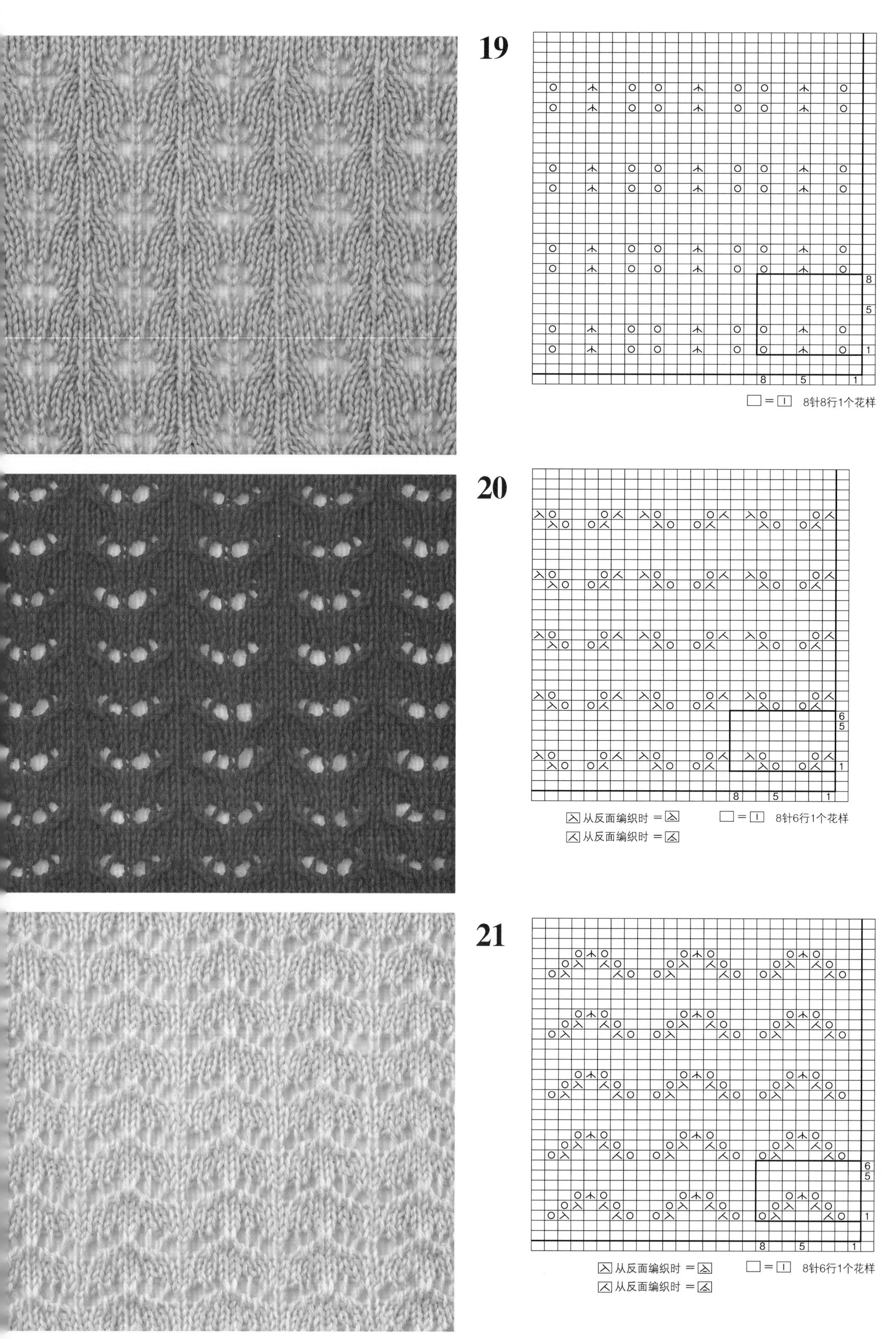
19
8针8行1个花样
20
从反面编织时
从反面编织时
8针6行1个花样
21
从反面编织时
从反面编织时
8针6行1个花样

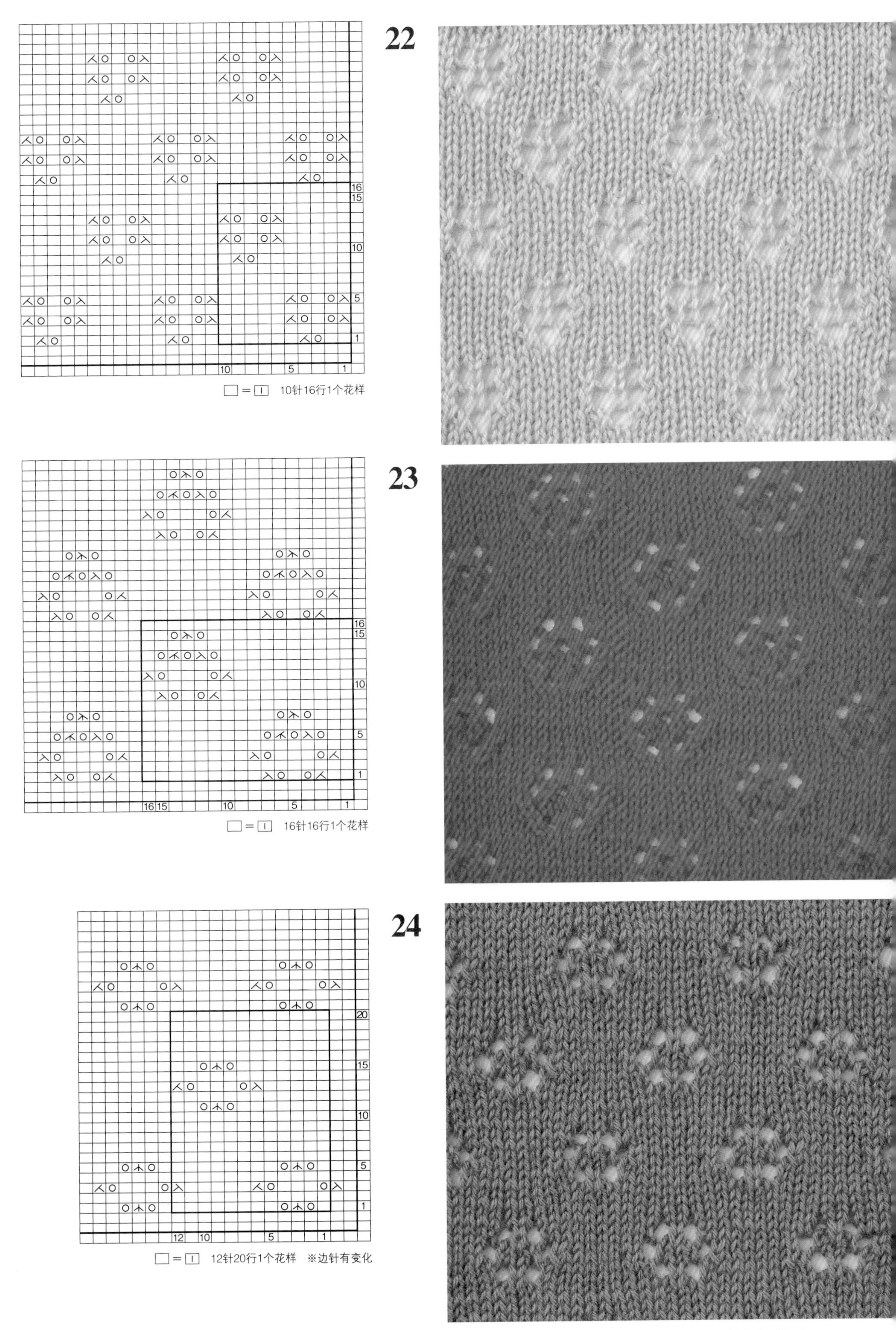
22
□=□ 10针16行1个花样
23
□=□ 16针16行1个花样
24
□=□ 12针20行1个花样 ※边针有变化

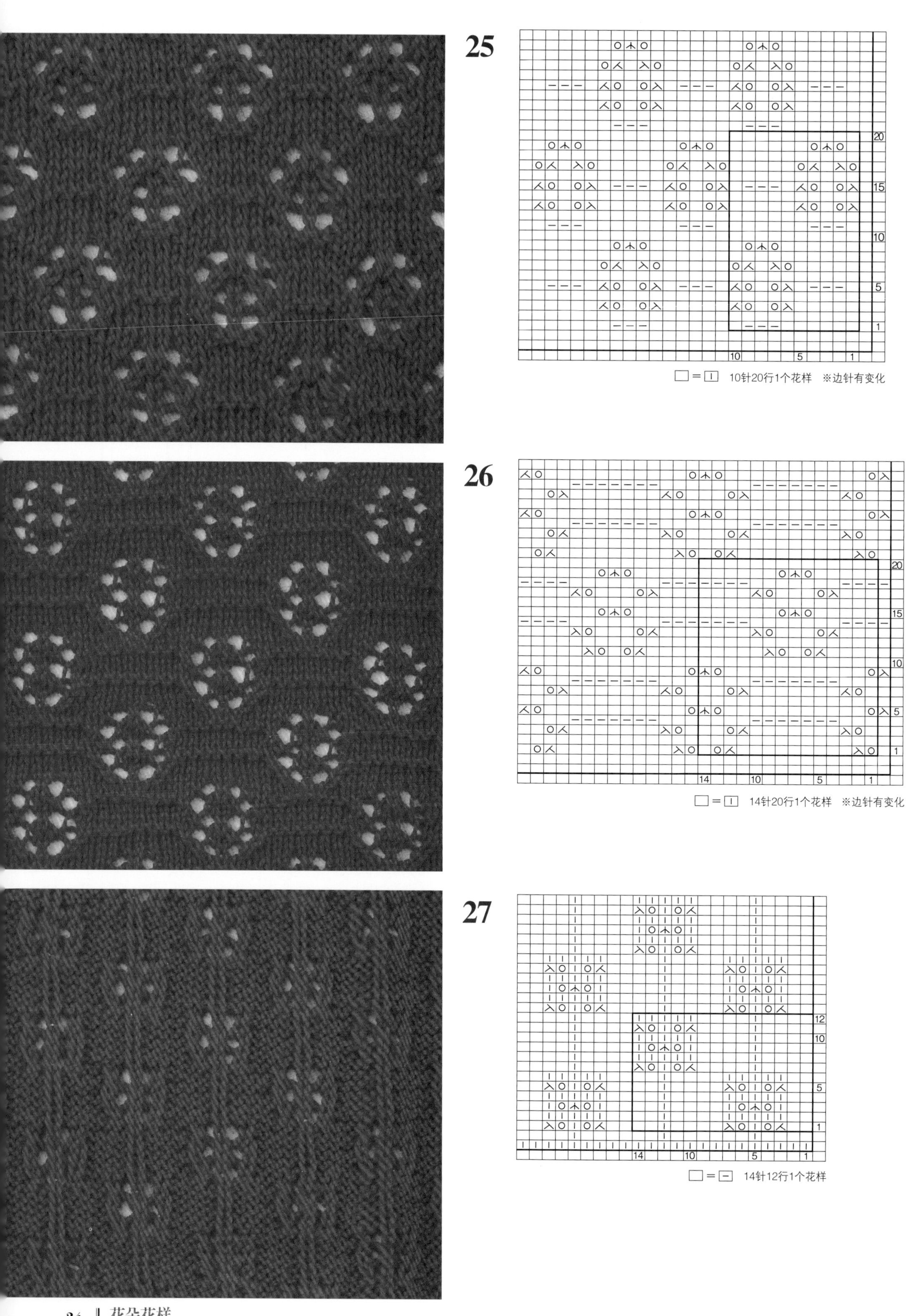
25
□＝□ 10针20行1个花样 ※边针有变化
26
□＝□ 14针20行1个花样 ※边针有变化
27
□＝□ 14针12行1个花样

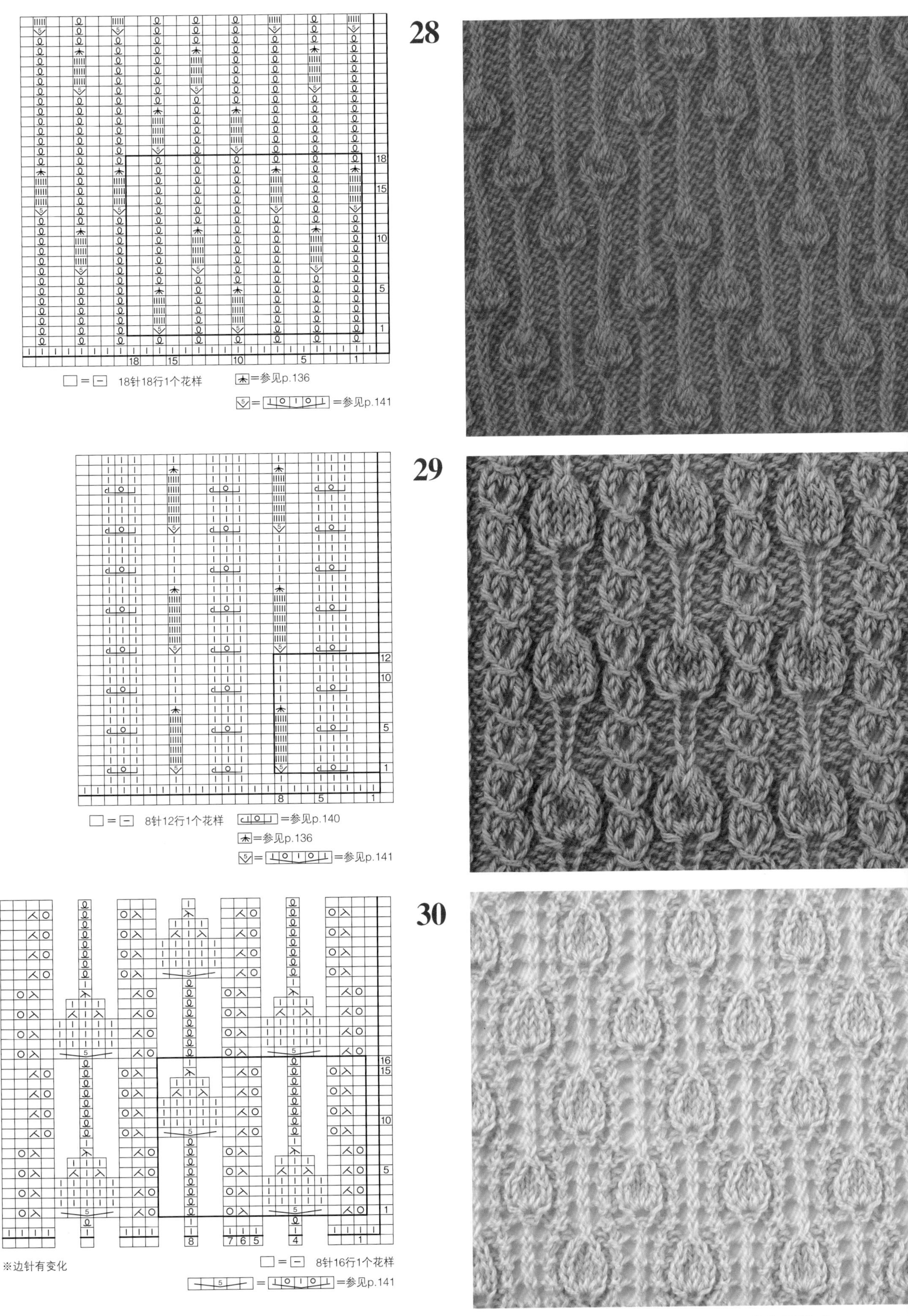
28
□=□ 18针18行1个花样
=参见p.136
=参见p.141
29
□=□ 8针12行1个花样
=参见p.140
=参见p.136
=参见p.141
30
※边针有变化
□=□ 8针16行1个花样
=参见p.141

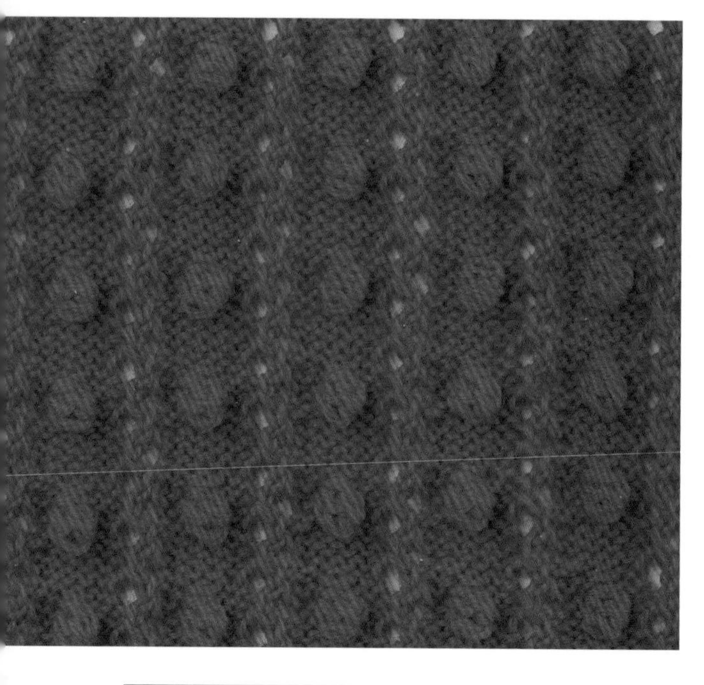

31

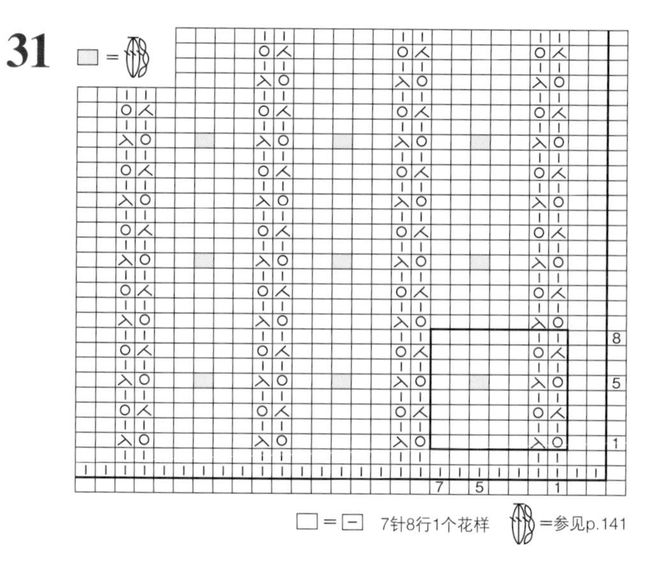

□ = ⊟ 7针8行1个花样 =参见p.141

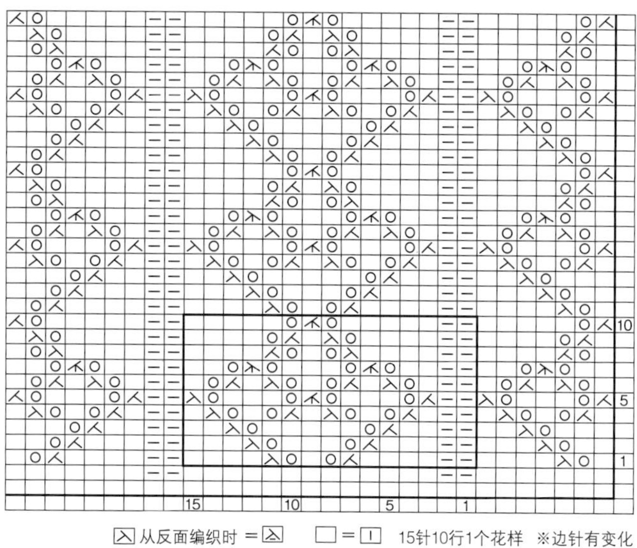

⋋ 从反面编织时 = ⋋ □ = ⊟ 15针10行1个花样 ※边针有变化

⋌ 从反面编织时 = ⋌

32

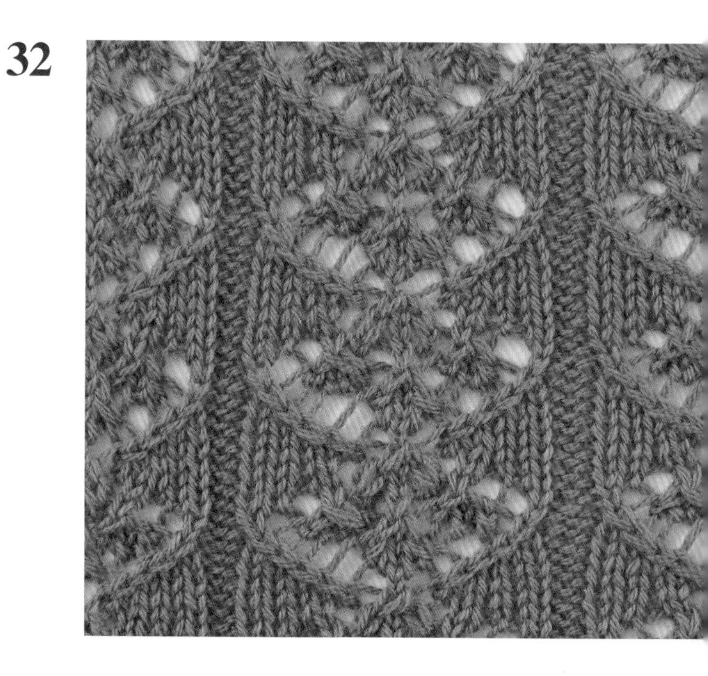

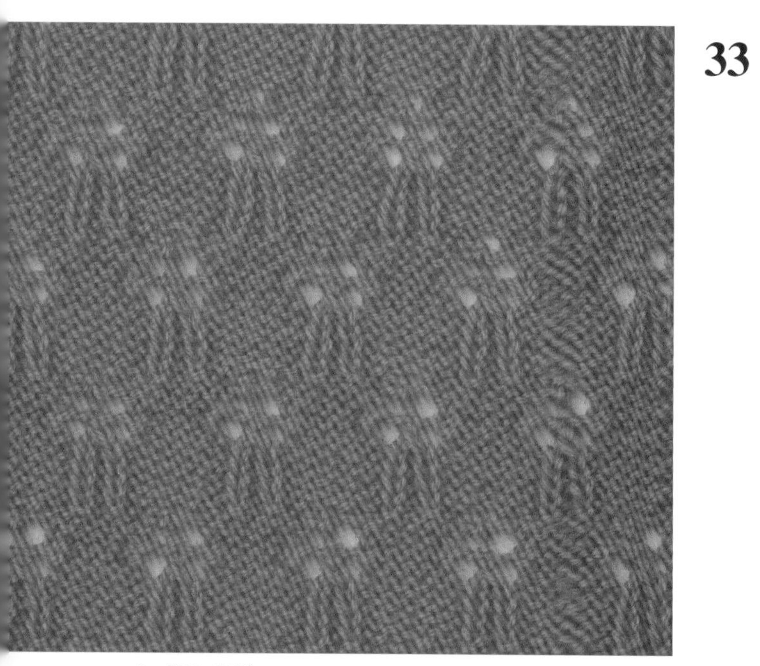

33

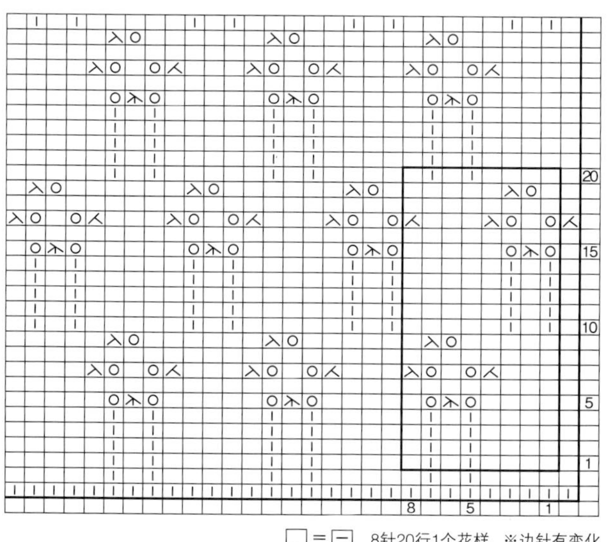

□ = ⊟ 8针20行1个花样 ※边针有变化

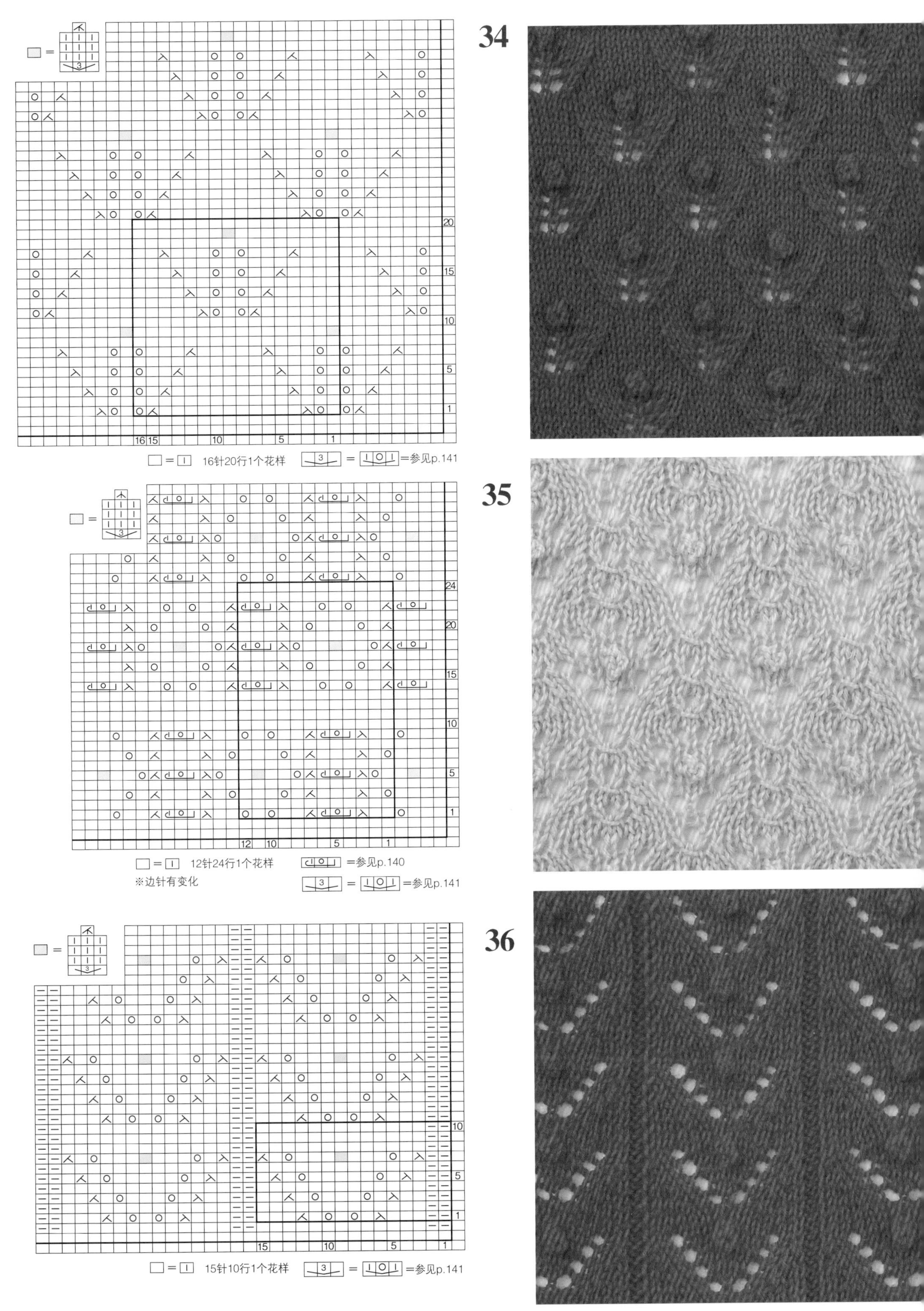
34
16针20行1个花样
=参见p.141
35
12针24行1个花样
=参见p.140
※边针有变化
=参见p.141
36
15针10行1个花样
=参见p.141

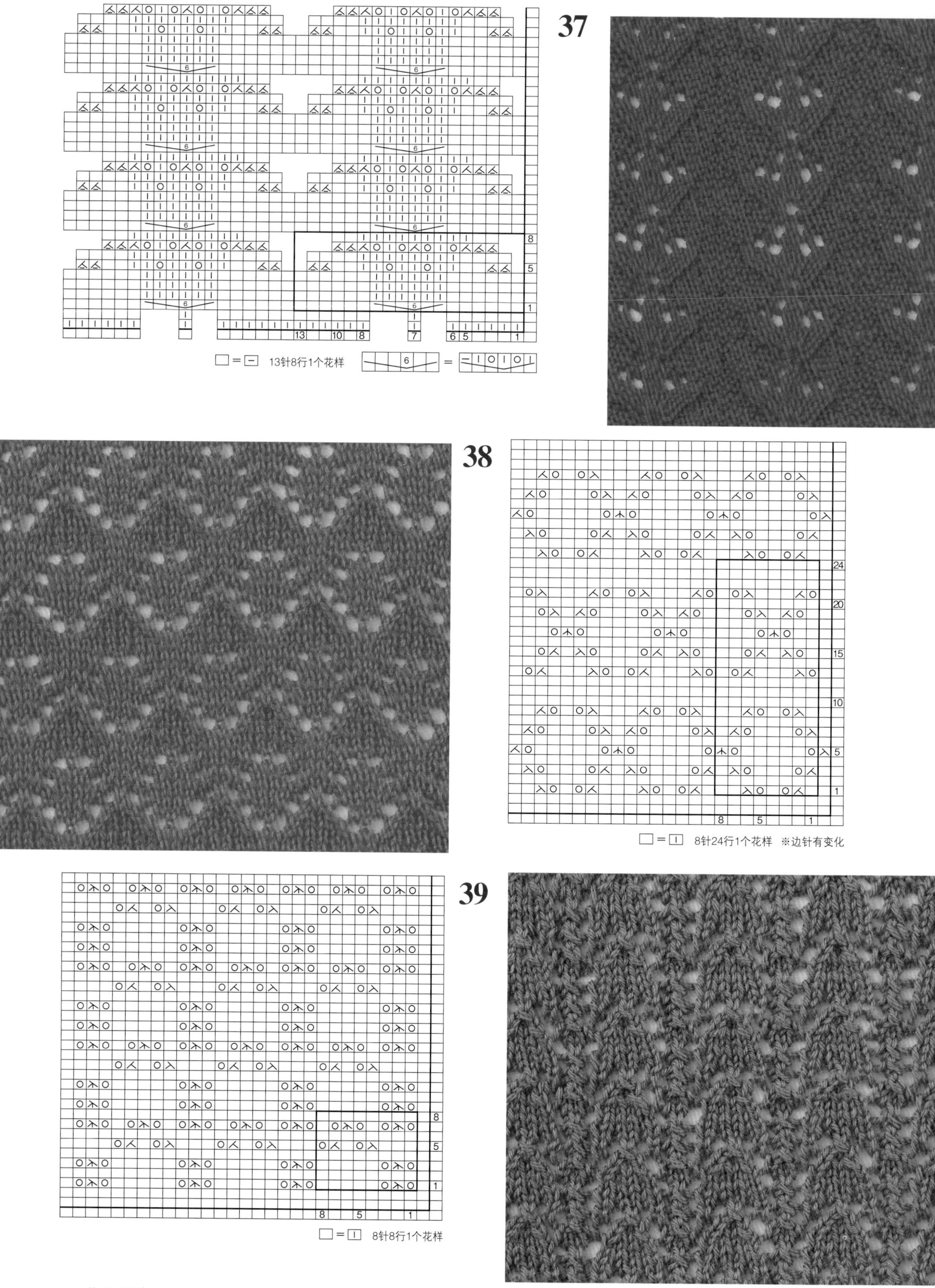
37
□=⊟ 13针8行1个花样
38
□=□ 8针24行1个花样 ※边针有变化
39
□=□ 8针8行1个花样

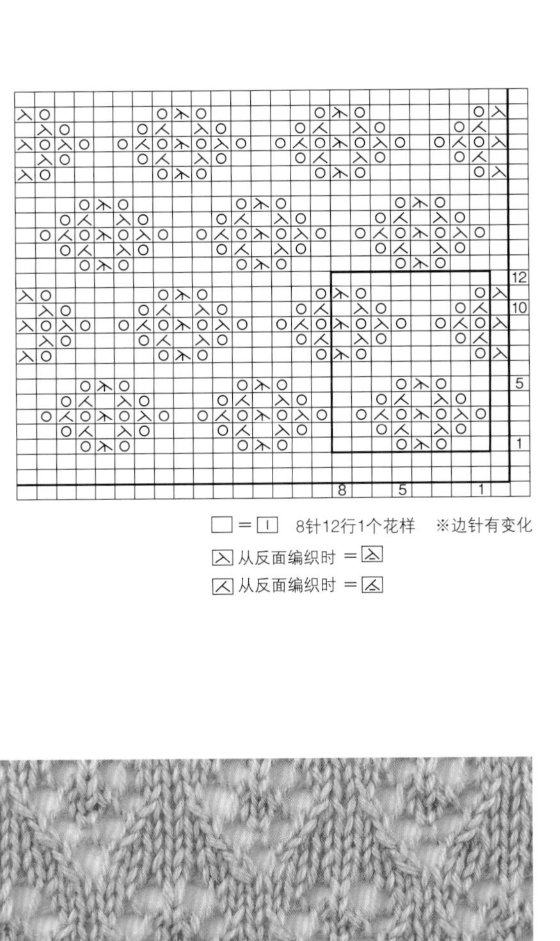

□＝▯　8针12行1个花样　※边针有变化

⋏ 从反面编织时 ＝ ⋏

⋏ 从反面编织时 ＝ ⋏

40

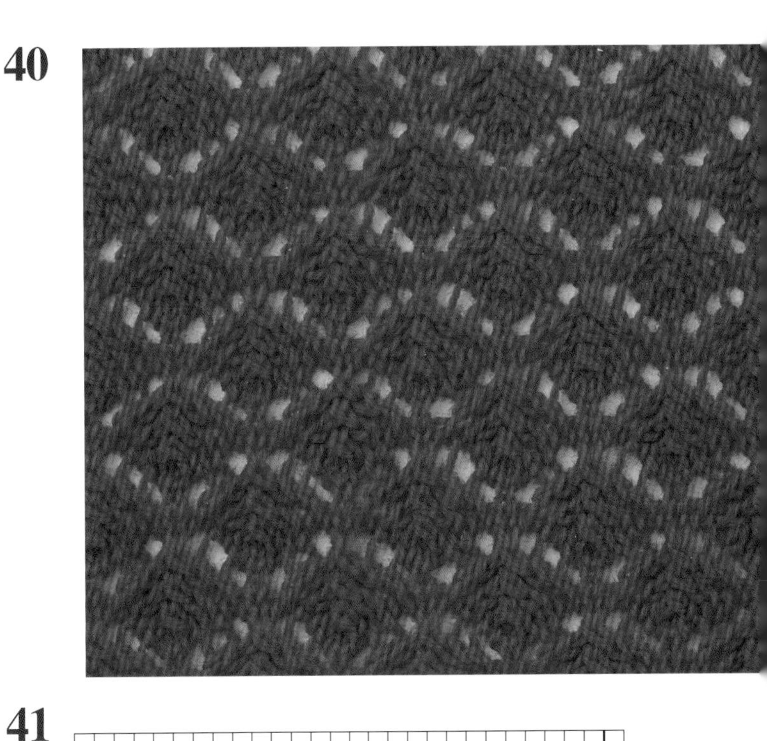

41

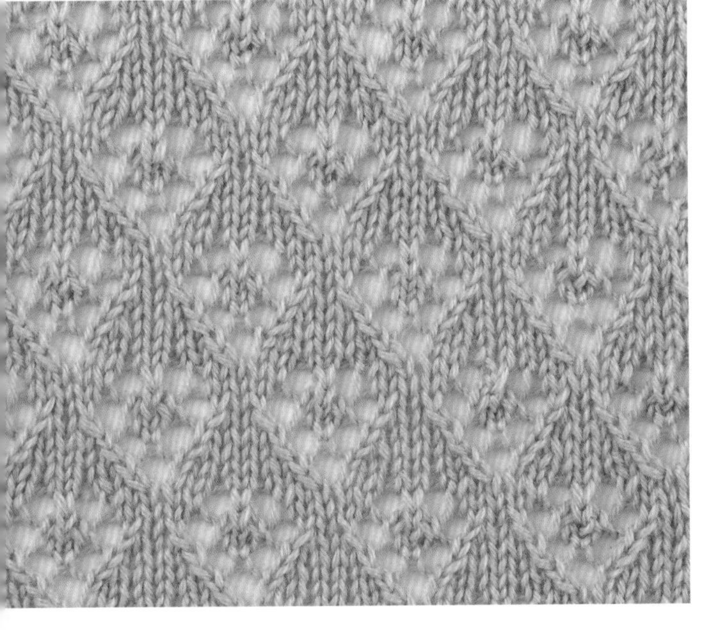

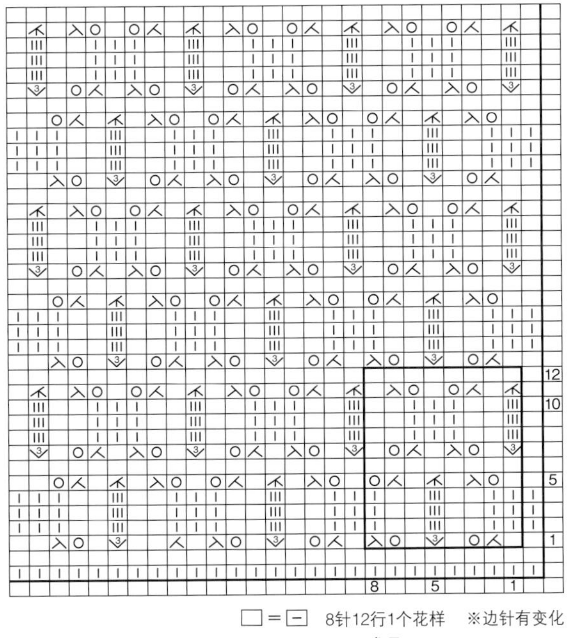

□＝▯　8针16行1个花样　※边针有变化

42

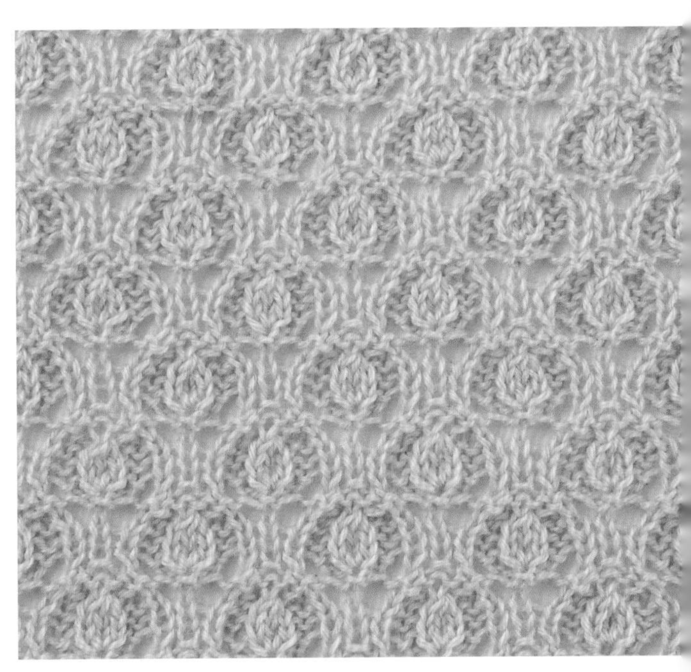

12
10
5
1
8
5
1

□＝⊟　8针12行1个花样　※边针有变化

③ ＝ ⊥|○|⊥ ＝参见p.141

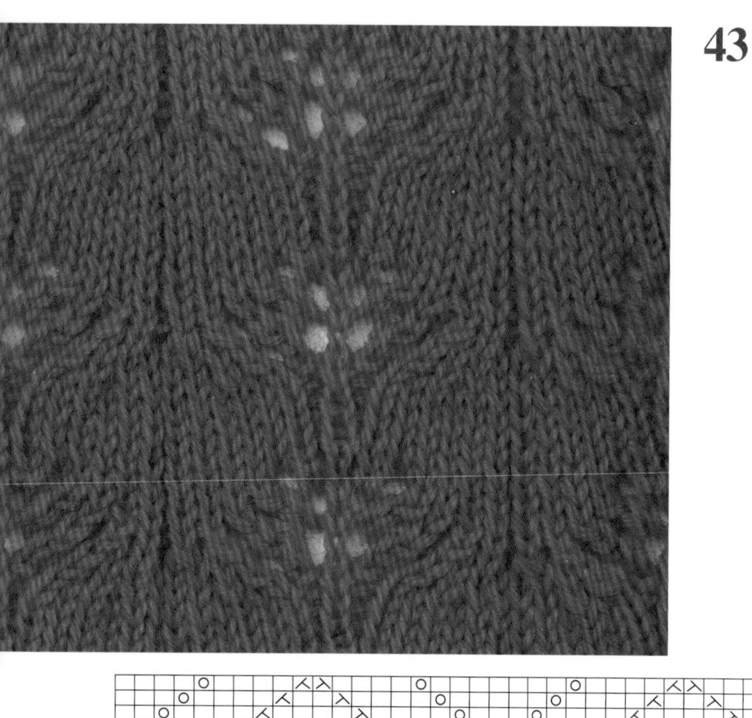

43

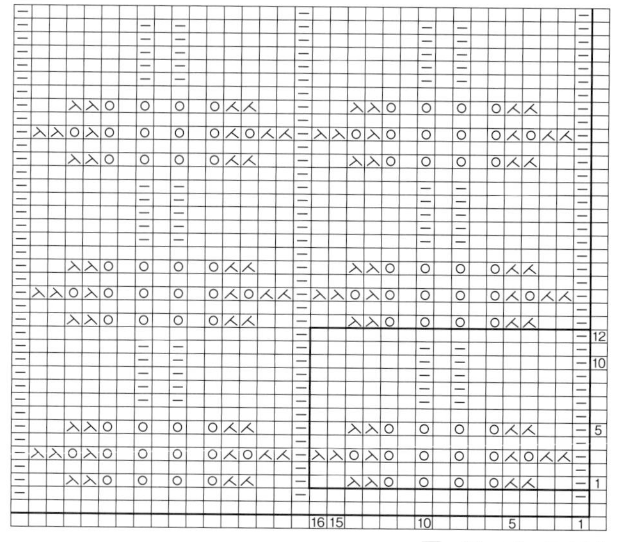

□ = ⊟　16针12行1个花样

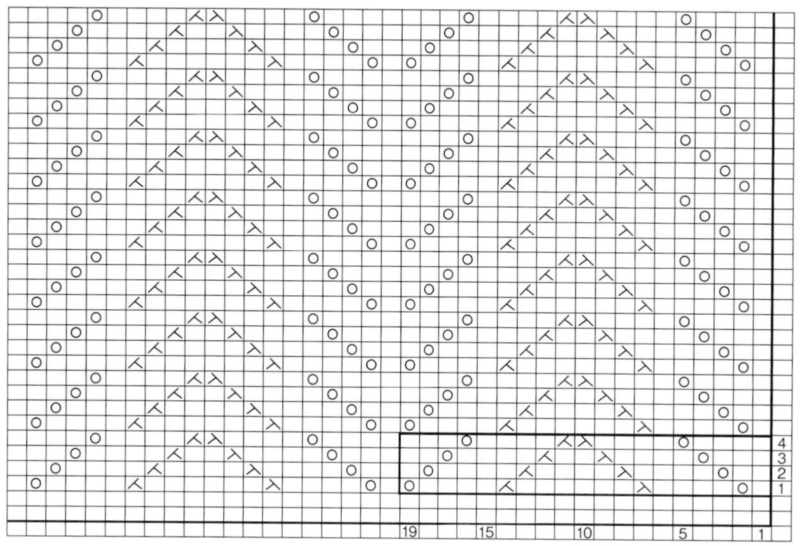

44

□ = ⊟　19针4行1个花样

从反面编织时 =

从反面编织时 =

45

□ = ⊟　22针10行（4行）1个花样　=参见p.141

46

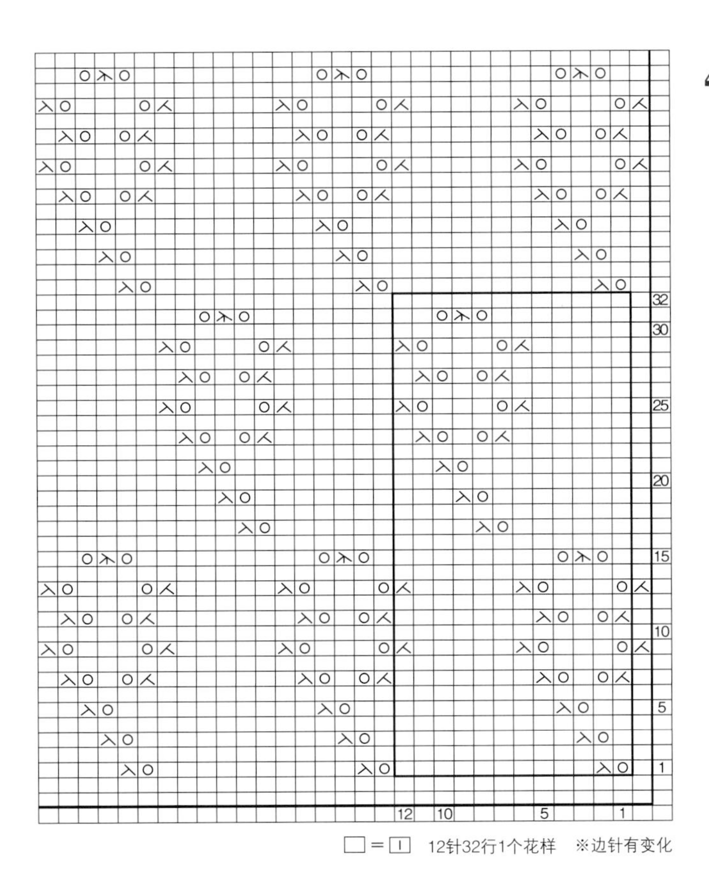

□ = Ⅰ　12针32行1个花样　※边针有变化

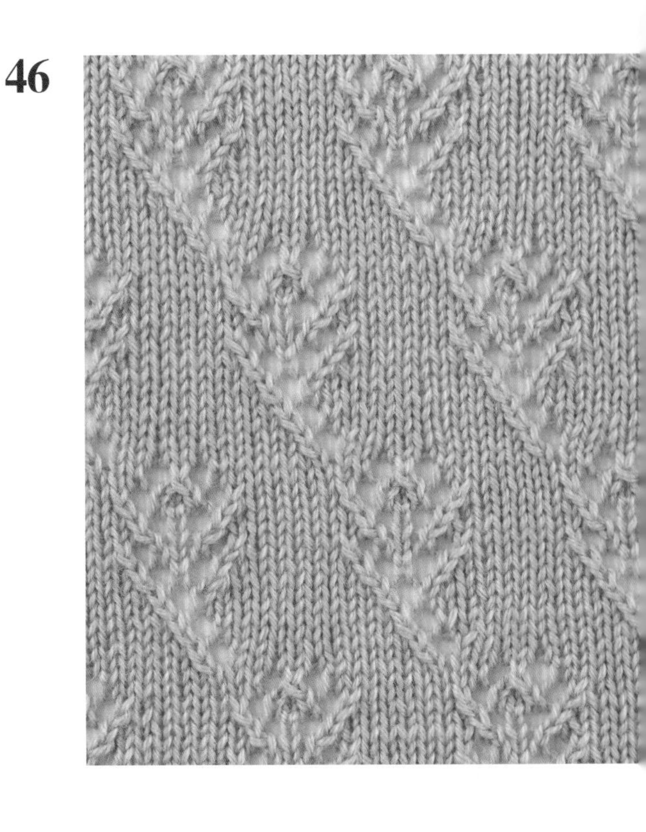

47

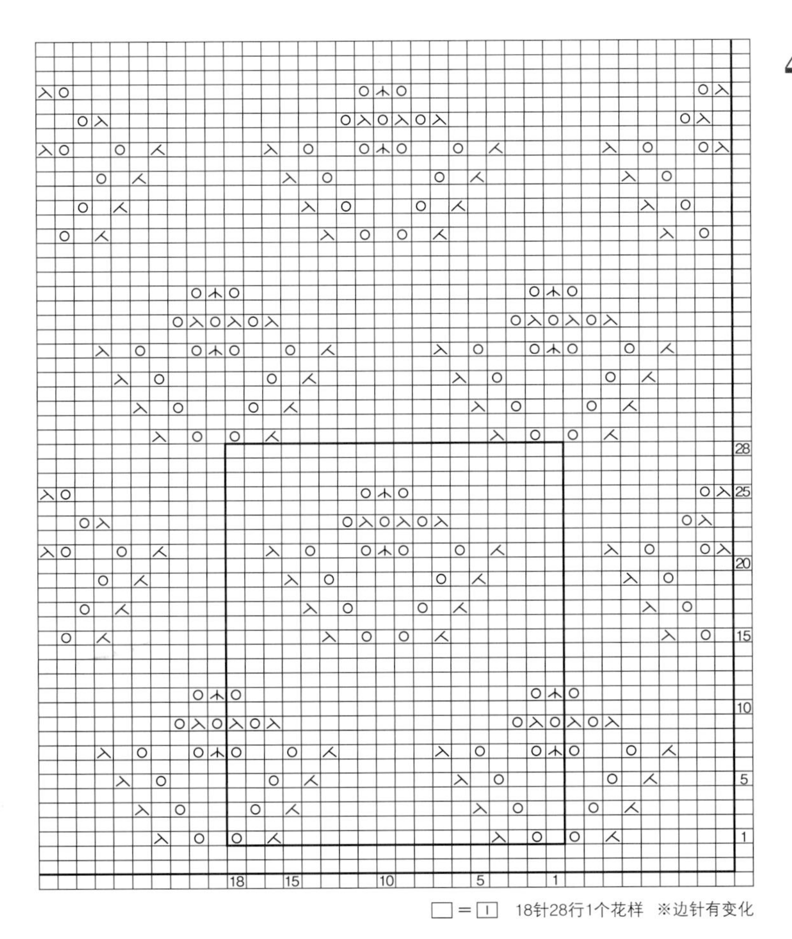

□ = Ⅰ　18针28行1个花样　※边针有变化

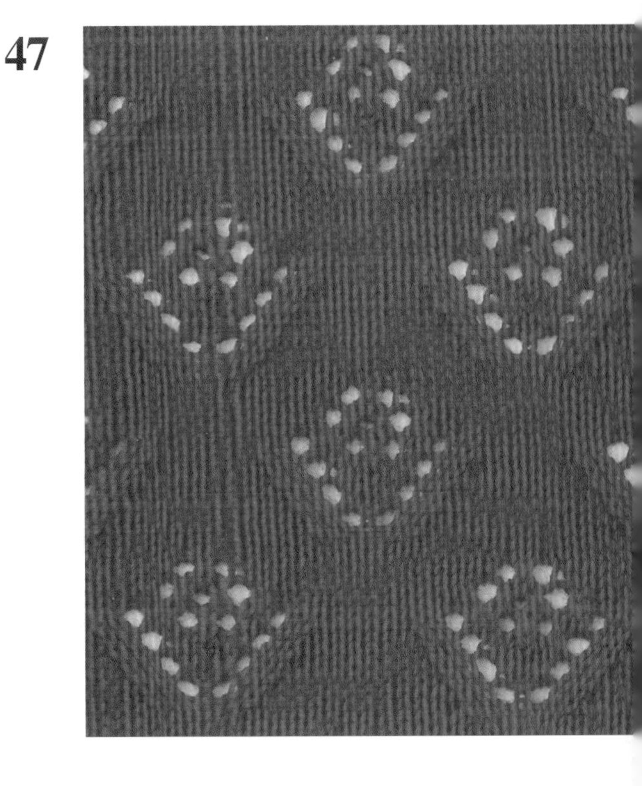

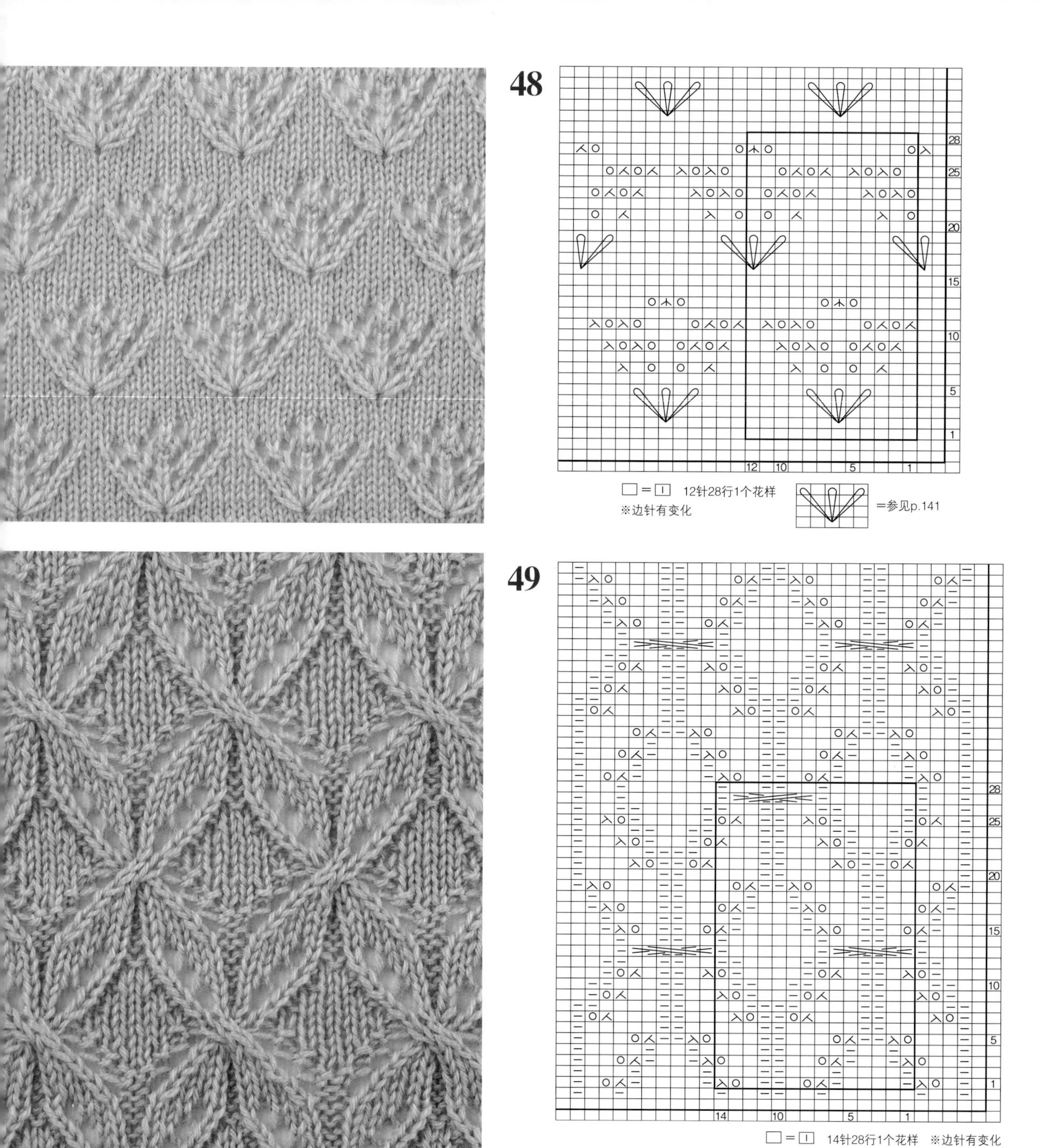
48
□＝□ 12针28行1个花样
※边针有变化
＝参见p.141
49
□＝□ 14针28行1个花样 ※边针有变化

树叶花样

这是镂空花样中最受编织爱好者欢迎的花样。灵活运用减针和挂针可以表现出形态各异的树叶，有的凹凸有致、立体有型，有的通透明晰、精美细腻。

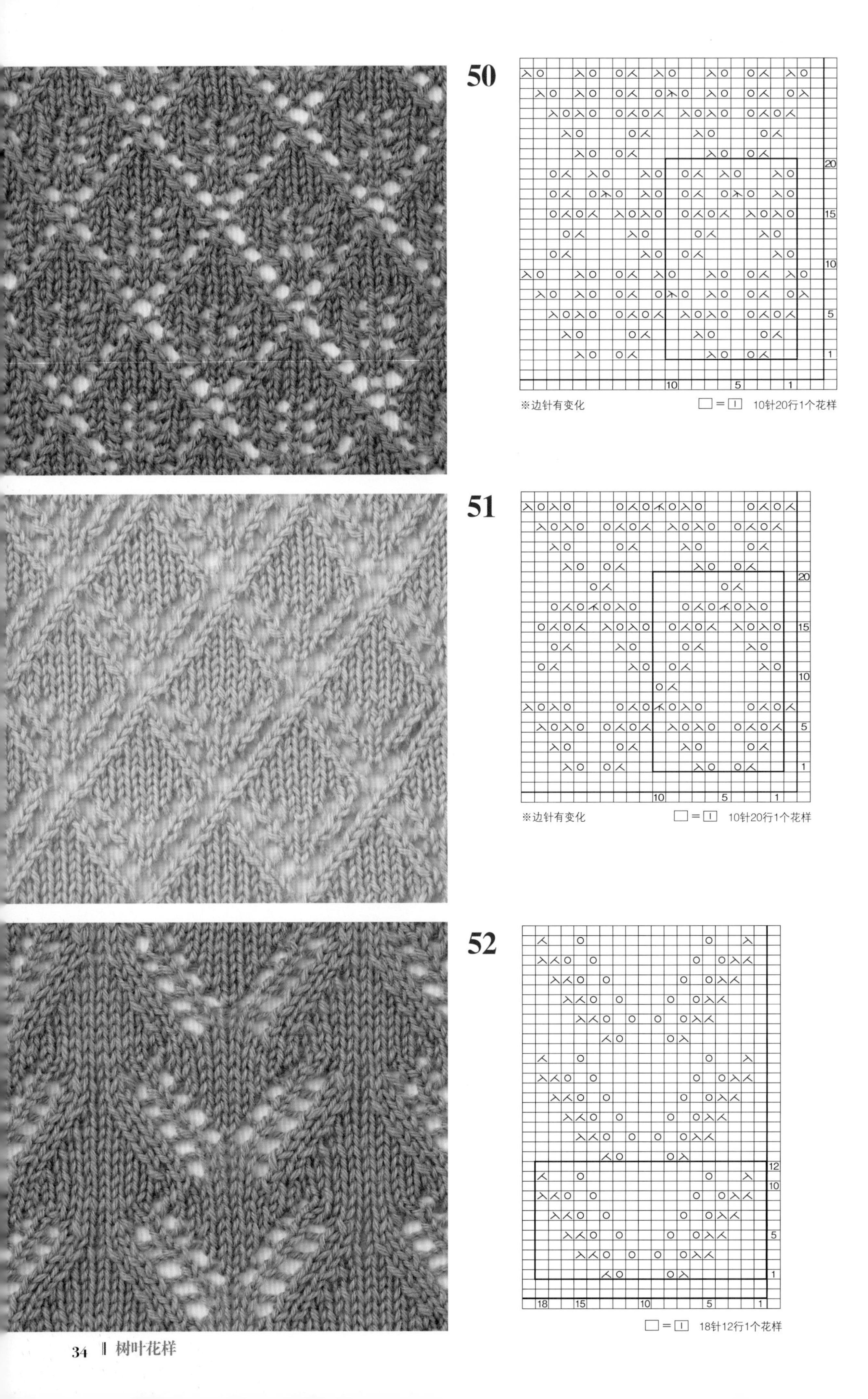
50
※边针有变化
□=□ 10针20行1个花样
51
※边针有变化
□=□ 10针20行1个花样
52
□=□ 18针12行1个花样

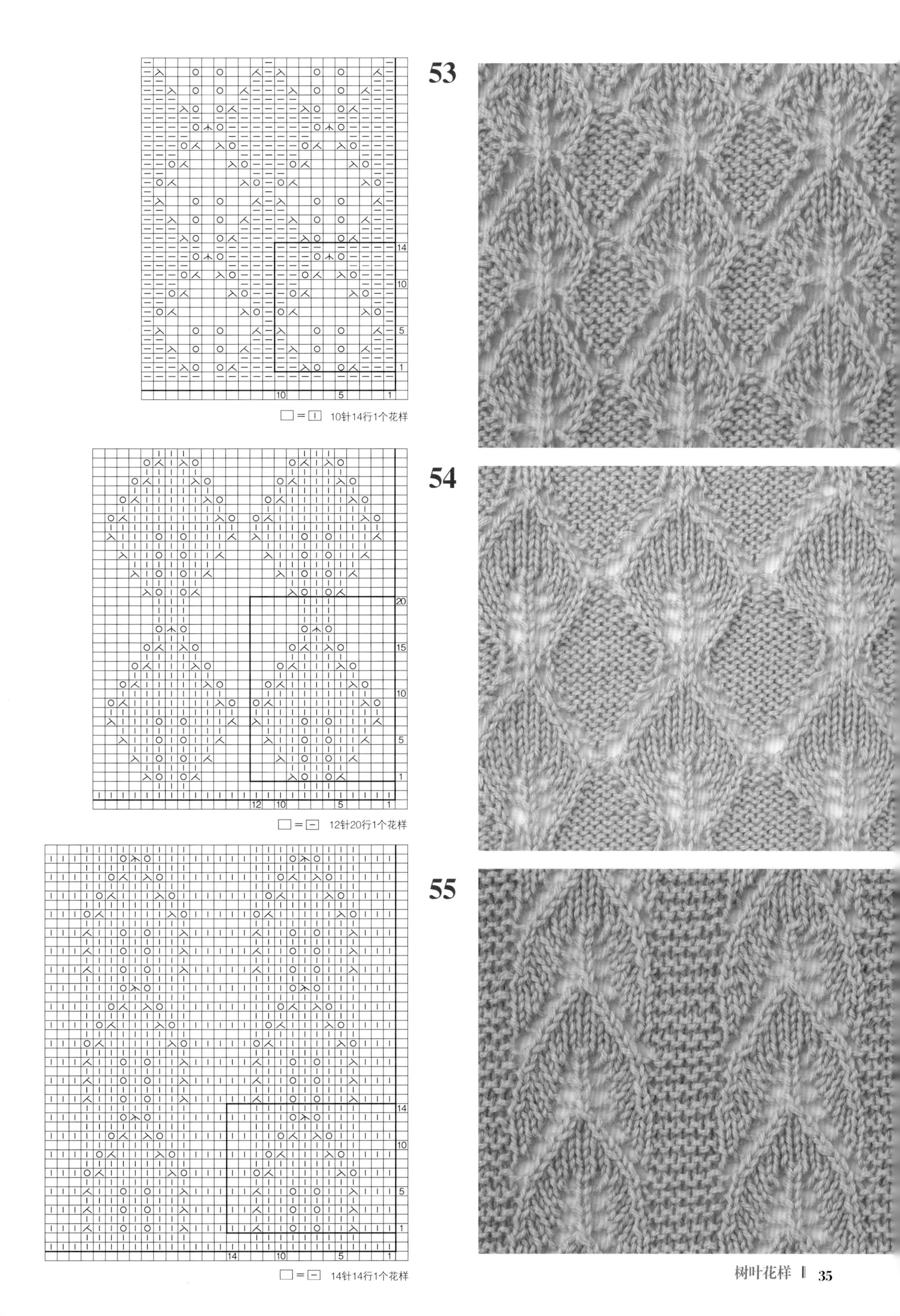

53
□ = ⊟ 10针14行1个花样
54
□ = ⊟ 12针20行1个花样
55
□ = ⊟ 14针14行1个花样

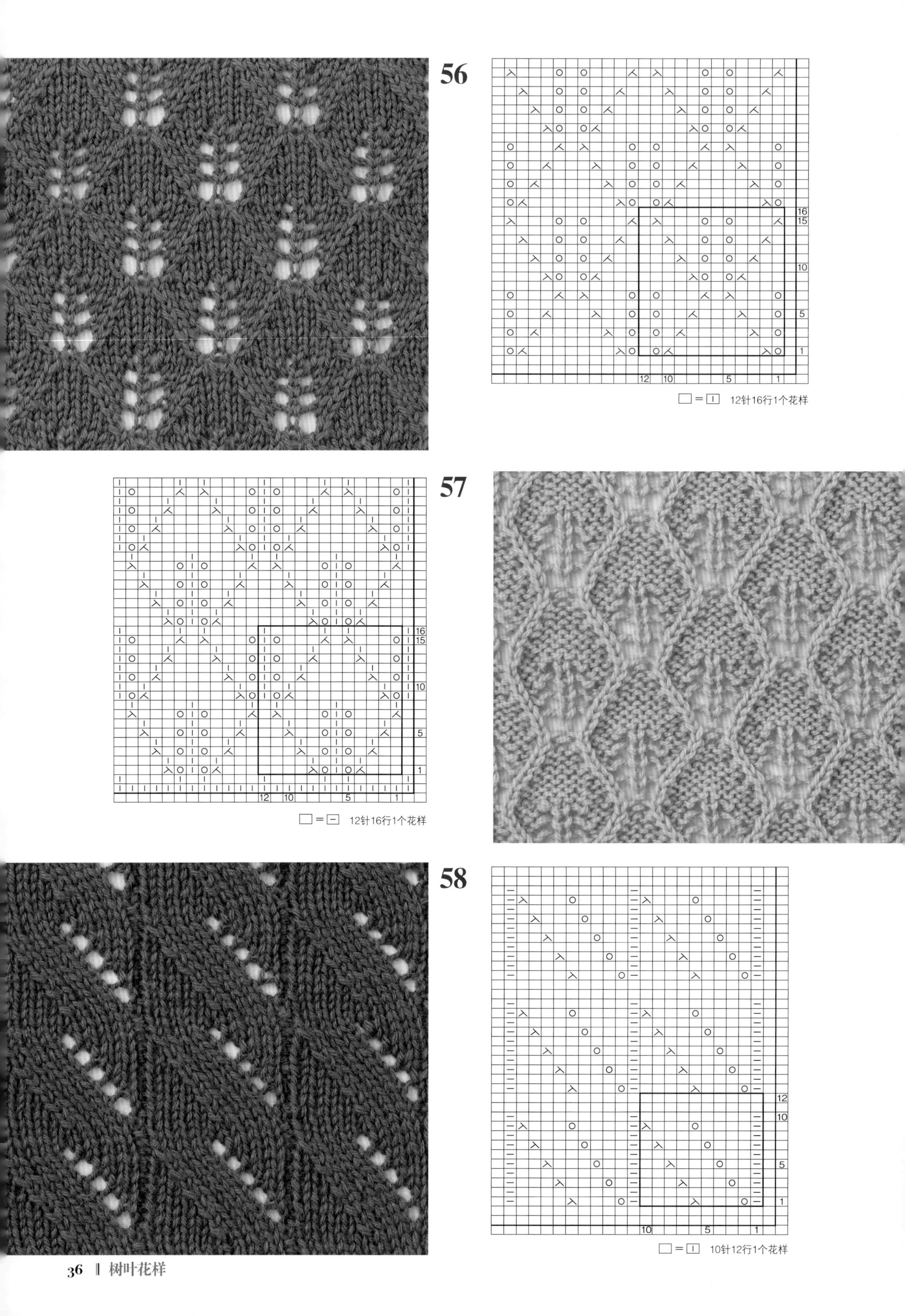
56
12针16行1个花样
57
12针16行1个花样
58
10针12行1个花样

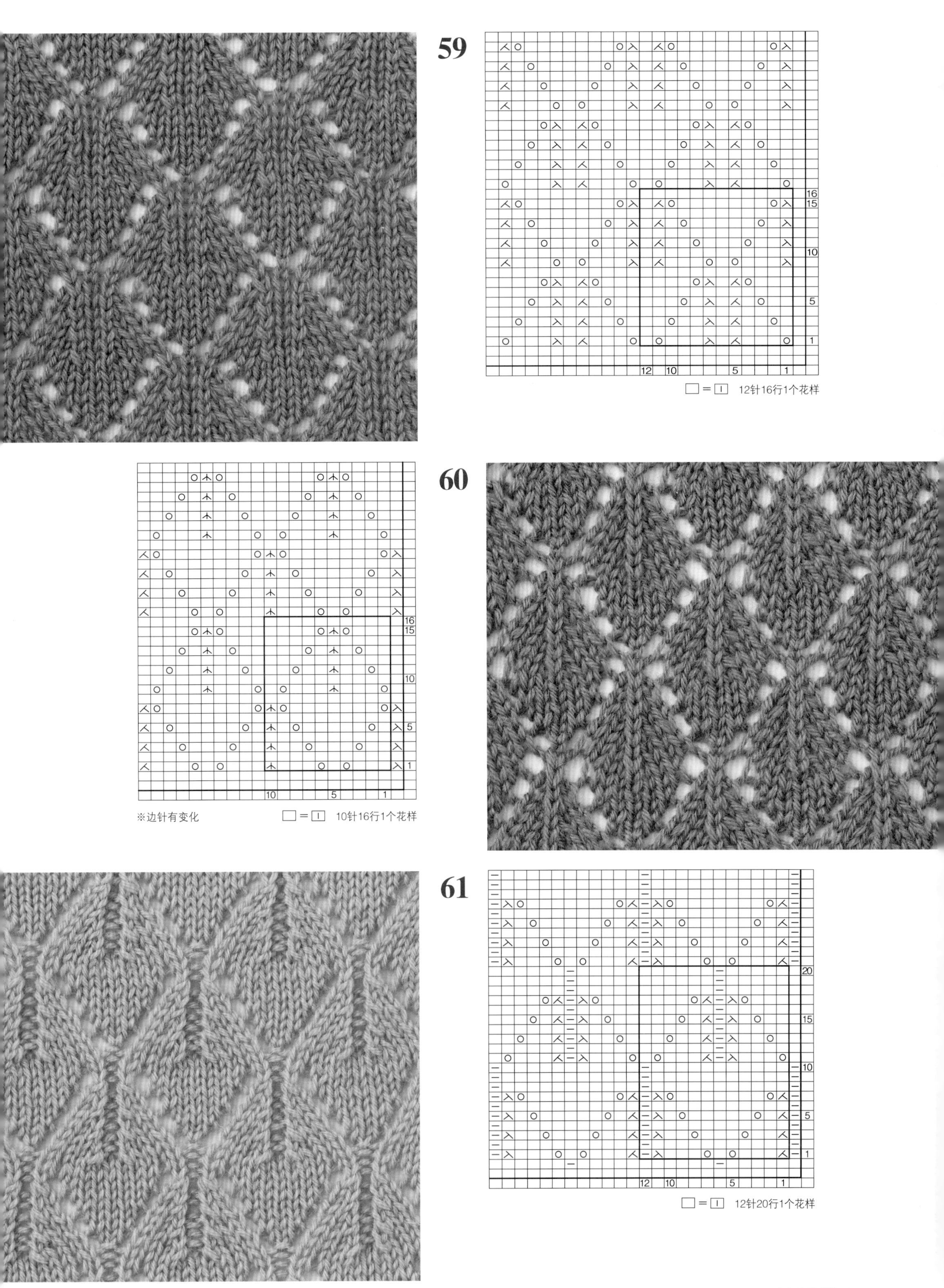
59
□＝□ 12针16行1个花样
60
※边针有变化
□＝□ 10针16行1个花样
61
□＝□ 12针20行1个花样

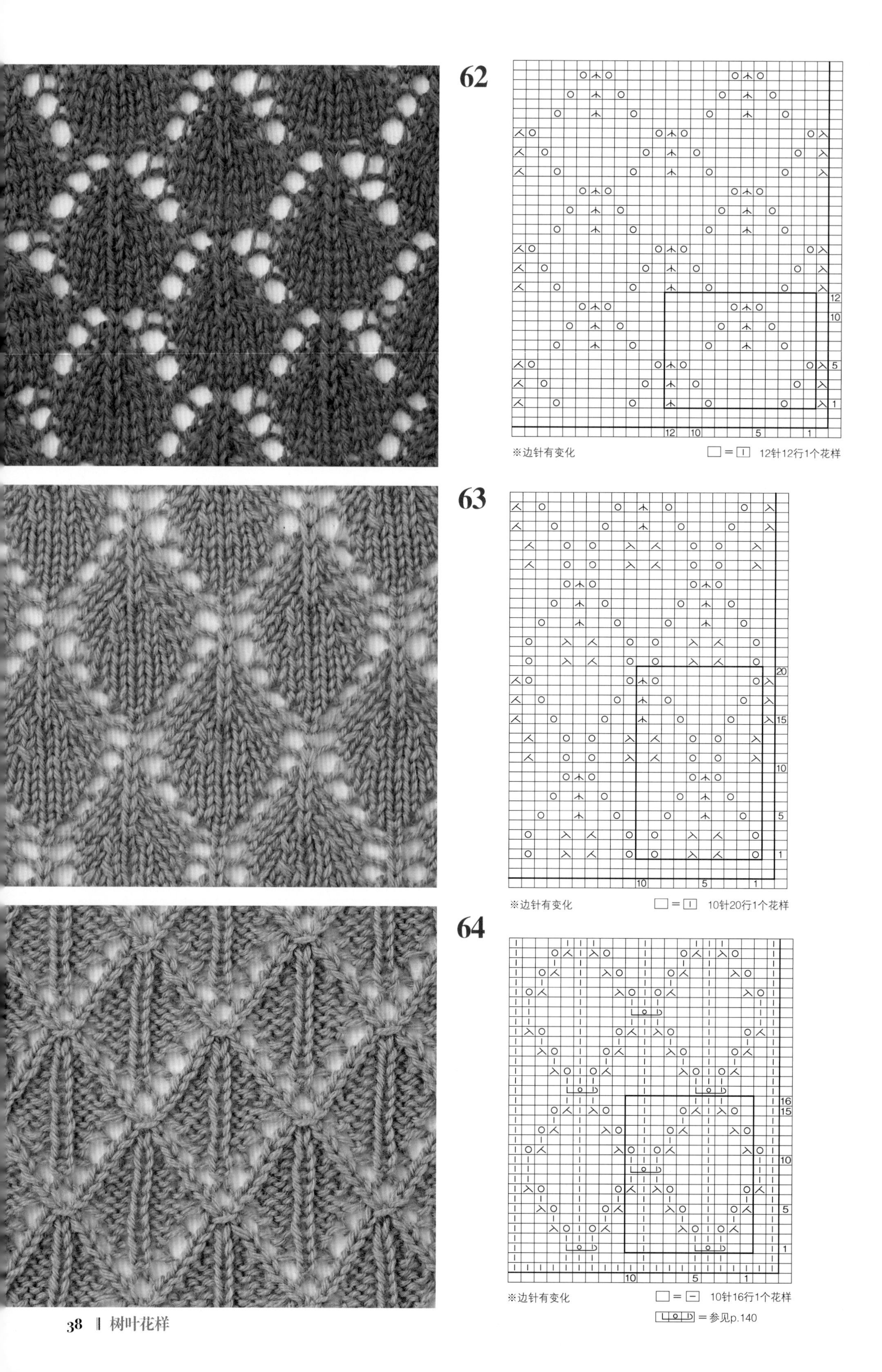
62
※边针有变化
□ = Ⅰ 12针12行1个花样
63
※边针有变化
□ = Ⅰ 10针20行1个花样
64
※边针有变化
□ = ⊟ 10针16行1个花样
= 参见p.140

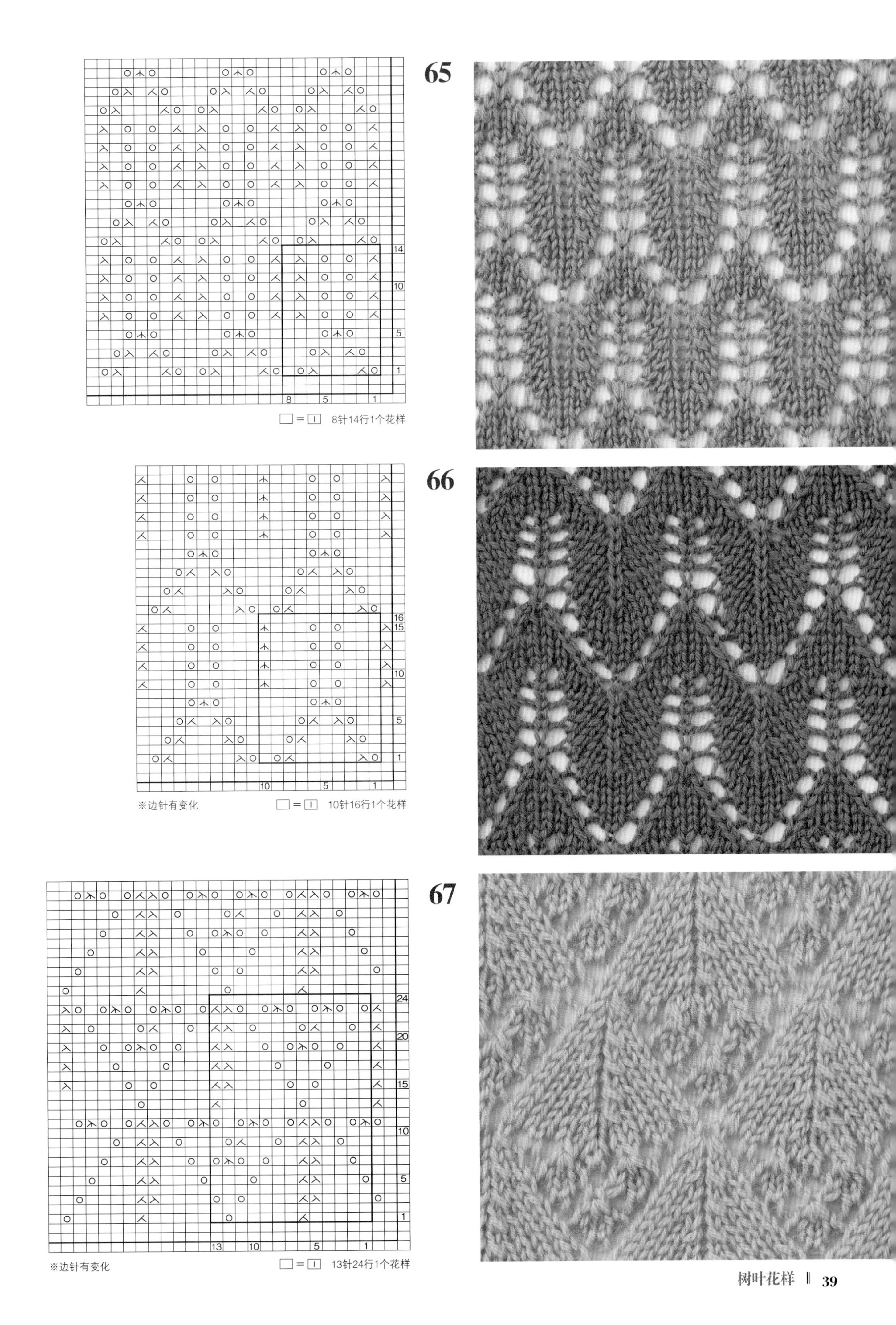
65
□ = I 8针14行1个花样
66
※边针有变化
□ = I 10针16行1个花样
67
※边针有变化
□ = I 13针24行1个花样

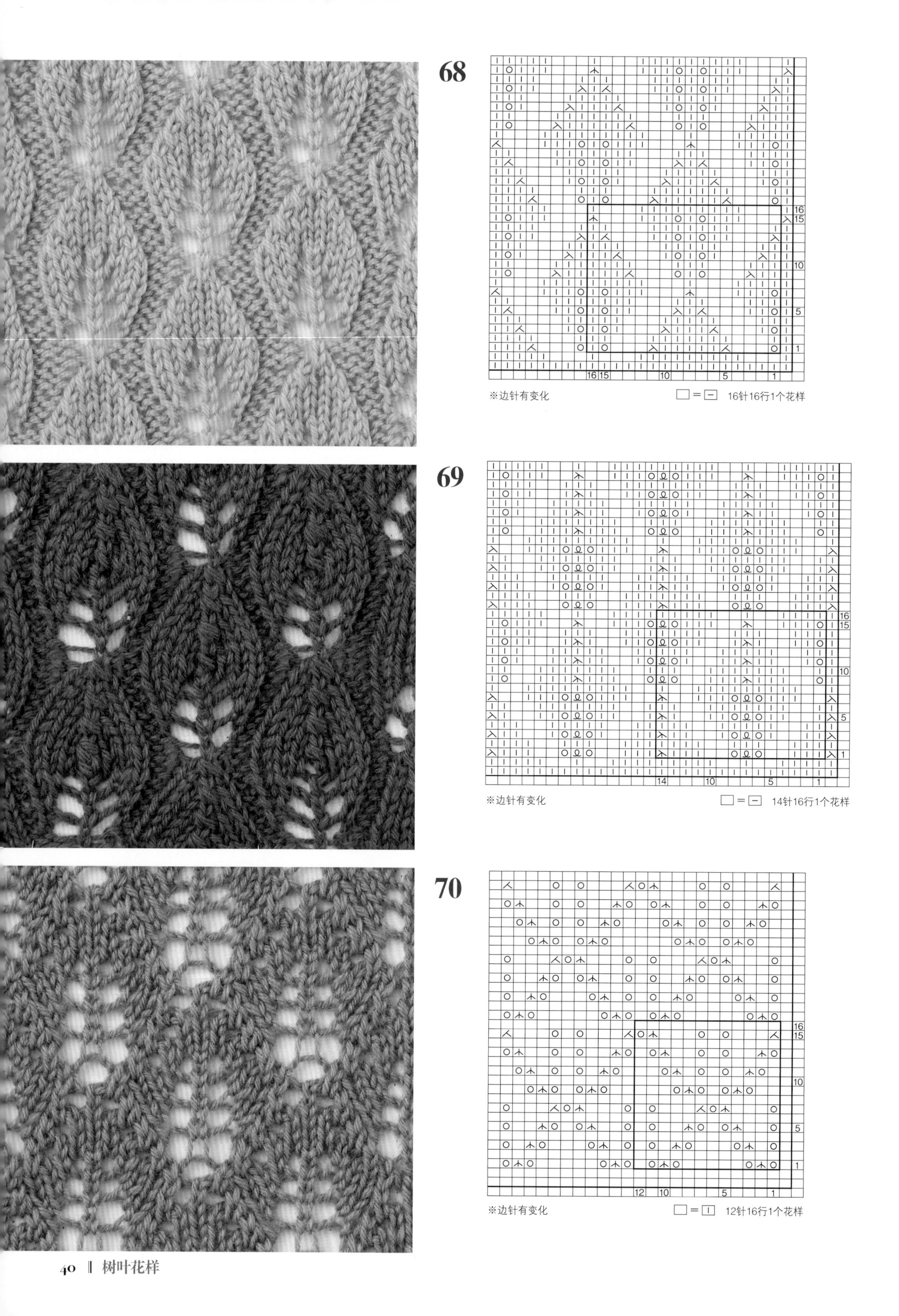
68
16
15
10
5
1
16
15
10
5
1
※边针有变化
16针16行1个花样
69
16
15
10
5
1
14
10
5
1
※边针有变化
14针16行1个花样
70
16
15
10
5
1
12
10
5
1
※边针有变化
12针16行1个花样

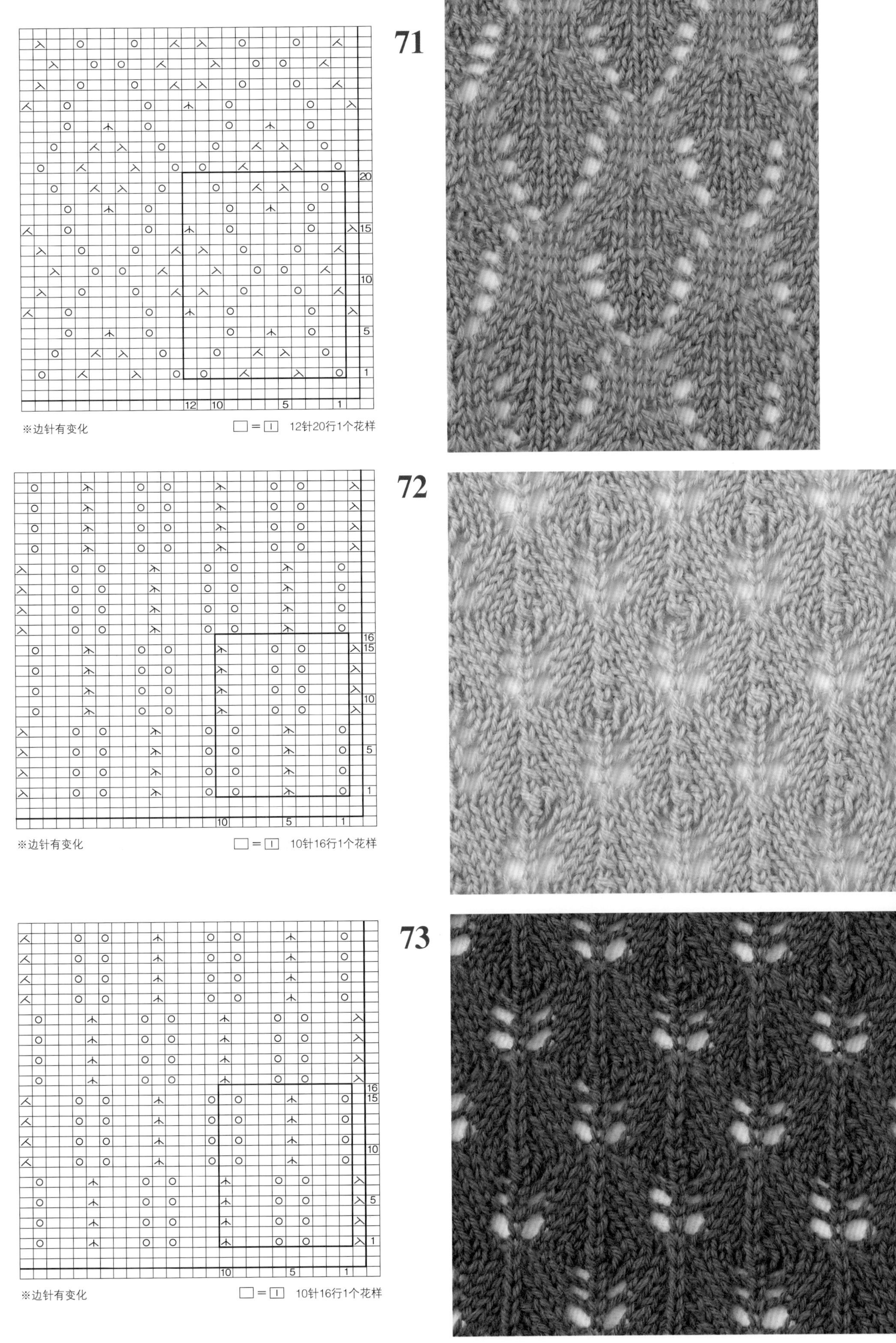
71
※边针有变化
□＝□ 12针20行1个花样
72
※边针有变化
□＝□ 10针16行1个花样
73
※边针有变化
□＝□ 10针16行1个花样

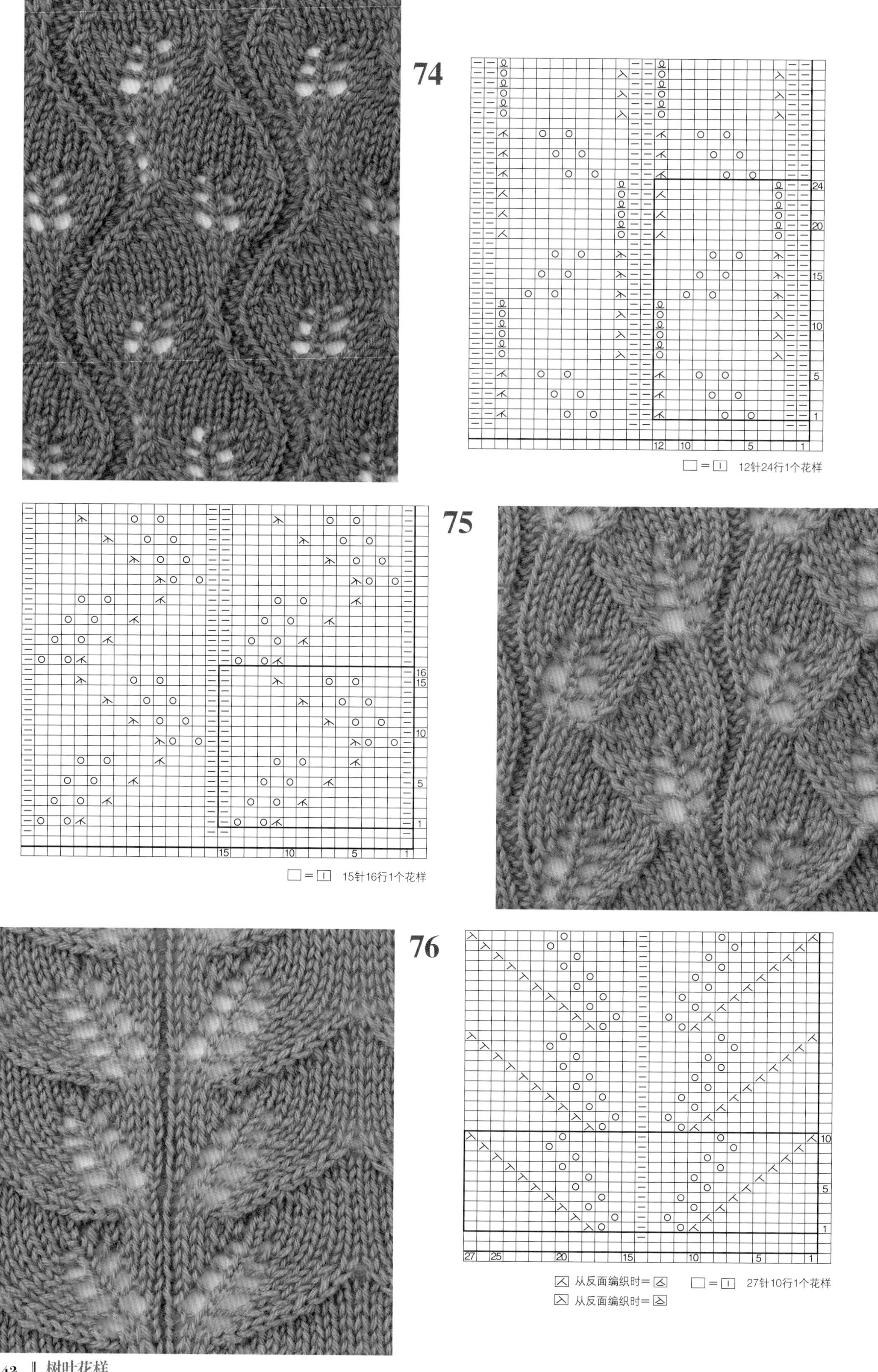
74
□=□ 12针24行1个花样
75
□=□ 15针16行1个花样
76
从反面编织时=
从反面编织时=
□=□ 27针10行1个花样

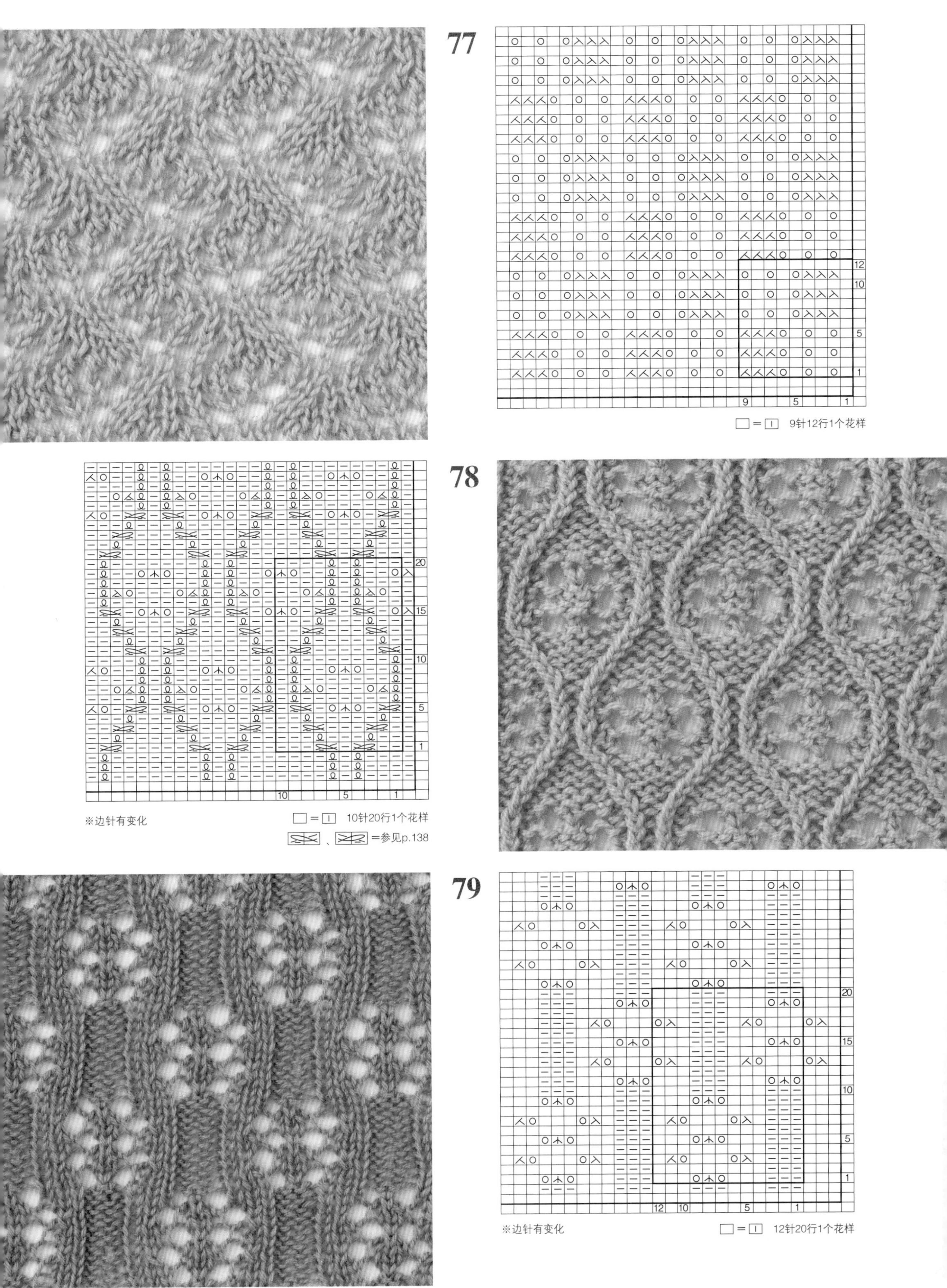

77
9针12行1个花样
78
※边针有变化
10针20行1个花样
=参见p.138
79
※边针有变化
12针20行1个花样

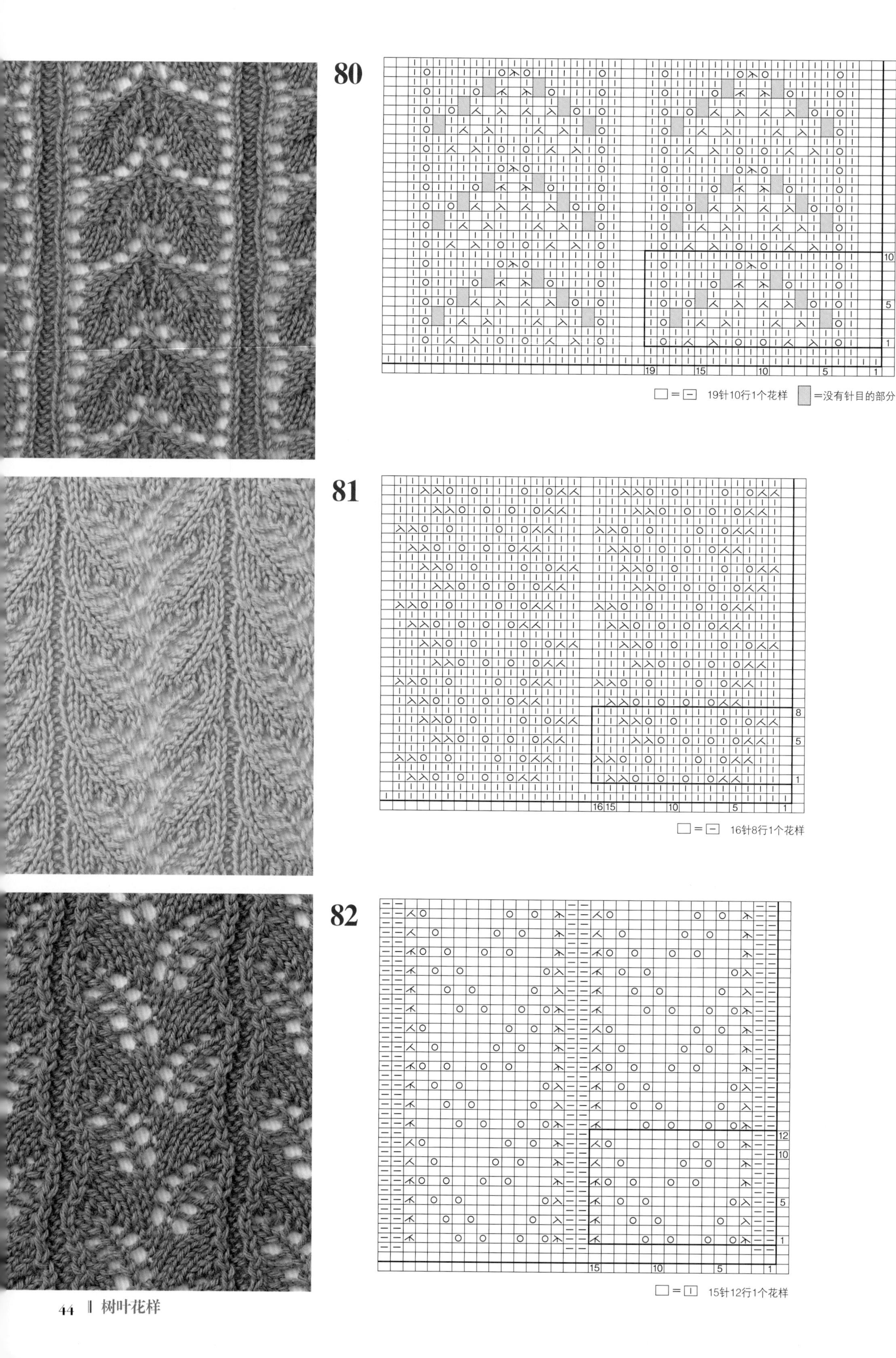
80
= 19针10行1个花样
=没有针目的部分
81
= 16针8行1个花样
82
= 15针12行1个花样

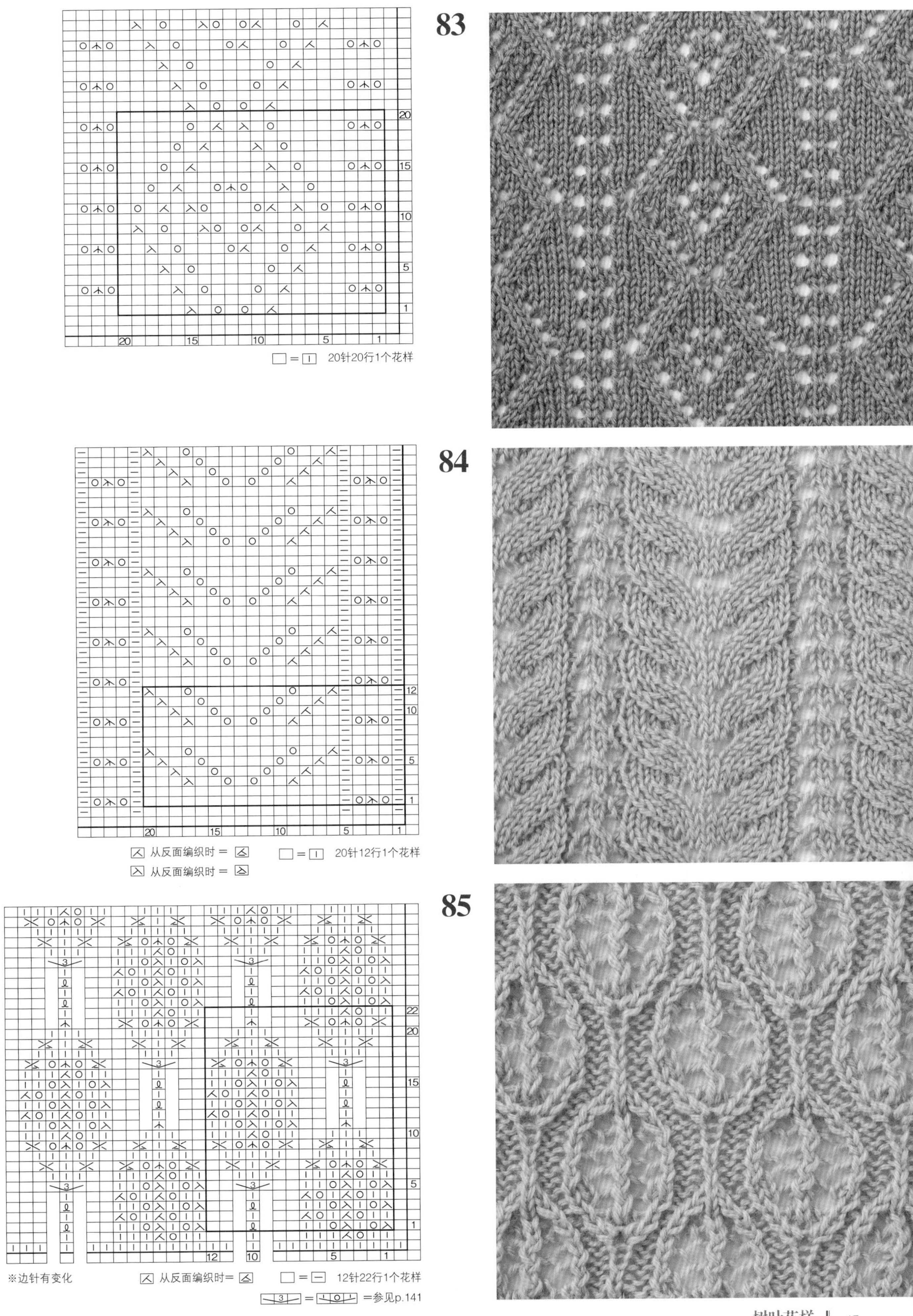
83
□ = ⊡ 20针20行1个花样
84
⊼ 从反面编织时 = ⊼
⊼ 从反面编织时 = ⊼
□ = ⊡ 20针12行1个花样
85
※边针有变化
⊼ 从反面编织时 = ⊼
□ = ⊟ 12针22行1个花样
=参见p.141

86

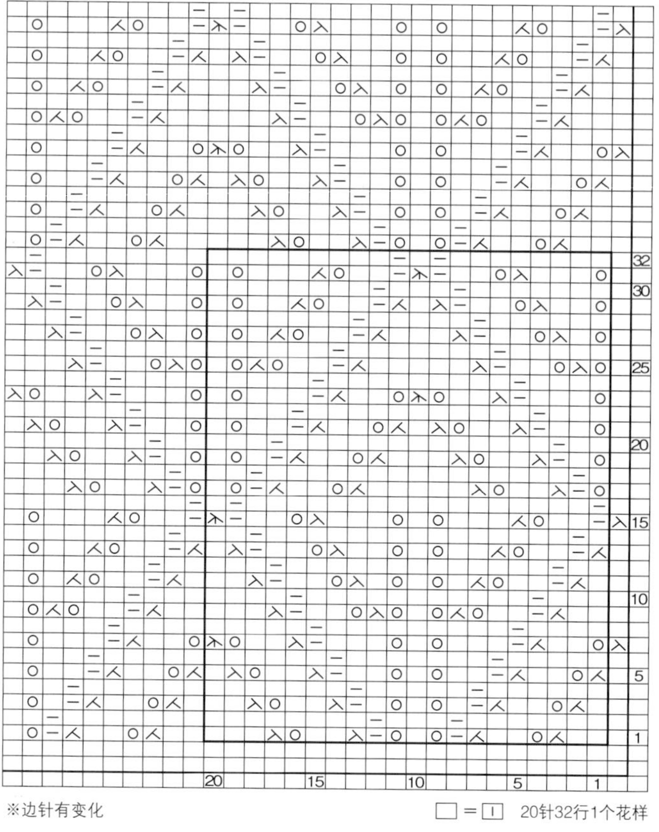

※边针有变化

□＝□ 20针32行1个花样

87

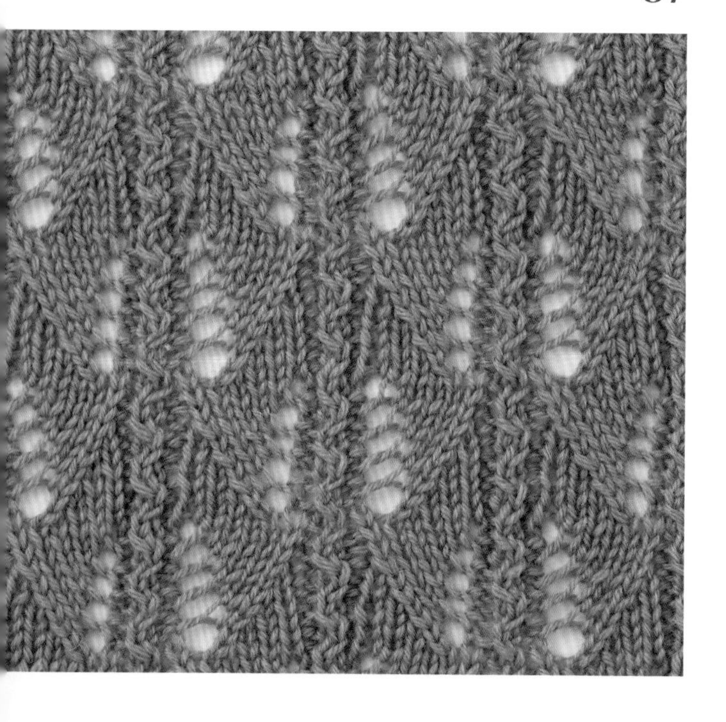

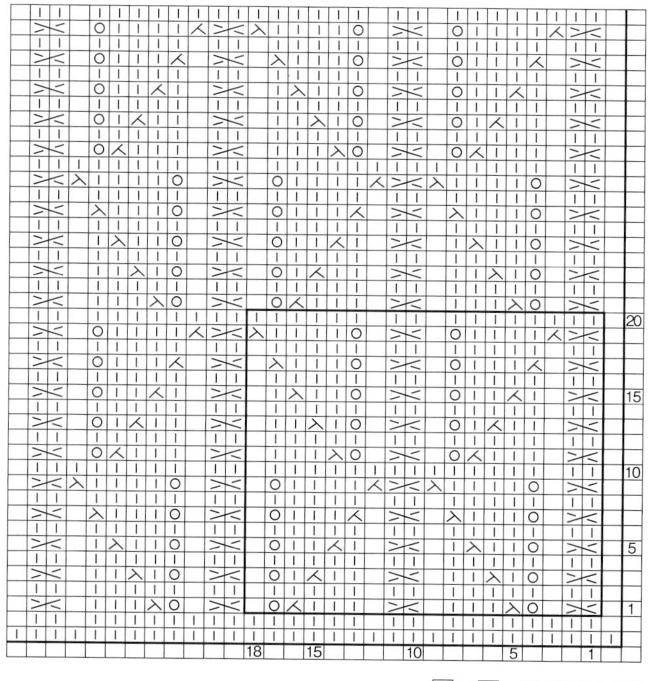

□＝□ 18针20行1个花样

88

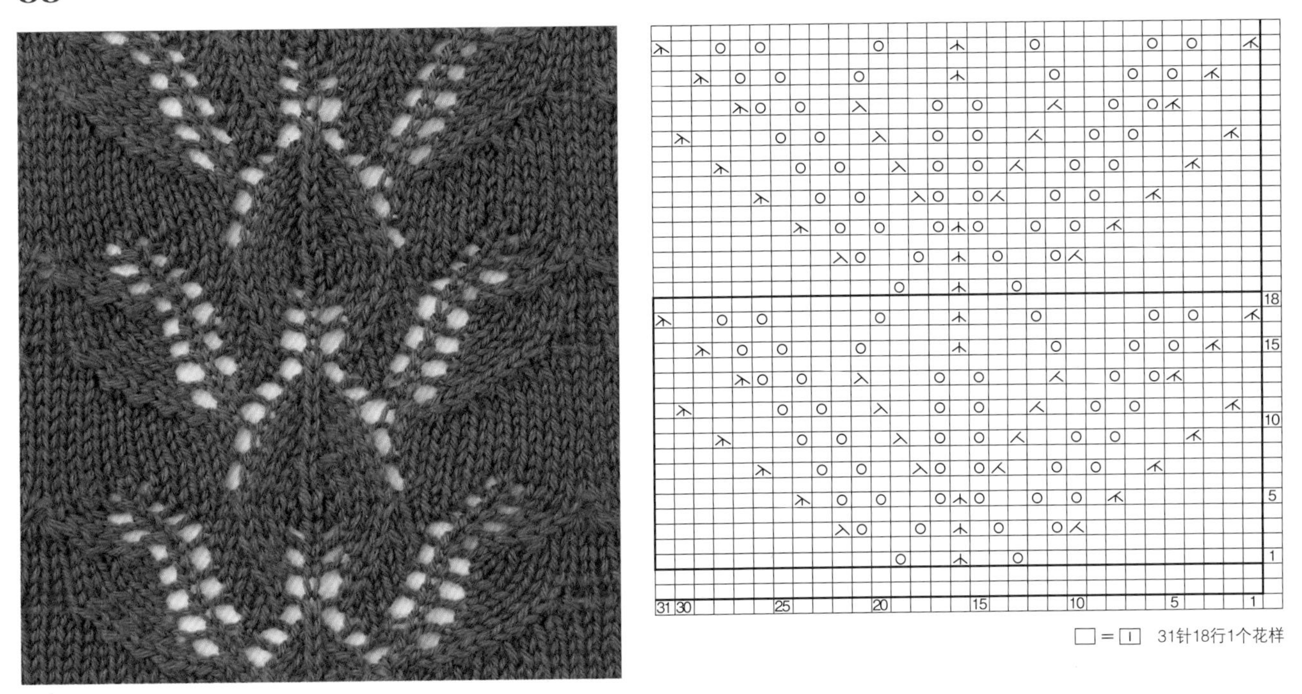

□ = □ 31针18行1个花样

89

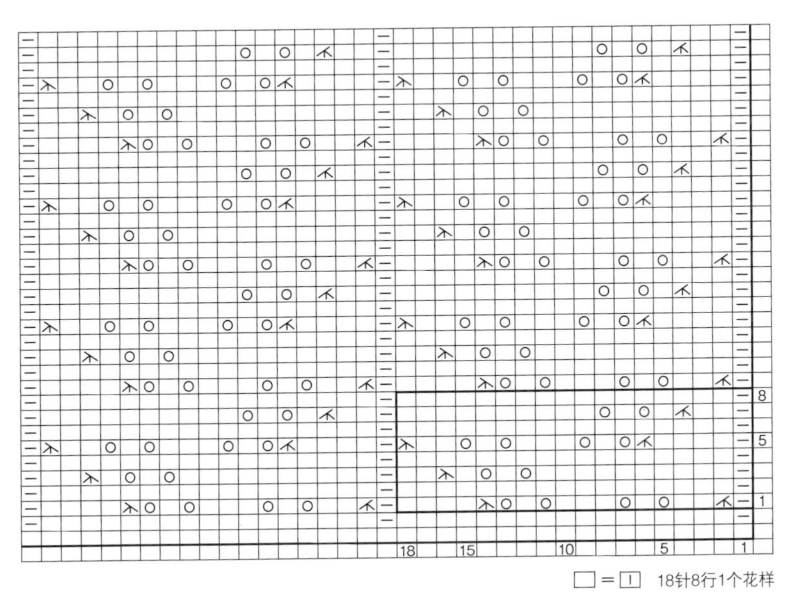

□ = □ 18针8行1个花样

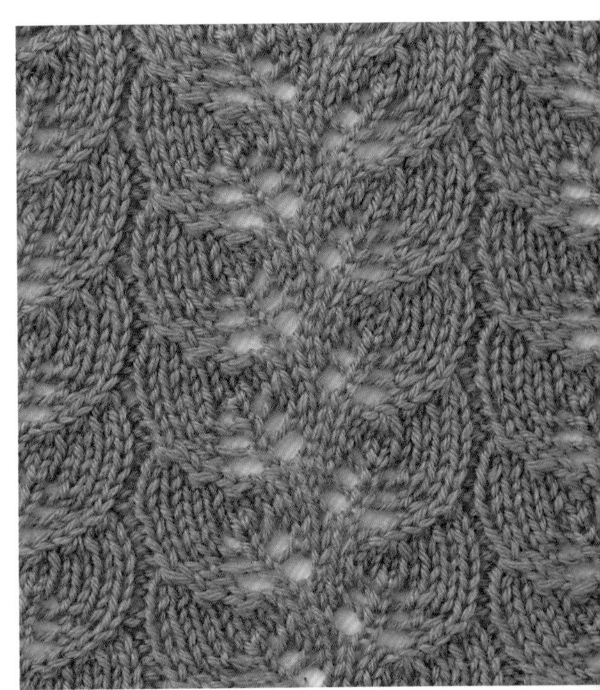

几何花样

圆形、三角形、四边形、方格、菱形……各种几何图形千变万化，层出不穷。既可以单独使用1个花样作为点缀，也可以错落有致地排列各种图形，应用广泛，使用方便。

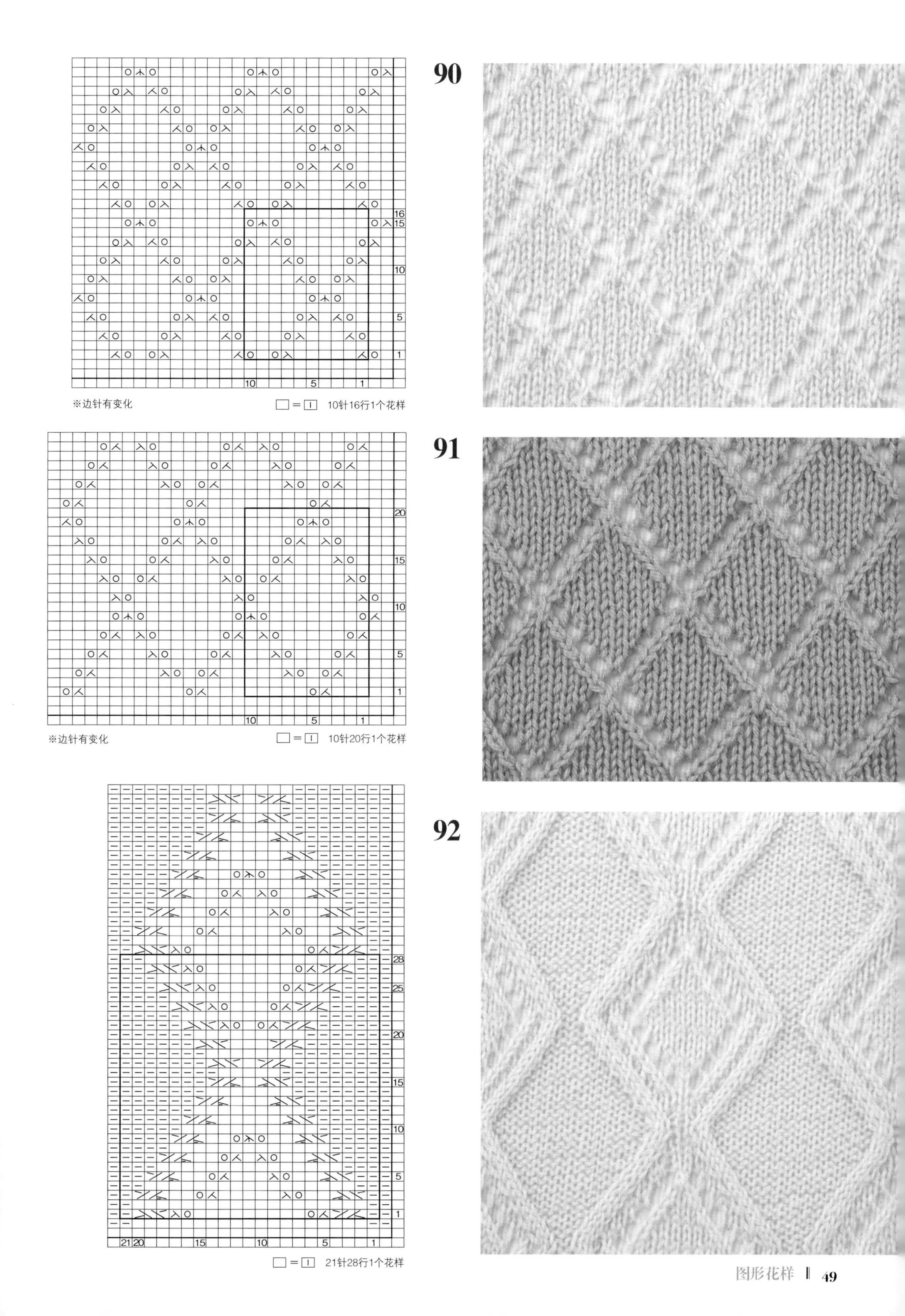
90
※边针有变化
□=□ 10针16行1个花样
91
※边针有变化
□=□ 10针20行1个花样
92
□=□ 21针28行1个花样

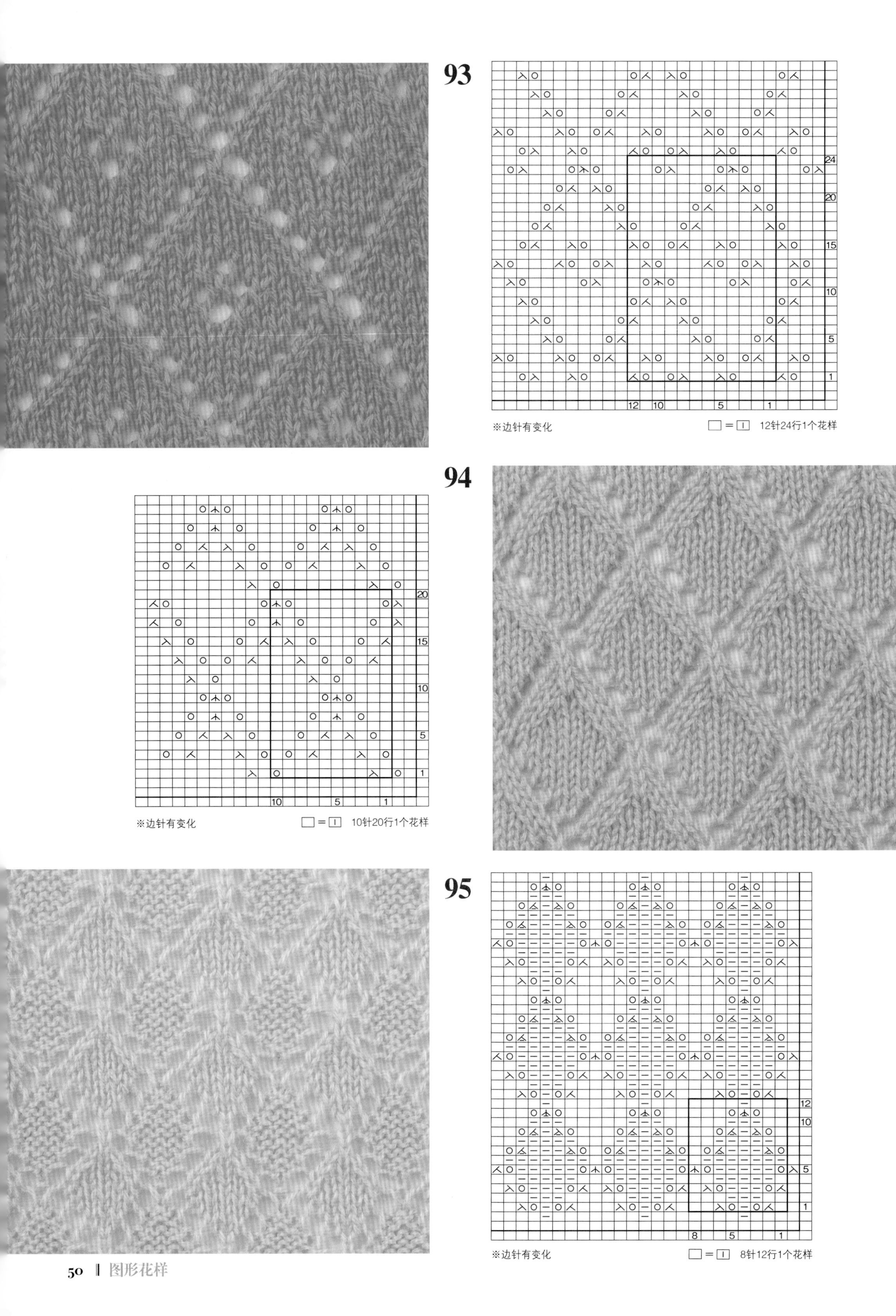
93
※边针有变化
=
12针24行1个花样
94
※边针有变化
=
10针20行1个花样
95
※边针有变化
=
8针12行1个花样

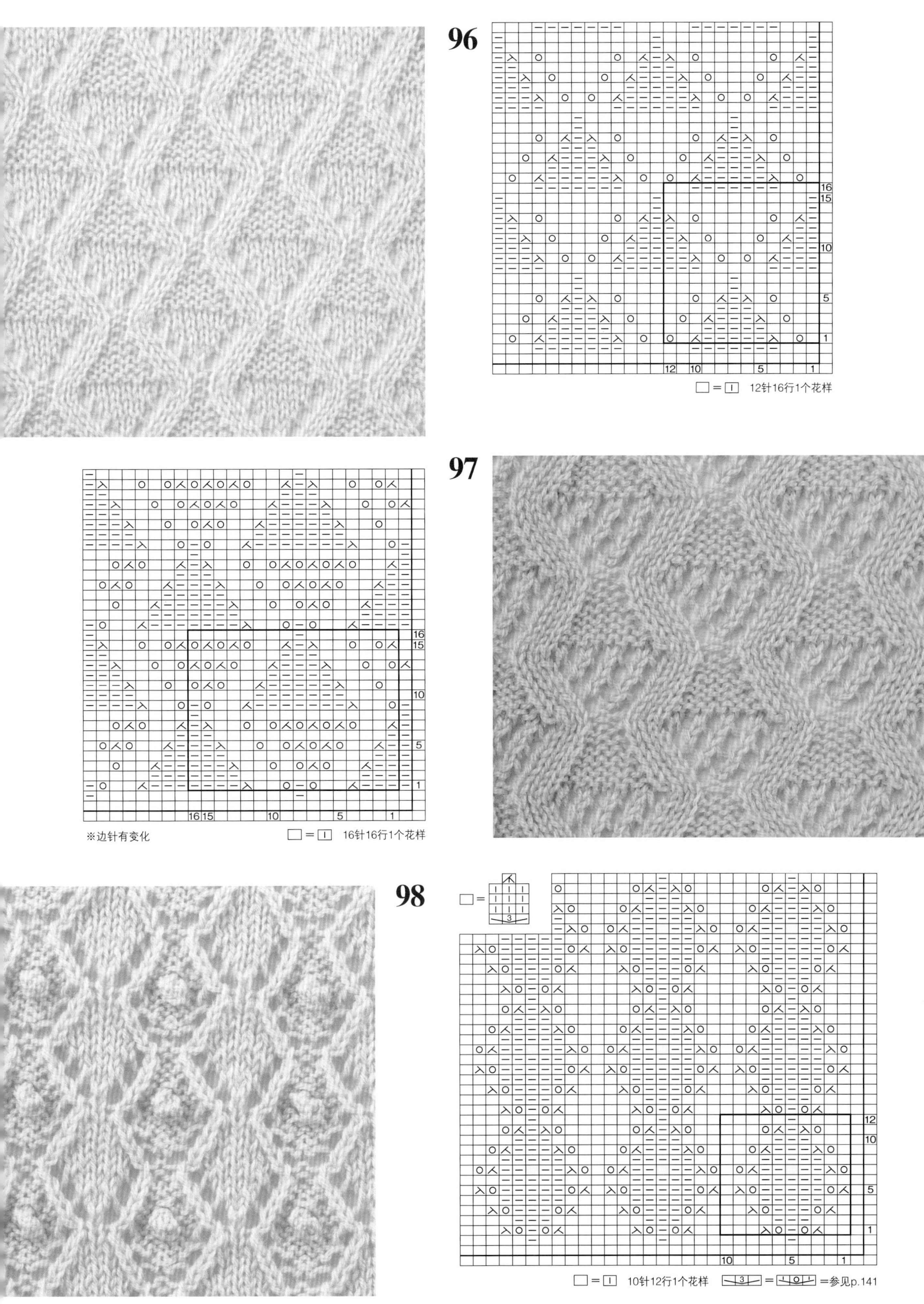
96
12针16行1个花样
97
※边针有变化
16针16行1个花样
98
10针12行1个花样
=参见p.141

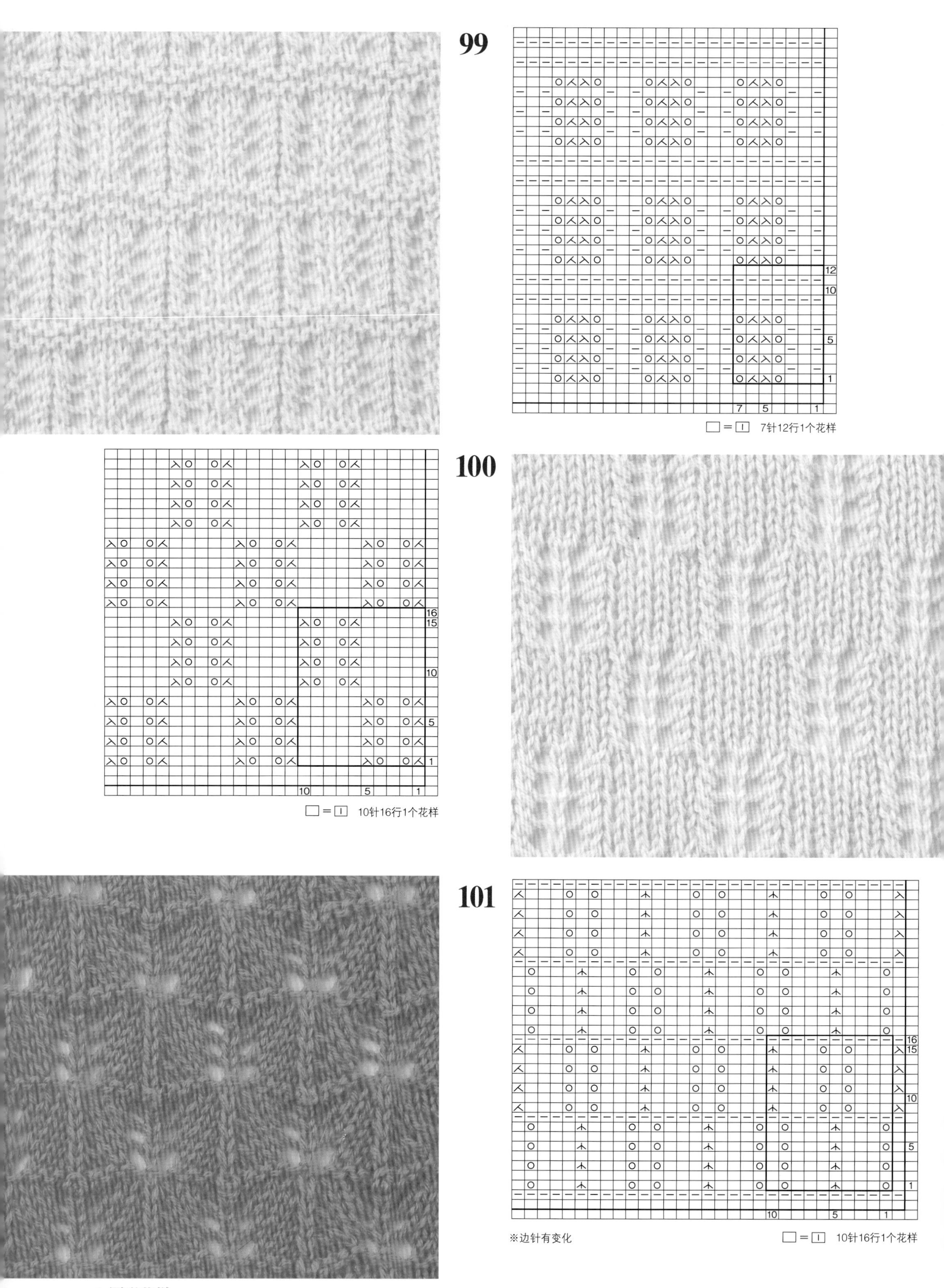
99
7针12行1个花样
100
10针16行1个花样
101
※边针有变化
10针16行1个花样

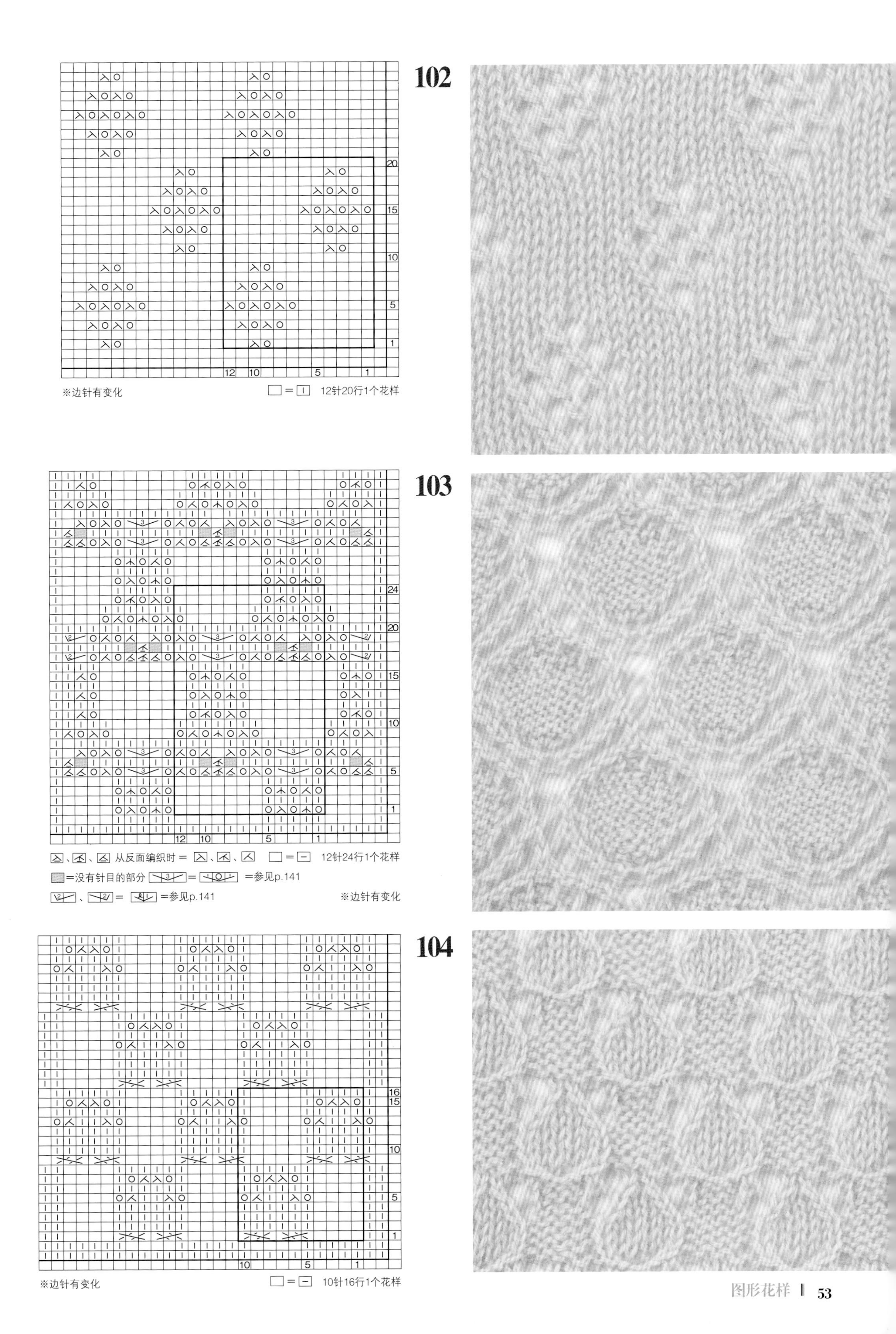
102
※边针有变化
12针20行1个花样
103
从反面编织时 =
12针24行1个花样
=没有针目的部分
=参见p.141
=参见p.141
※边针有变化
104
※边针有变化
10针16行1个花样

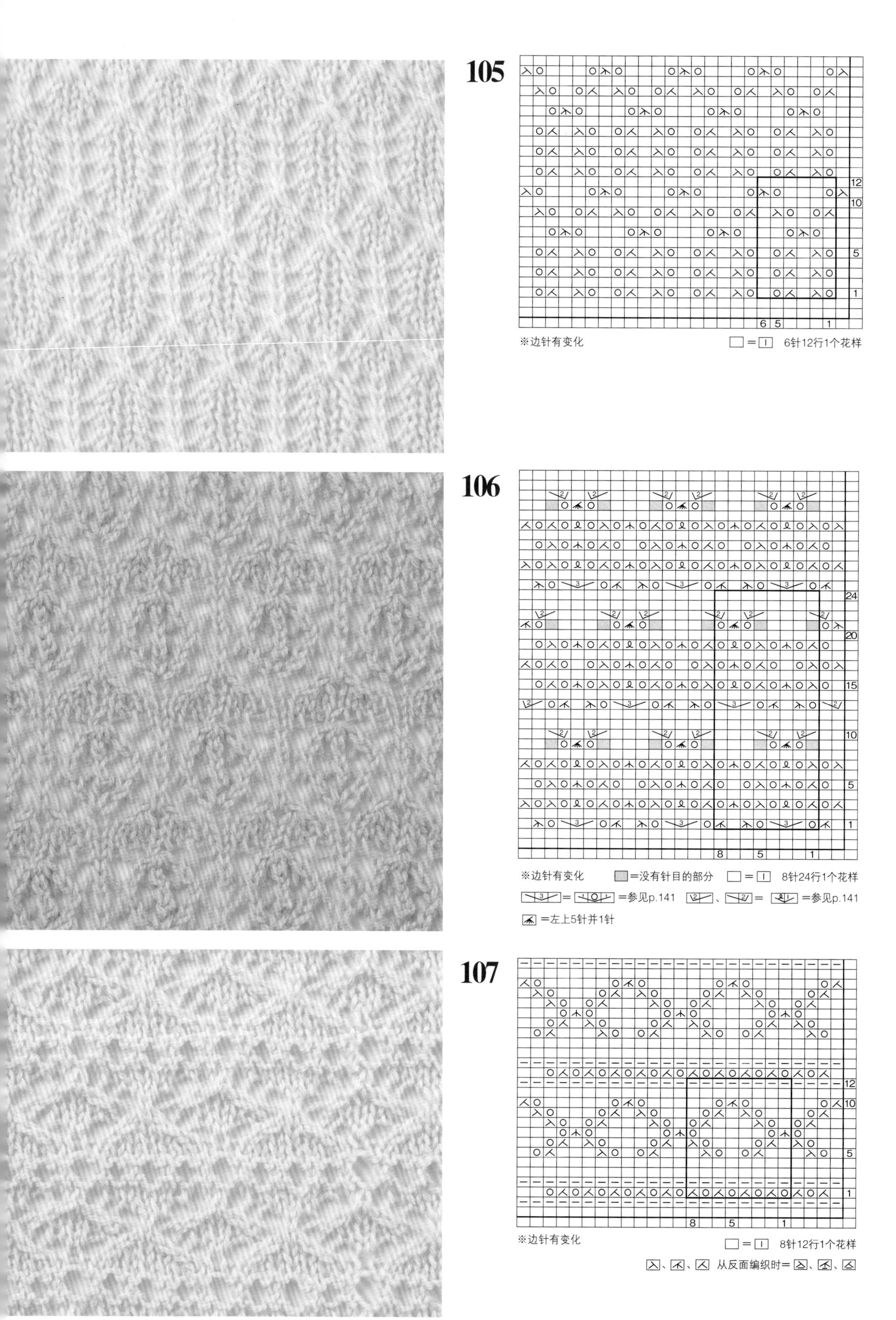
105
※边针有变化
6针12行1个花样
106
※边针有变化
=没有针目的部分
8针24行1个花样
=参见p.141
=参见p.141
=左上5针并1针
107
※边针有变化
8针12行1个花样
从反面编织时=

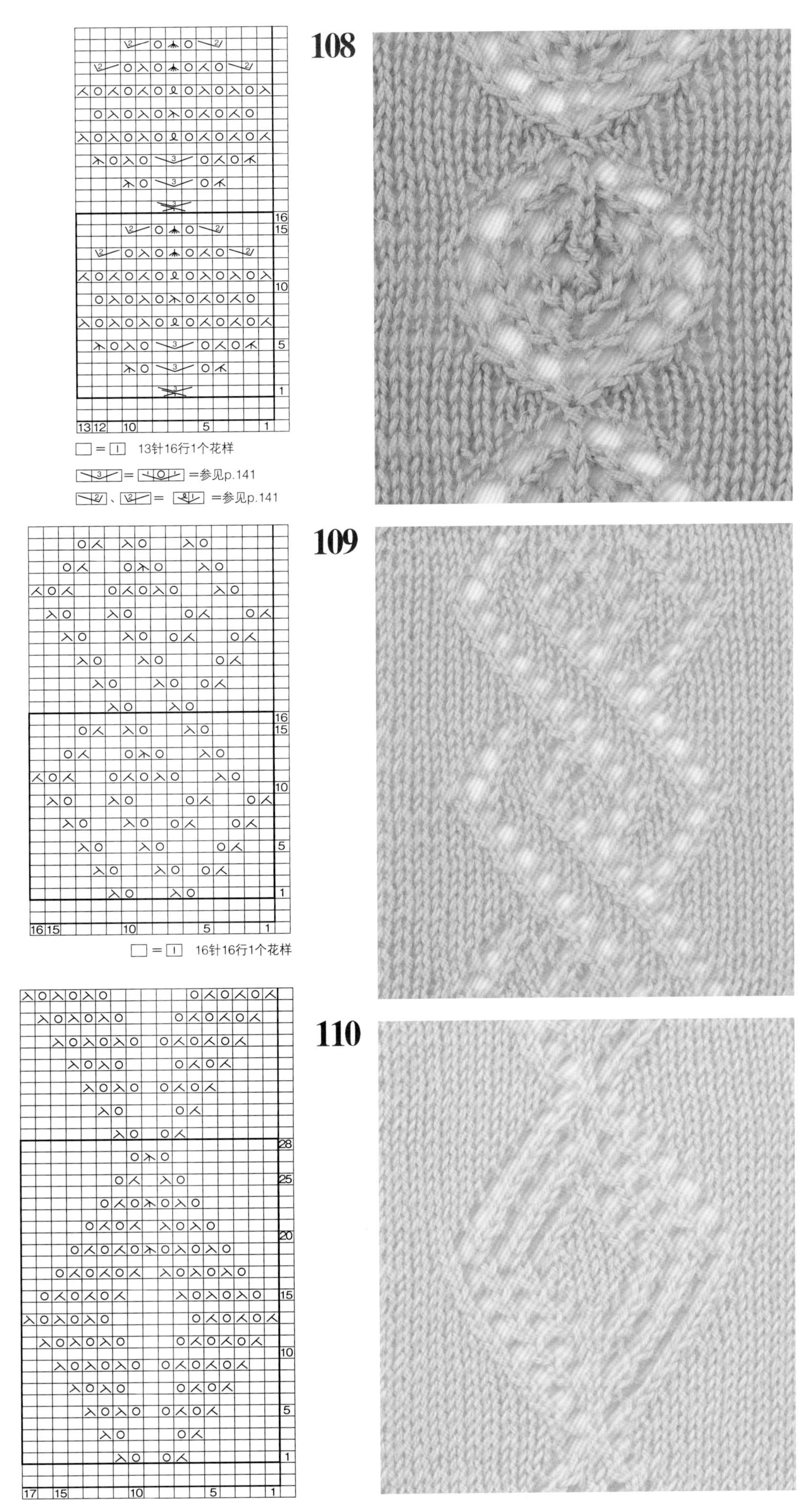
108
13针16行1个花样
=参见p.141
=参见p.141
109
16针16行1个花样
110
17针28行1个花样

111

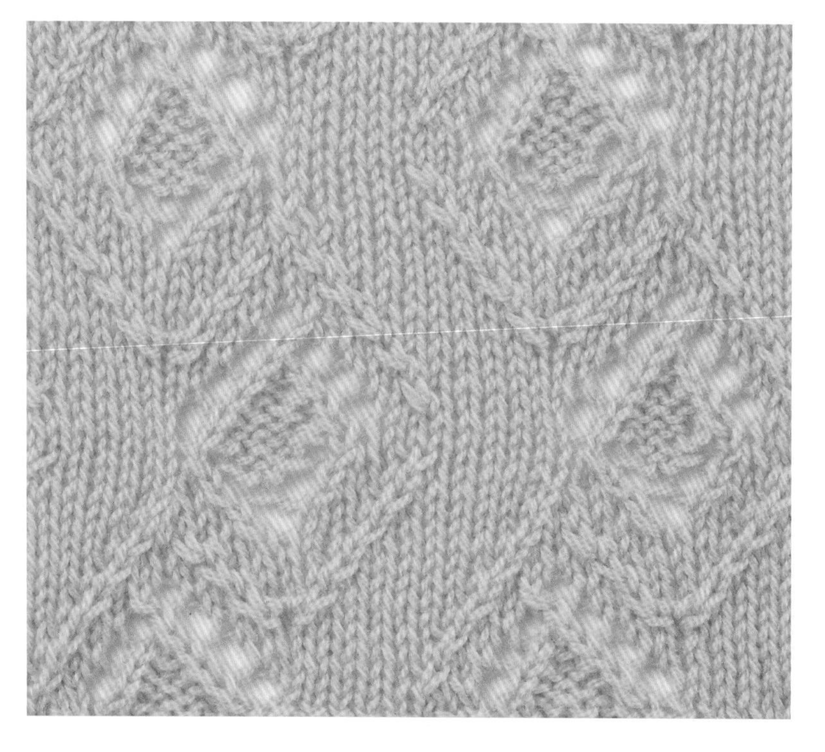

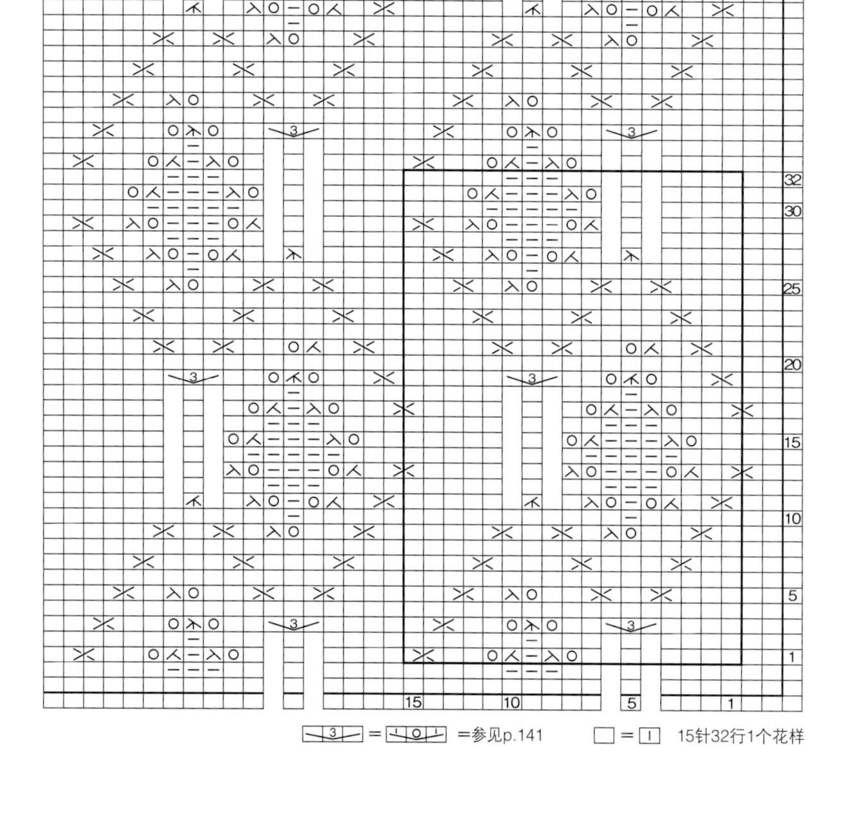

3 = 参见p.141　□ = ▯　15针32行1个花样

112

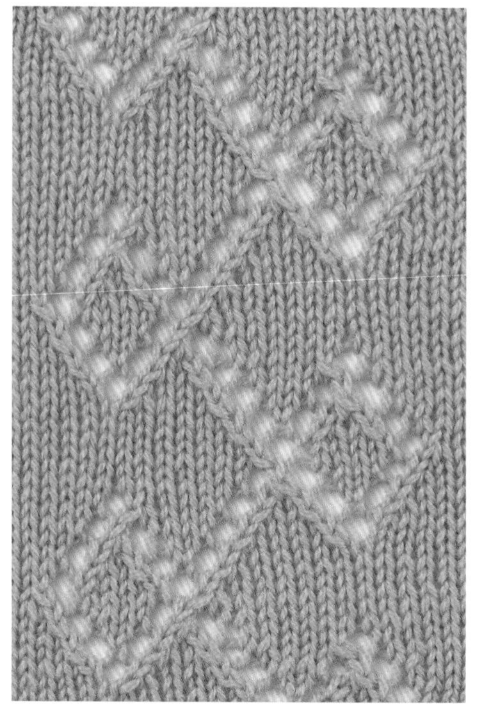

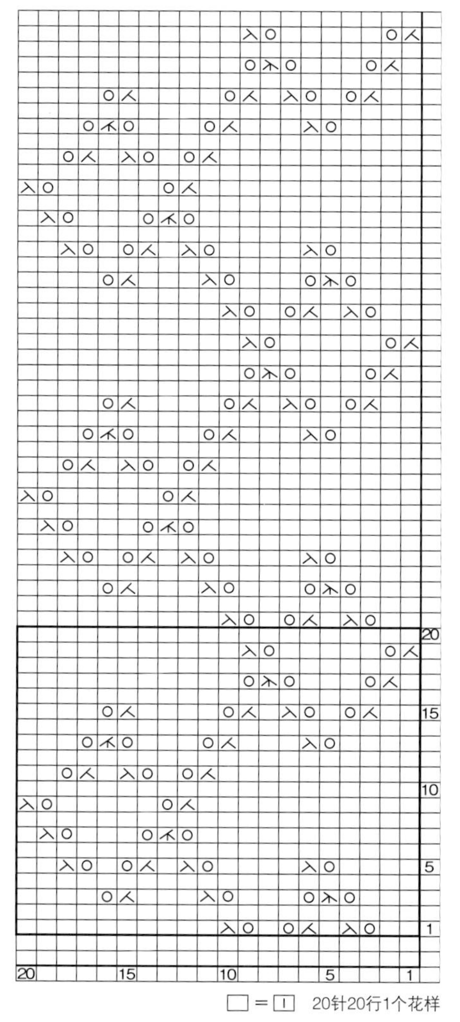

□ = ▯　20针20行1个花样

113

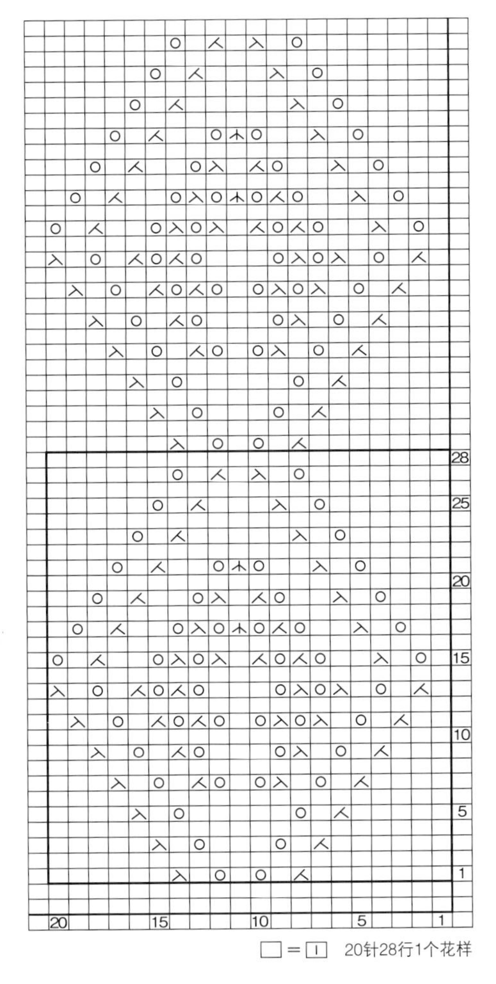

□＝□ 20针28行1个花样

114

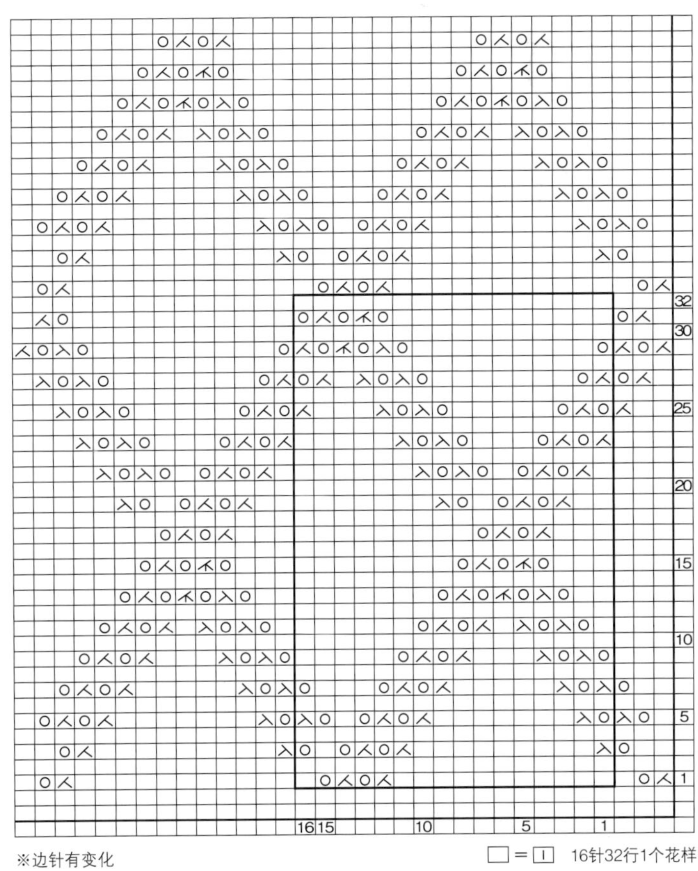

※边针有变化

□＝□ 16针32行1个花样

115

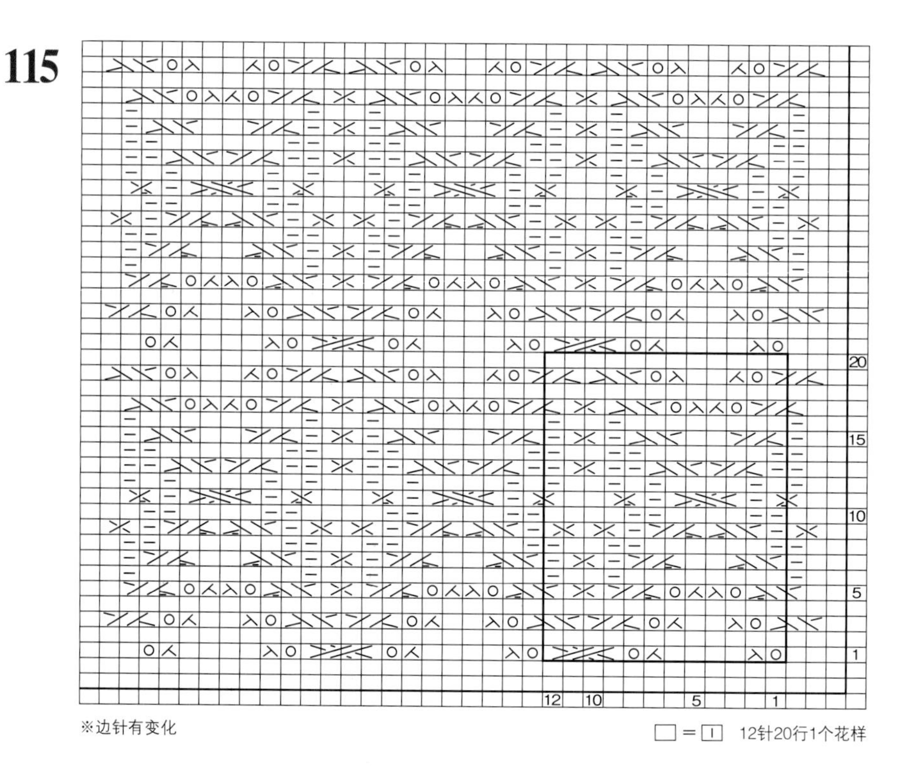

※边针有变化

□ = ⌷ 12针20行1个花样

116

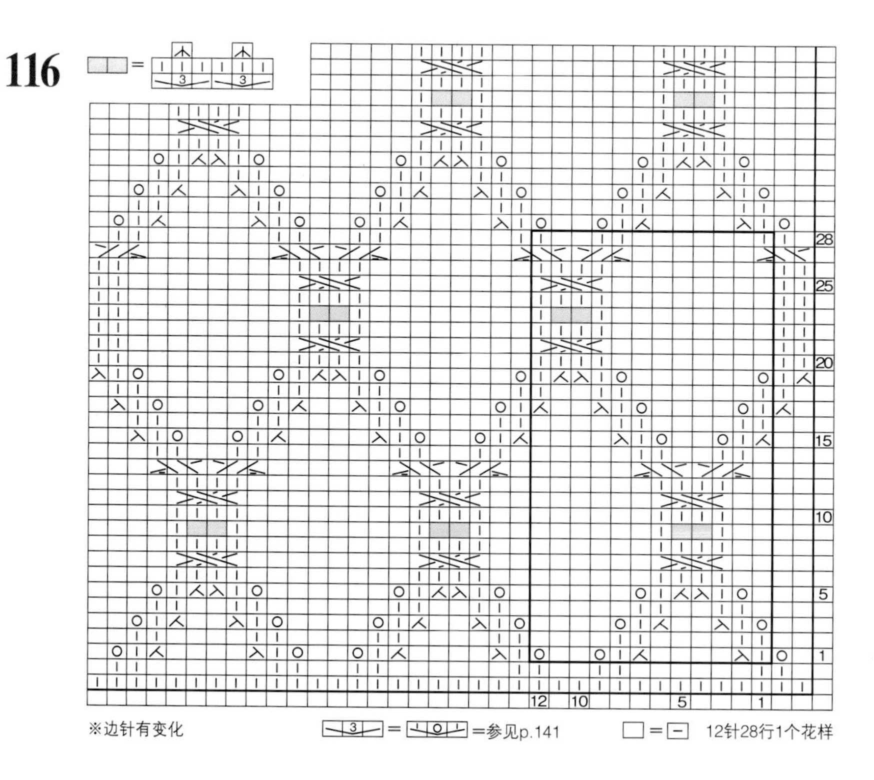

※边针有变化

=参见p.141

□ = ⊟ 12针28行1个花样

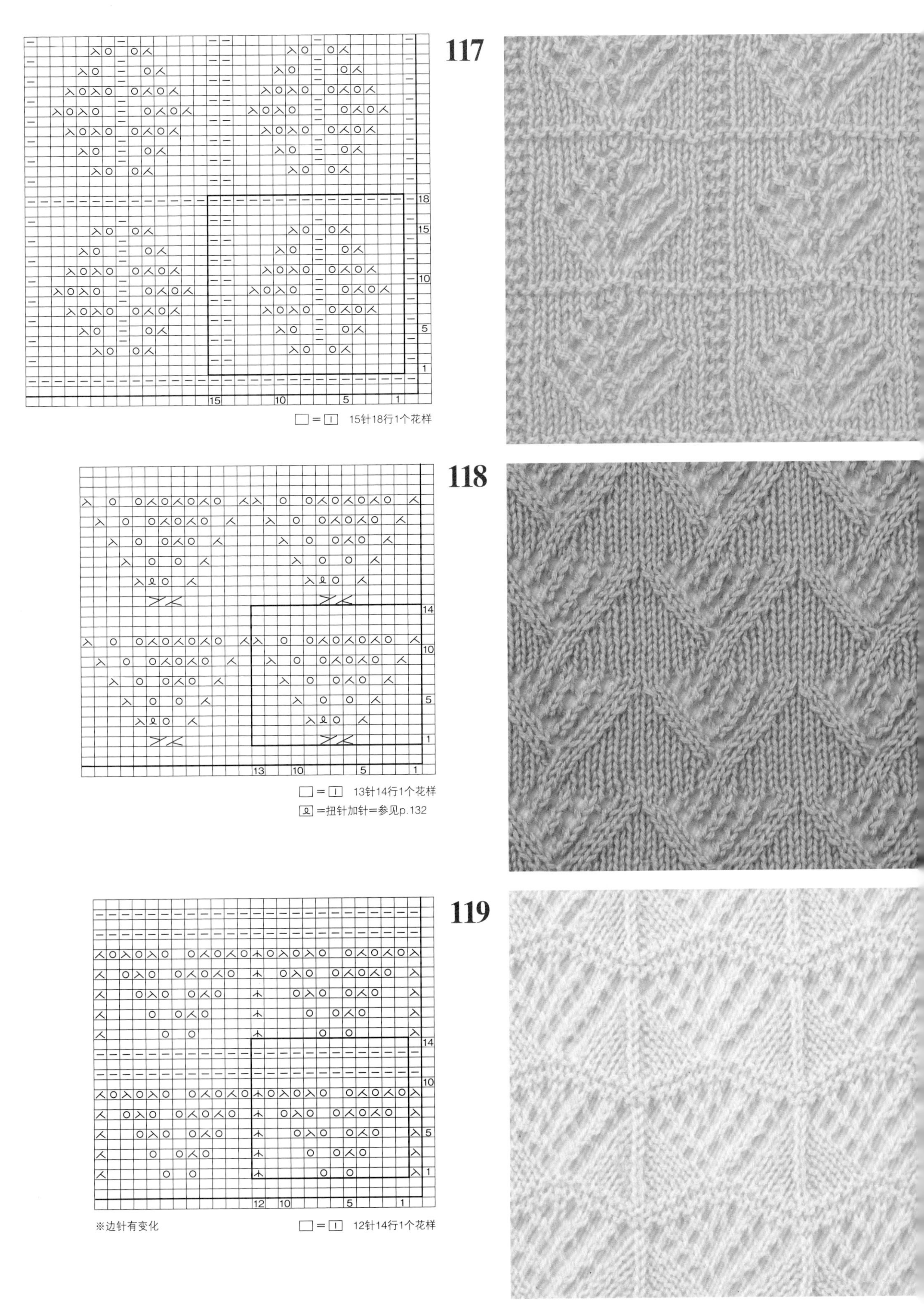
117
15针18行1个花样
118
13针14行1个花样
=扭针加针=参见p.132
119
※边针有变化
12针14行1个花样

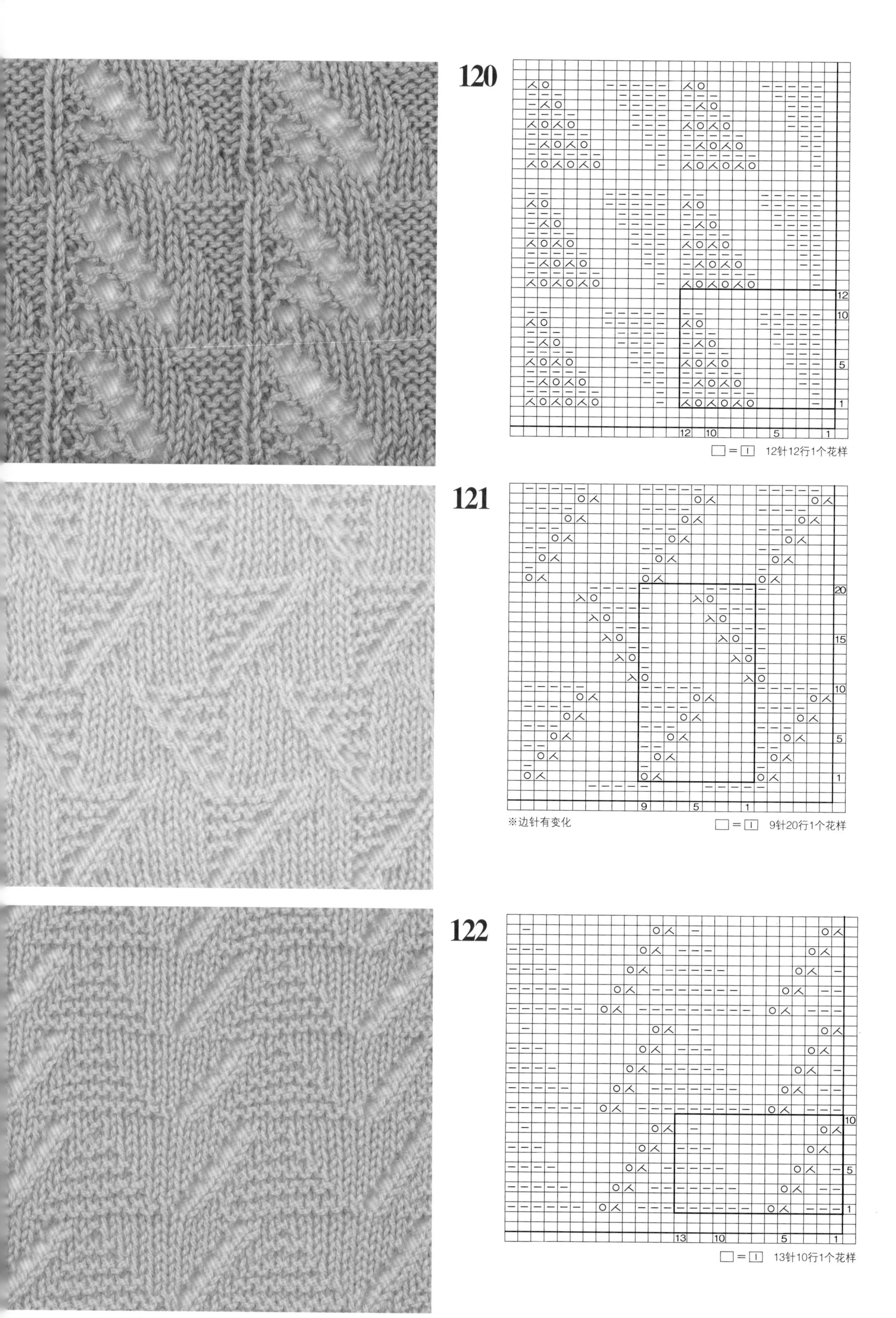
120
= 12针12行1个花样
121
※边针有变化
= 9针20行1个花样
122
= 13针10行1个花样

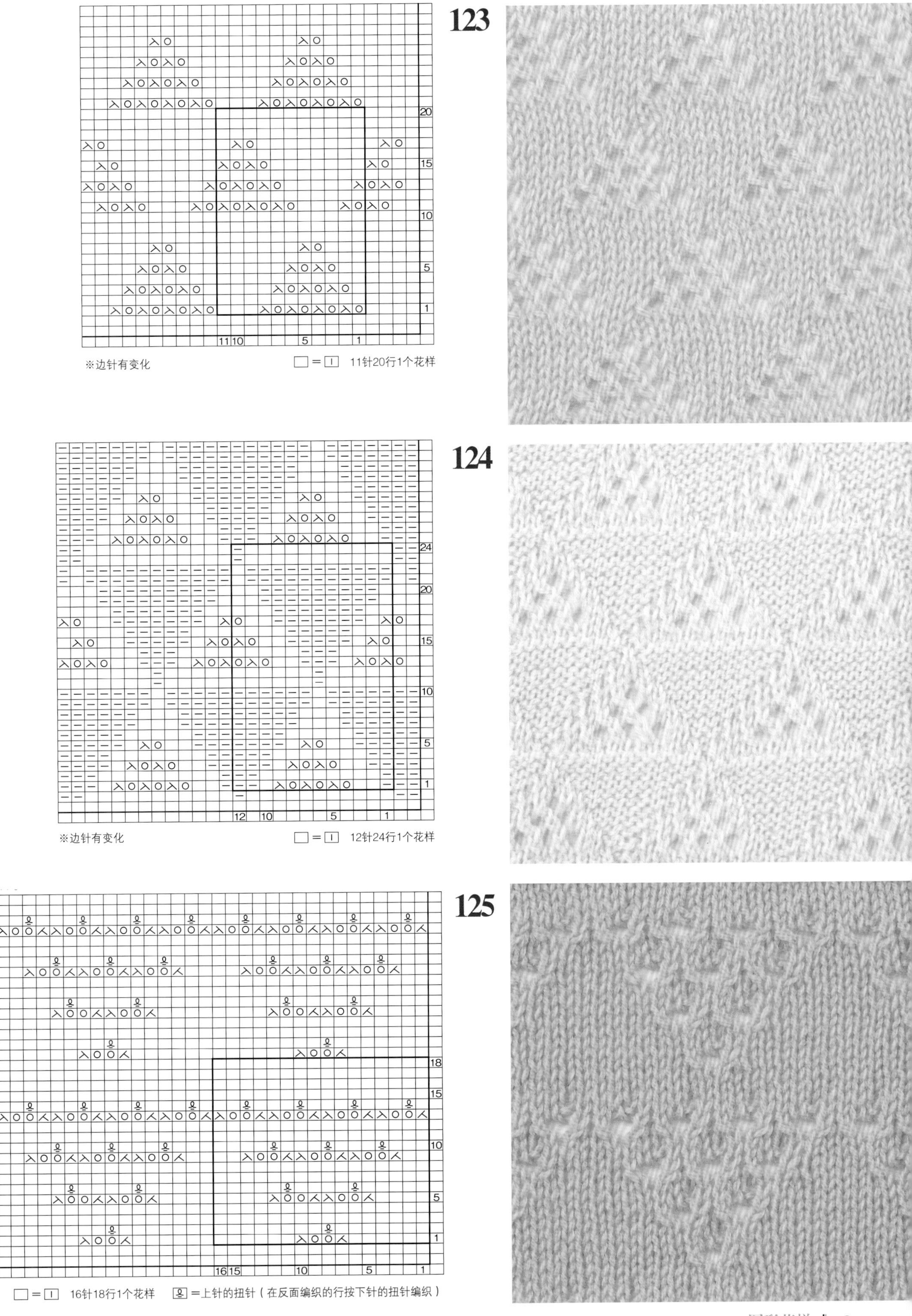
123
20
15
10
5
1
11 10
5
1
※边针有变化
□=□ 11针20行1个花样
124
24
20
15
10
5
1
12 10
5
1
※边针有变化
□=□ 12针24行1个花样
125
18
15
10
5
1
16 15
10
5
1
□=□ 16针18行1个花样
=上针的扭针（在反面编织的行按下针的扭针编织）

126

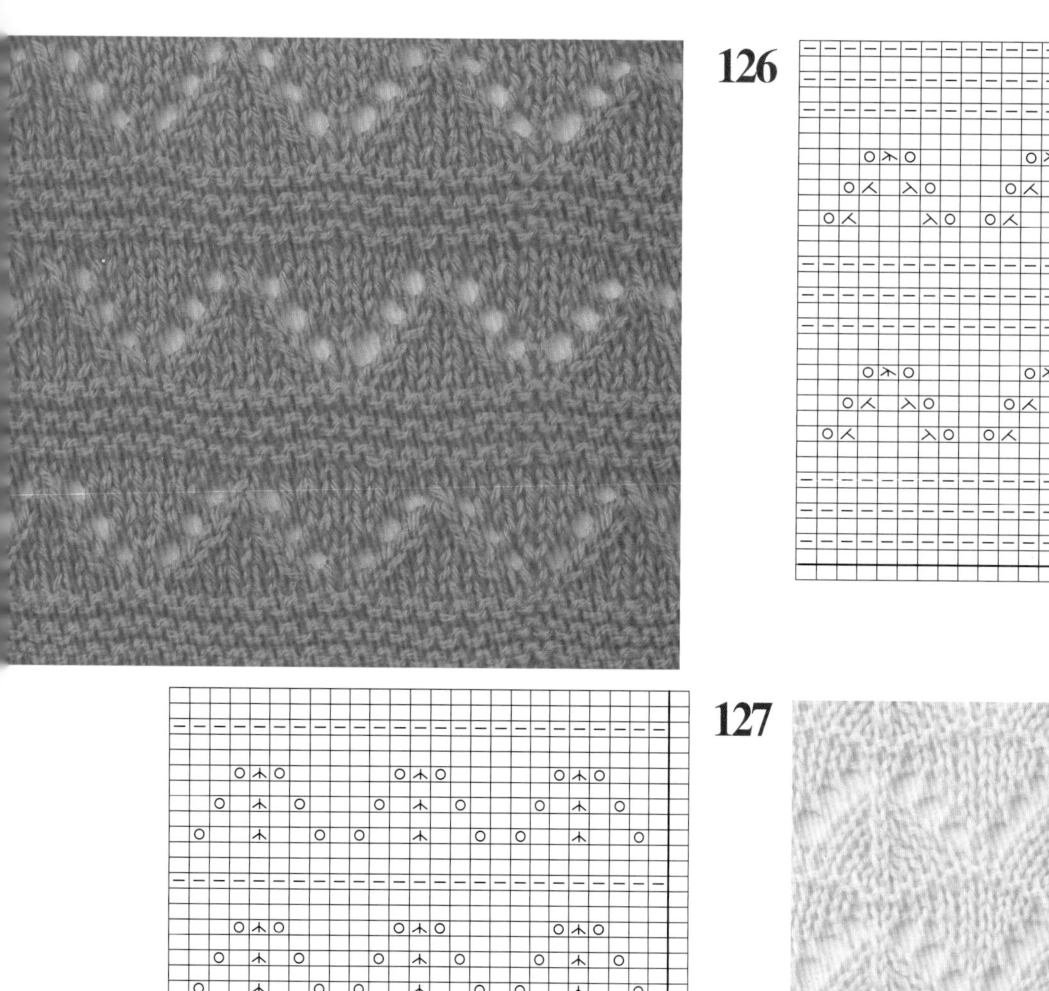

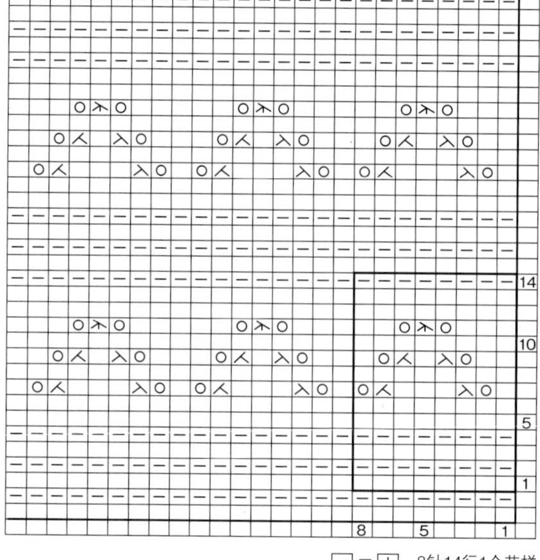

□ = □ 8针14行1个花样

127

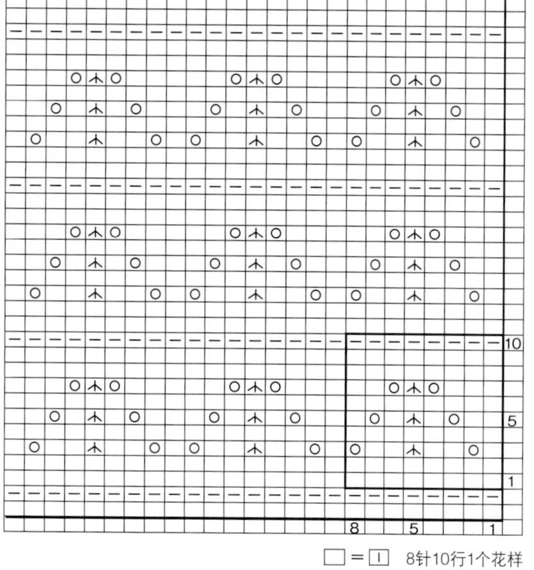

□ = □ 8针10行1个花样

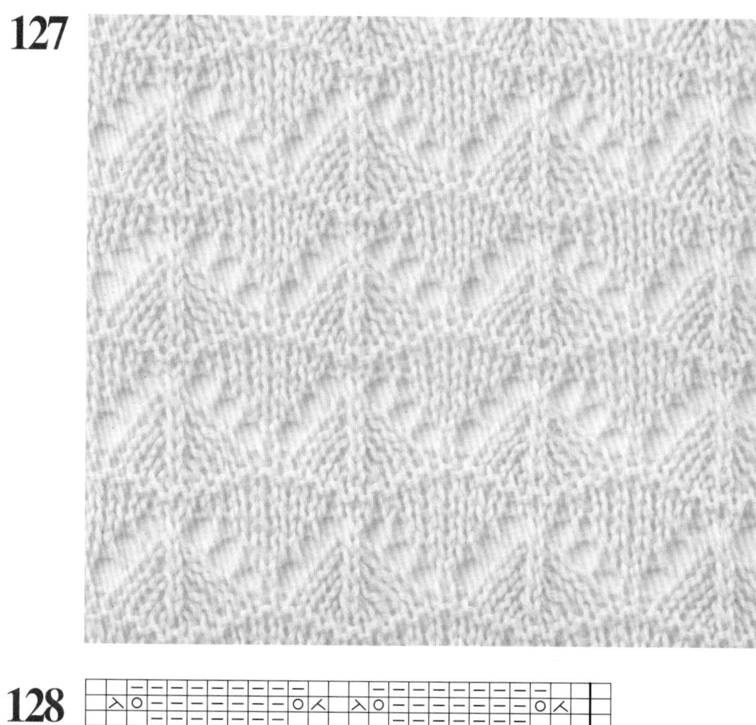

128

10
5
1
12 10 5 1

□ = □ 12针10行1个花样

129

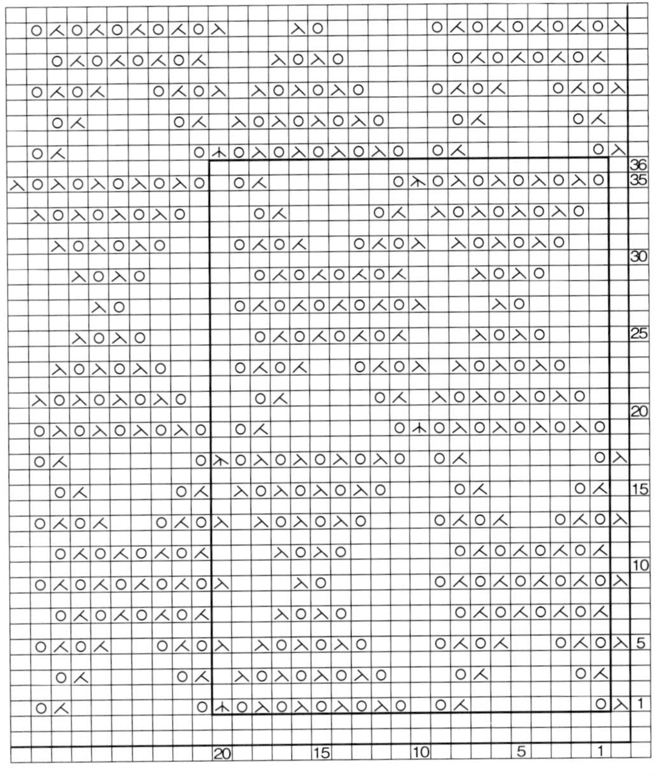

※边针有变化

□＝Ⅰ　20针36行1个花样

130

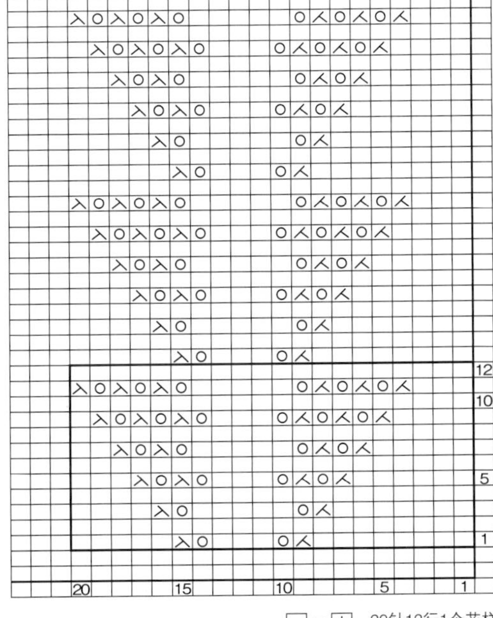

□＝Ⅰ　20针12行1个花样

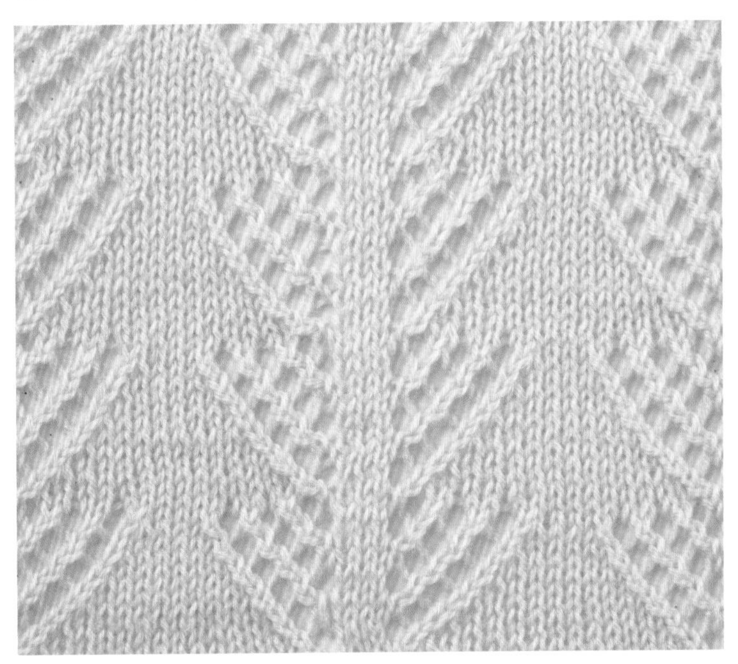

131

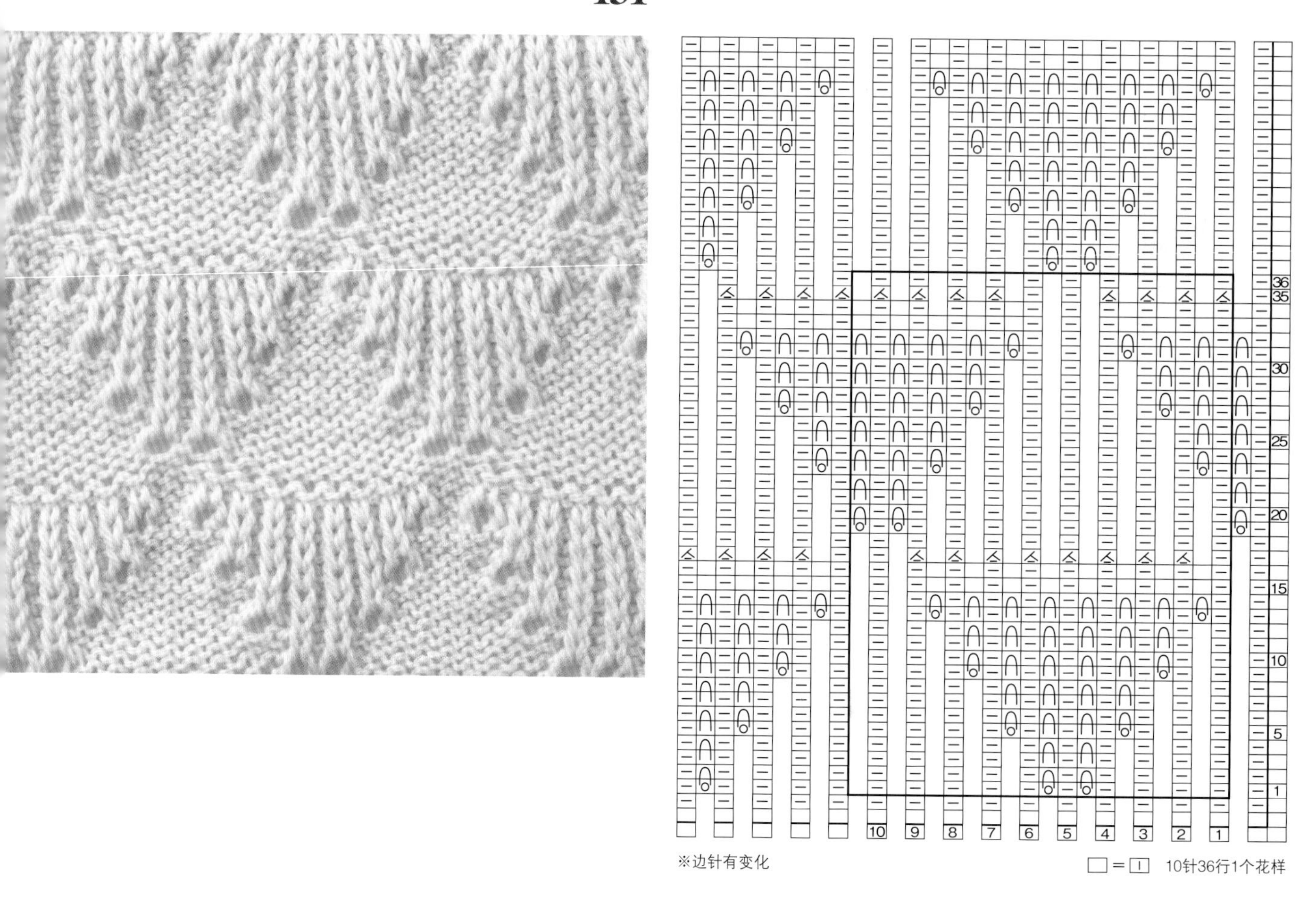

※边针有变化

□＝□ 10针36行1个花样

132

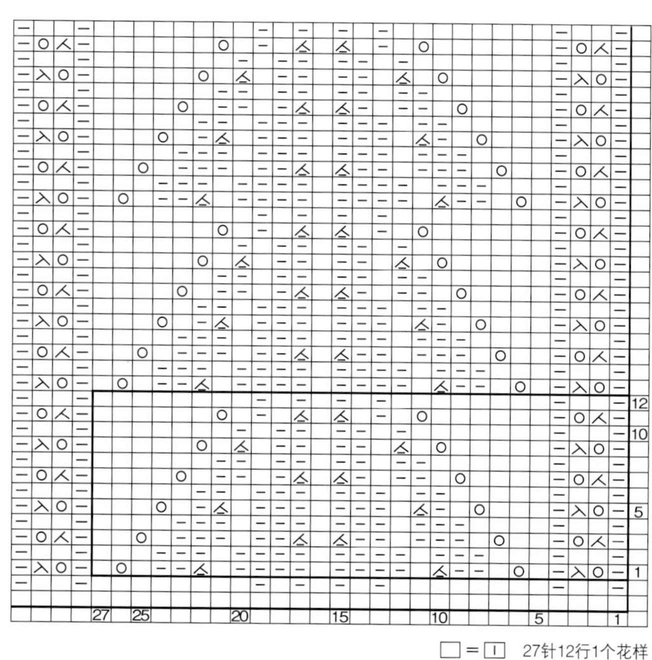

□＝□ 27针12行1个花样

133

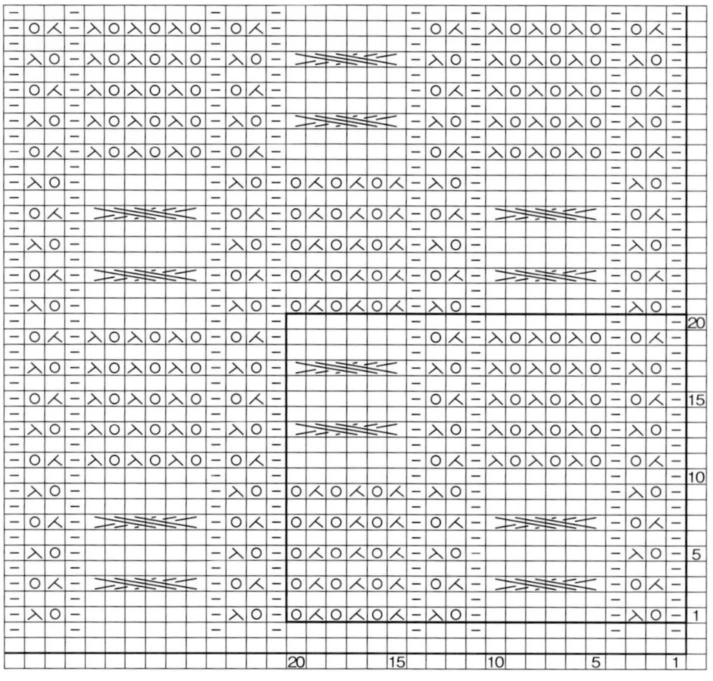

□＝□ 20针20行1个花样

134

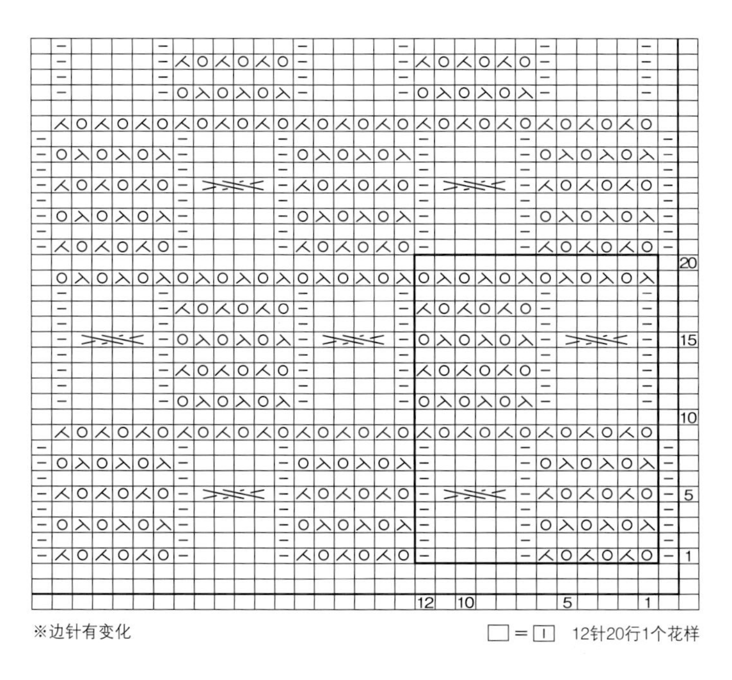

※边针有变化

□＝□ 12针20行1个花样

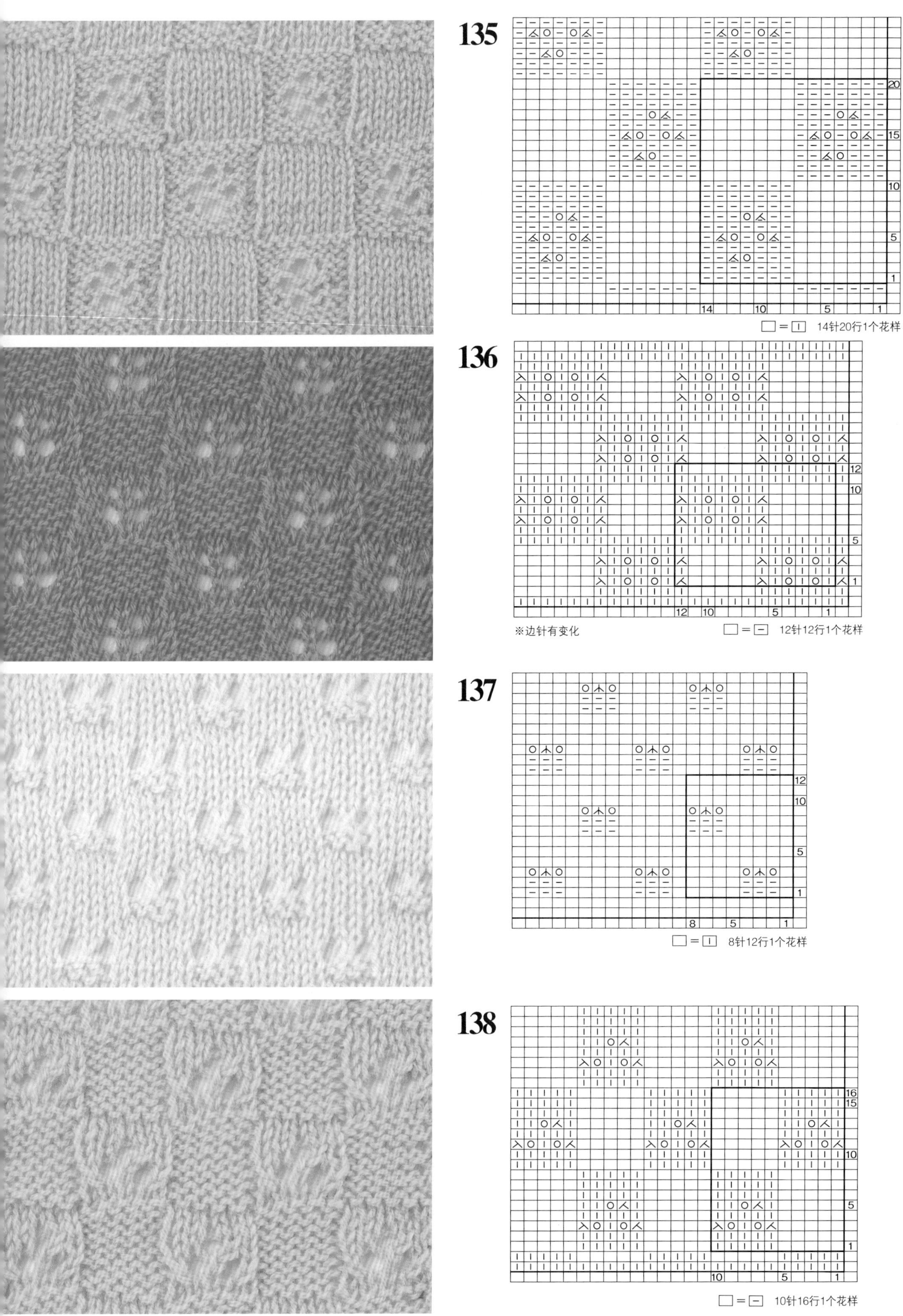
135
□=□ 14针20行1个花样
136
※边针有变化
□=□ 12针12行1个花样
137
□=□ 8针12行1个花样
138
□=□ 10针16行1个花样

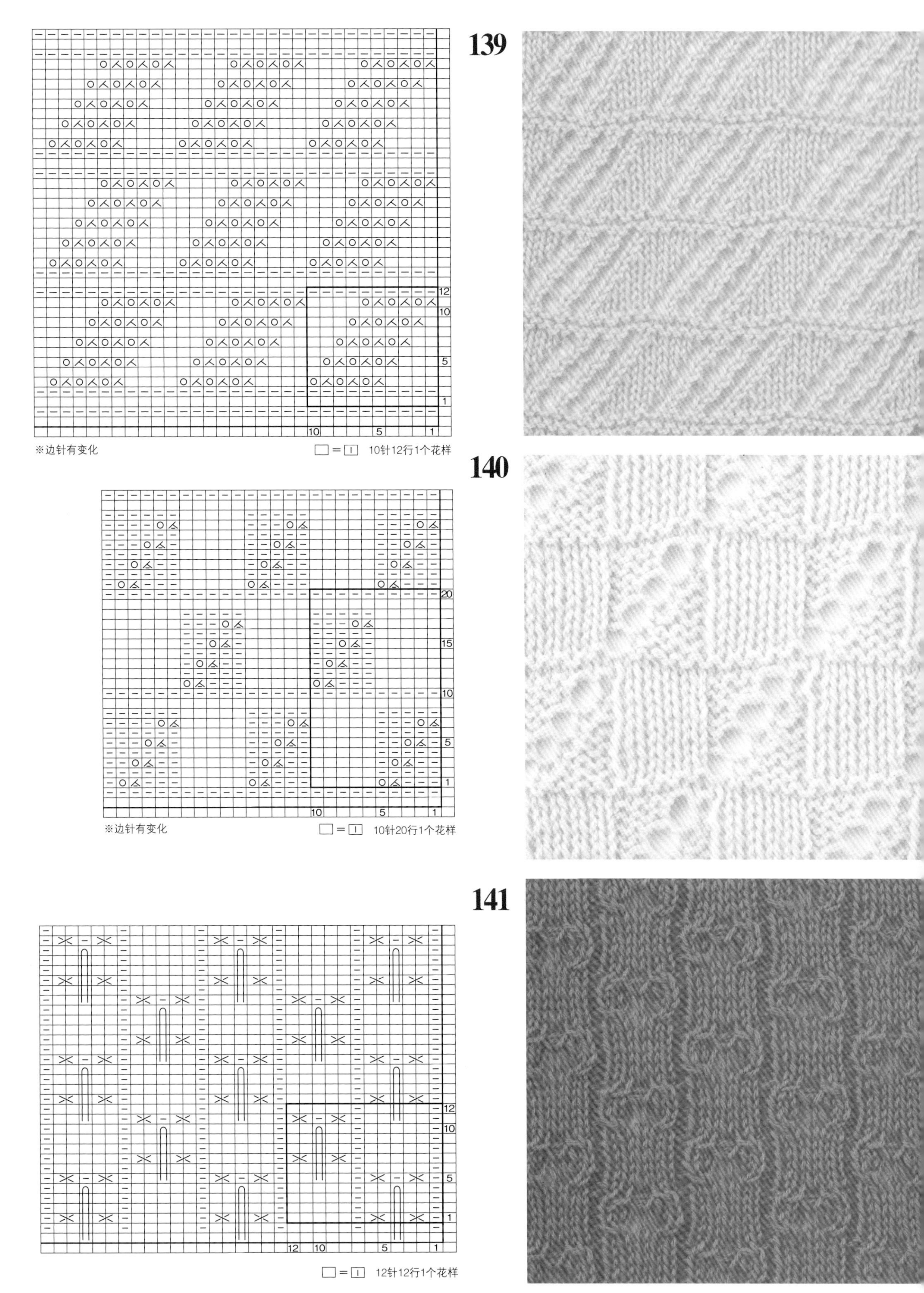
139
※边针有变化
□=□ 10针12行1个花样
140
※边针有变化
□=□ 10针20行1个花样
141
□=□ 12针12行1个花样

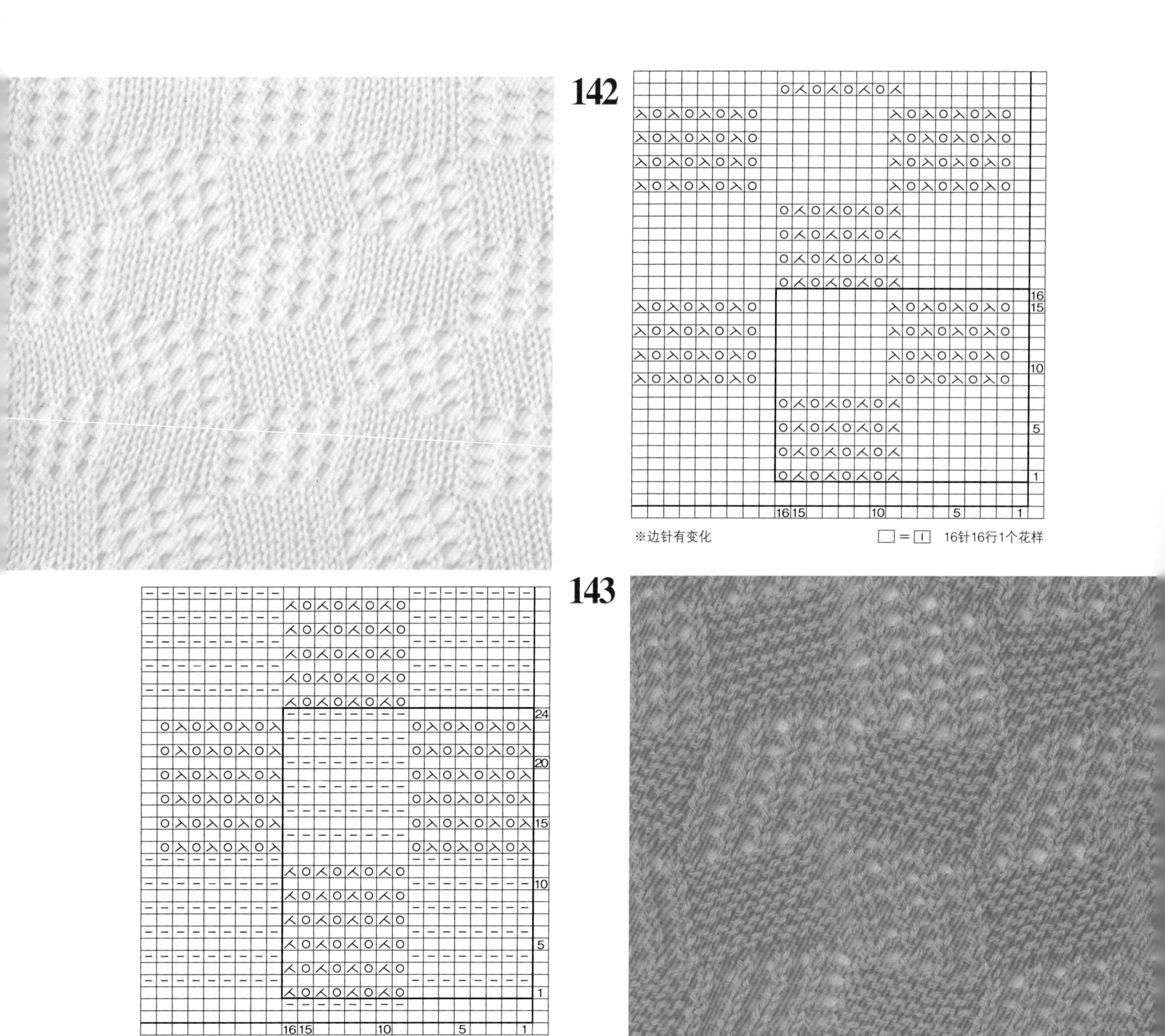

※边针有变化

□ = 丨 16针24行1个花样

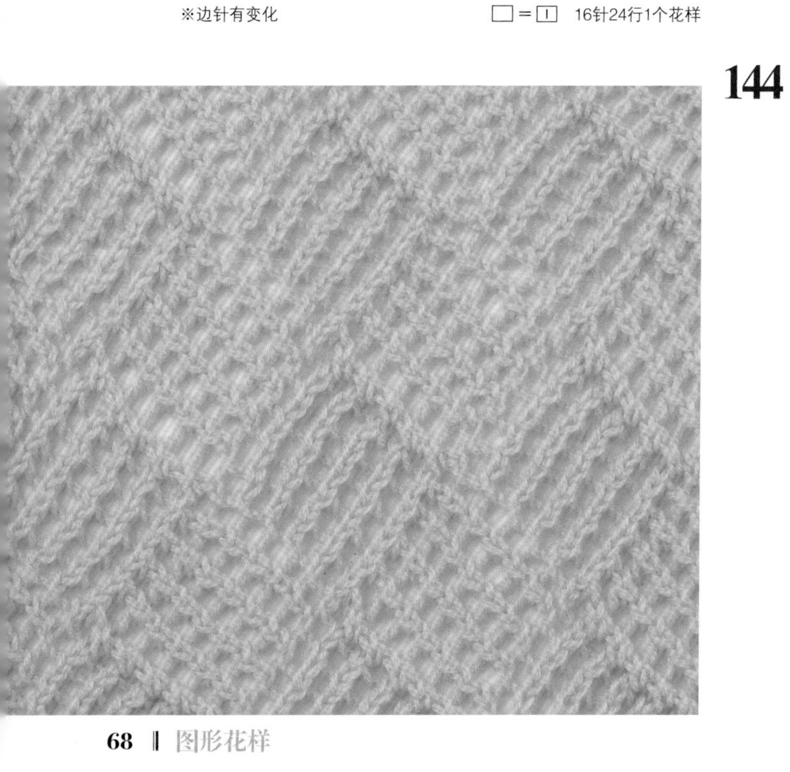

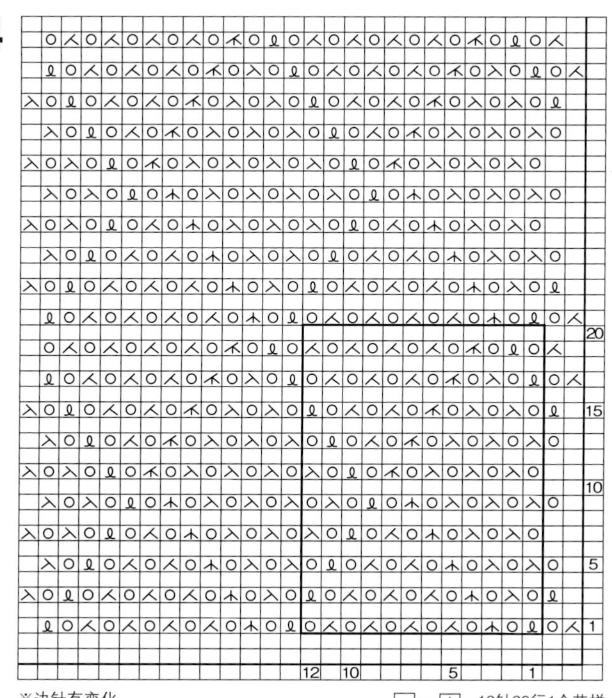

※边针有变化

□ = 丨 12针20行1个花样

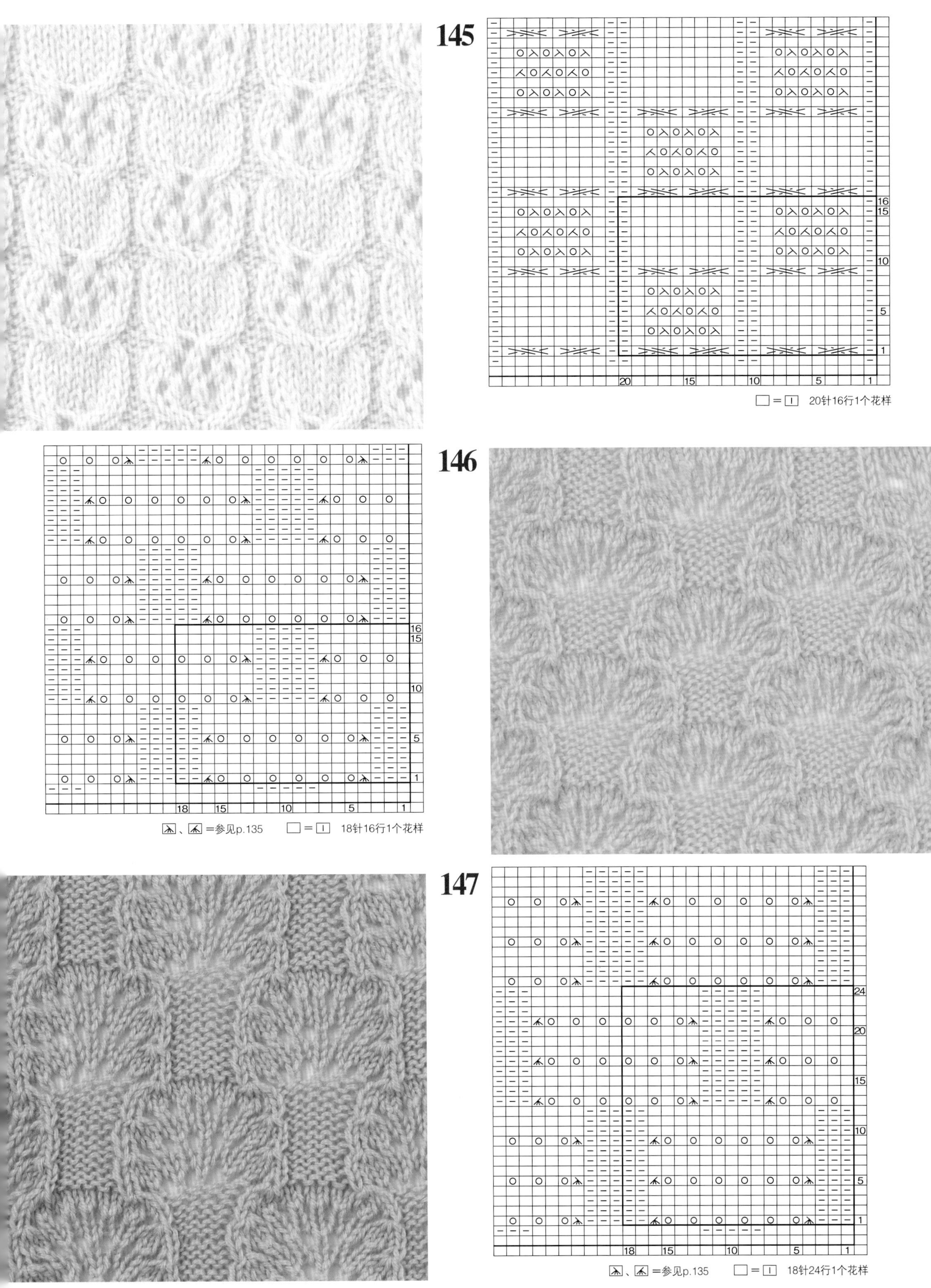
145
□=□ 20针16行1个花样
146
⋏、⋏ =参见p.135
□=□ 18针16行1个花样
147
⋏、⋏ =参见p.135
□=□ 18针24行1个花样

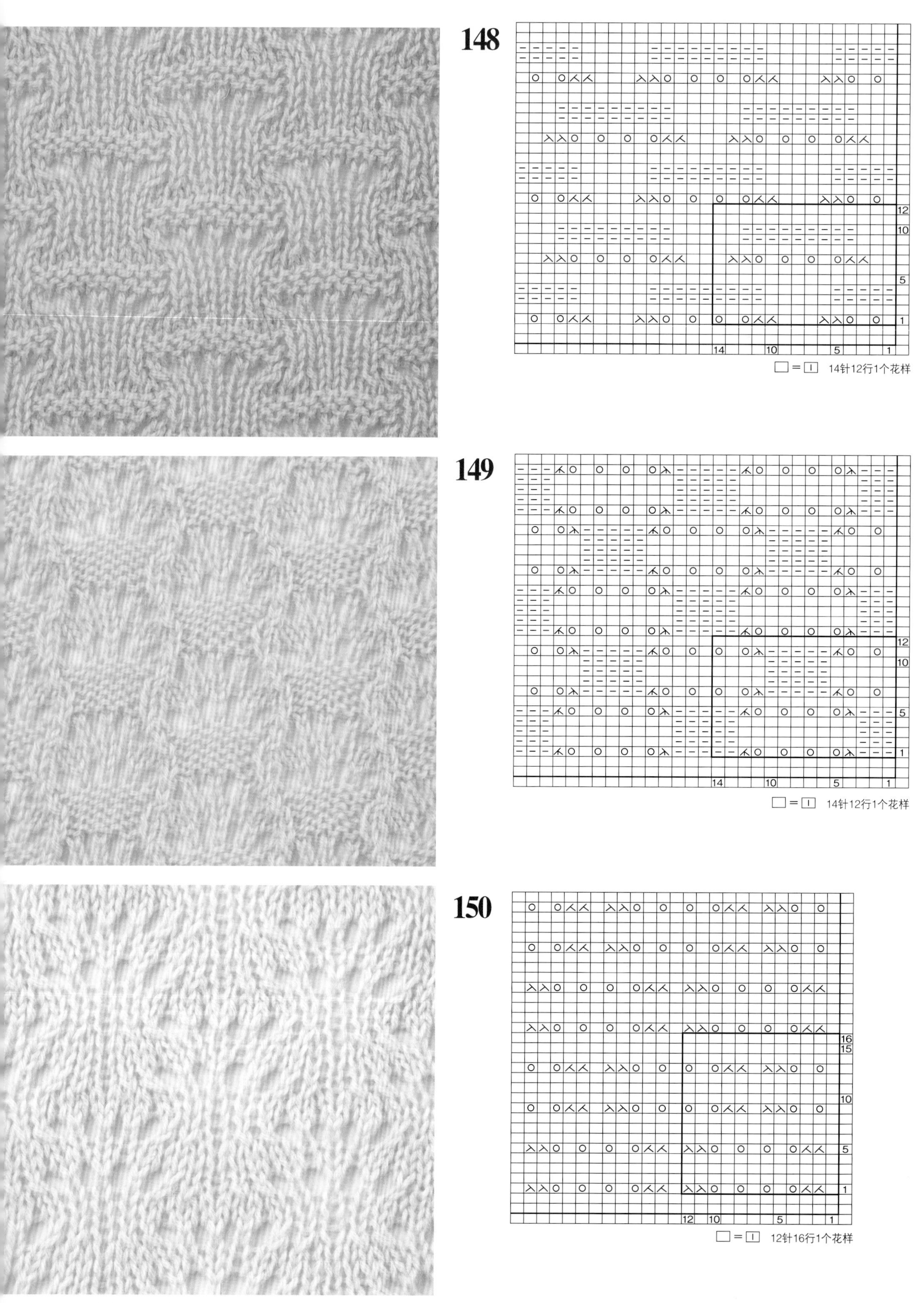
148
14针12行1个花样
149
14针12行1个花样
150
12针16行1个花样

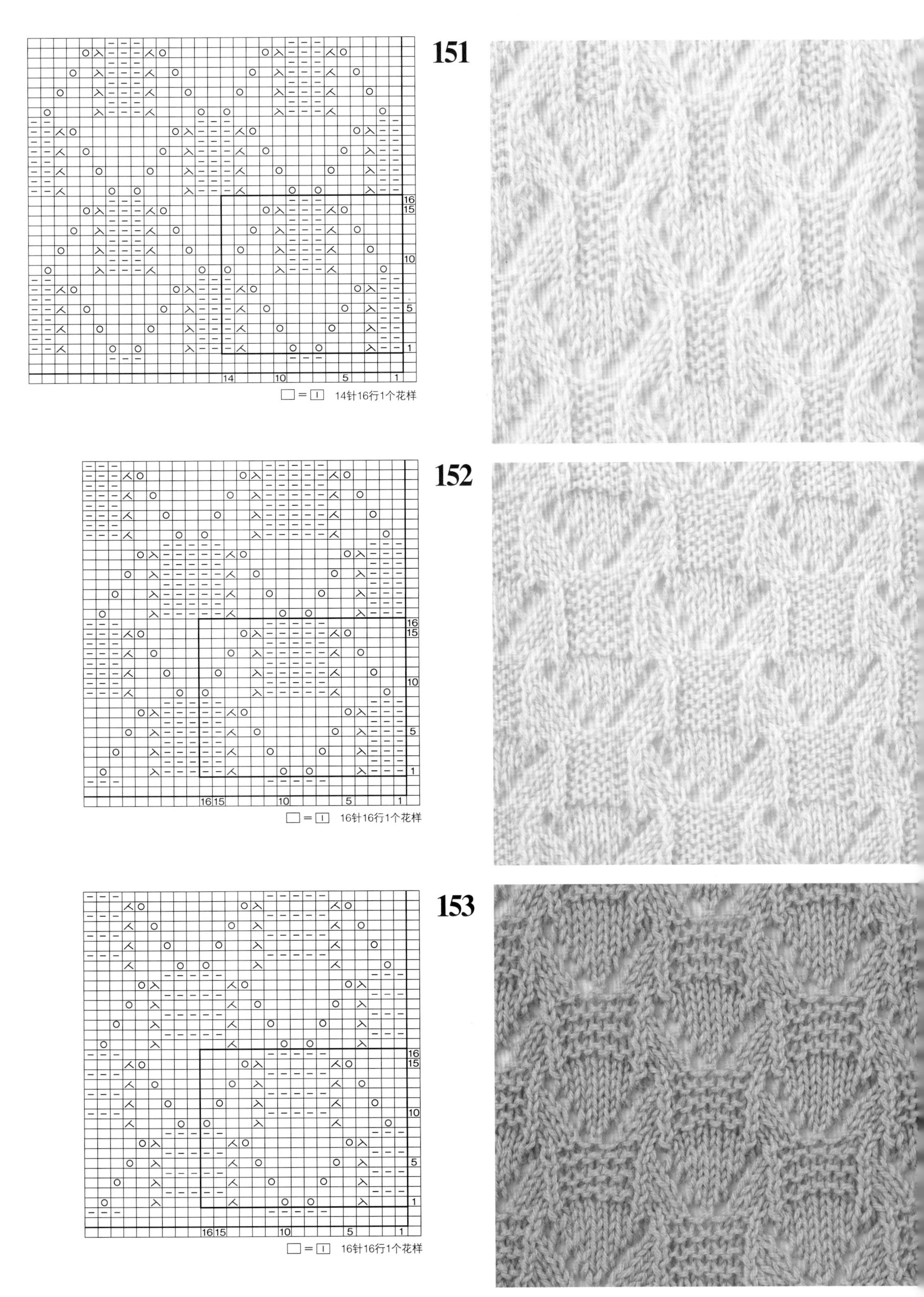
151
□=□ 14针16行1个花样
152
□=□ 16针16行1个花样
153
□=□ 16针16行1个花样

条纹花样

纵向、横向、斜向的条纹花样往往给人利落的印象。改变挂针和 2 针并 1 针的位置，还可以使织物本身发生倾斜 (如 p.7 的披肩)。不妨将纵向和横向的条纹做组合设计。

154

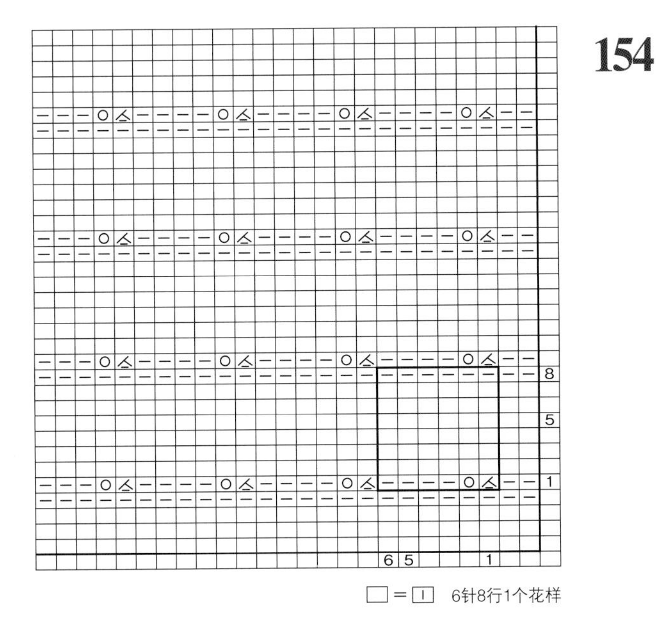

□ = ⊟ 6针8行1个花样

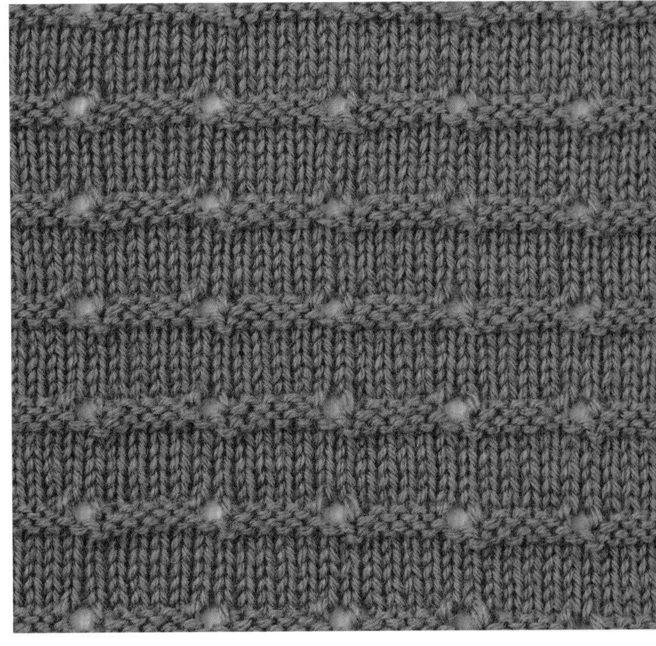

155

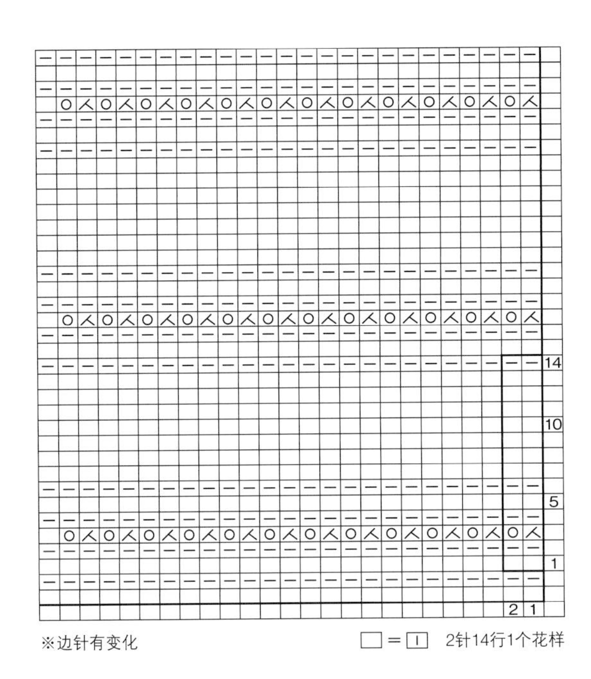

※边针有变化

□ = ⊟ 2针14行1个花样

156

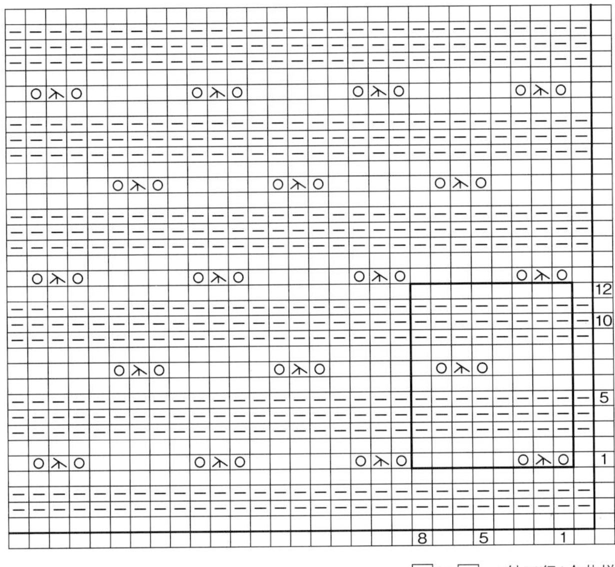

□ = ⊟ 8针12行1个花样

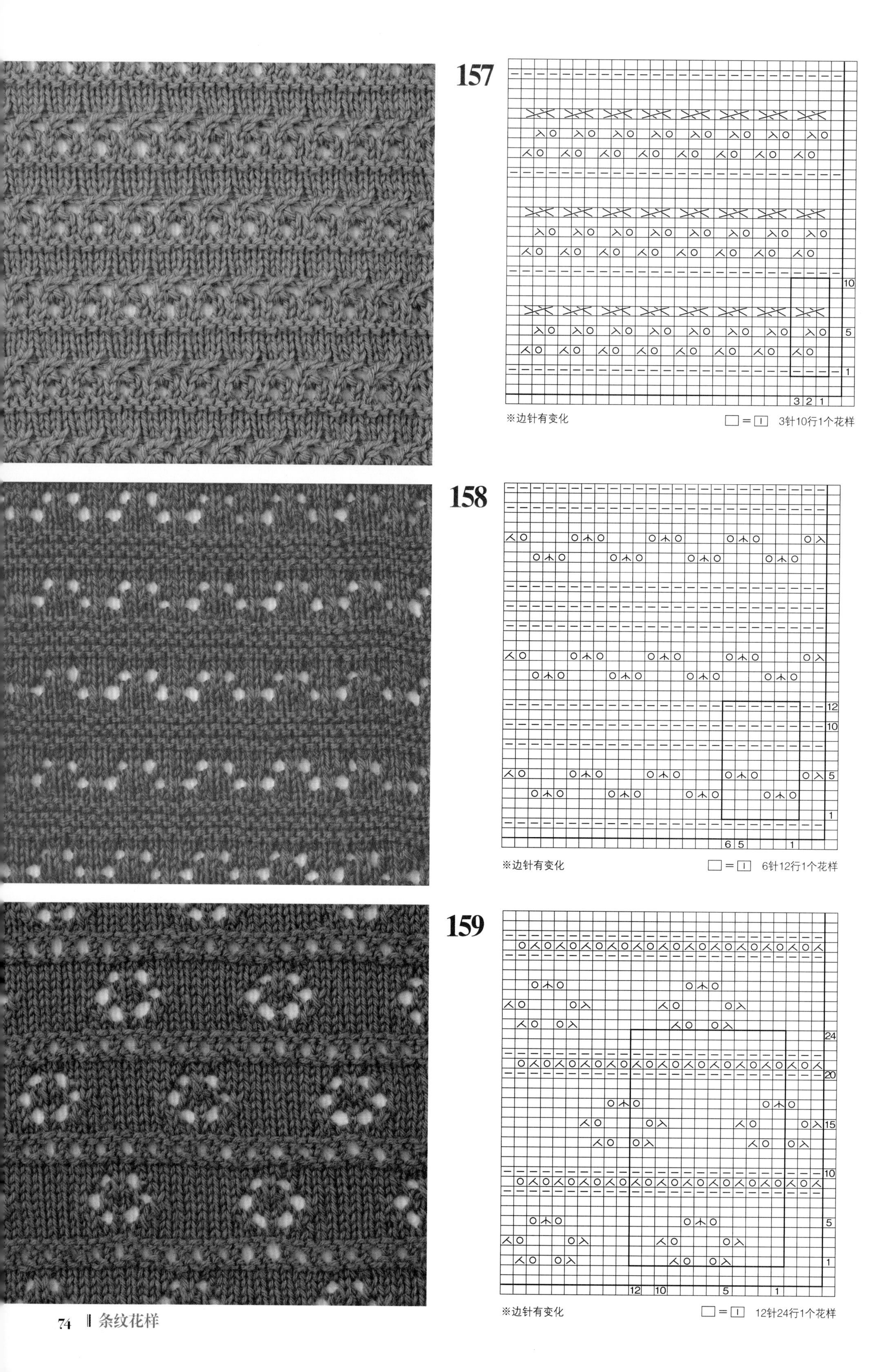
157
※边针有变化
3针10行1个花样
158
※边针有变化
6针12行1个花样
159
※边针有变化
12针24行1个花样

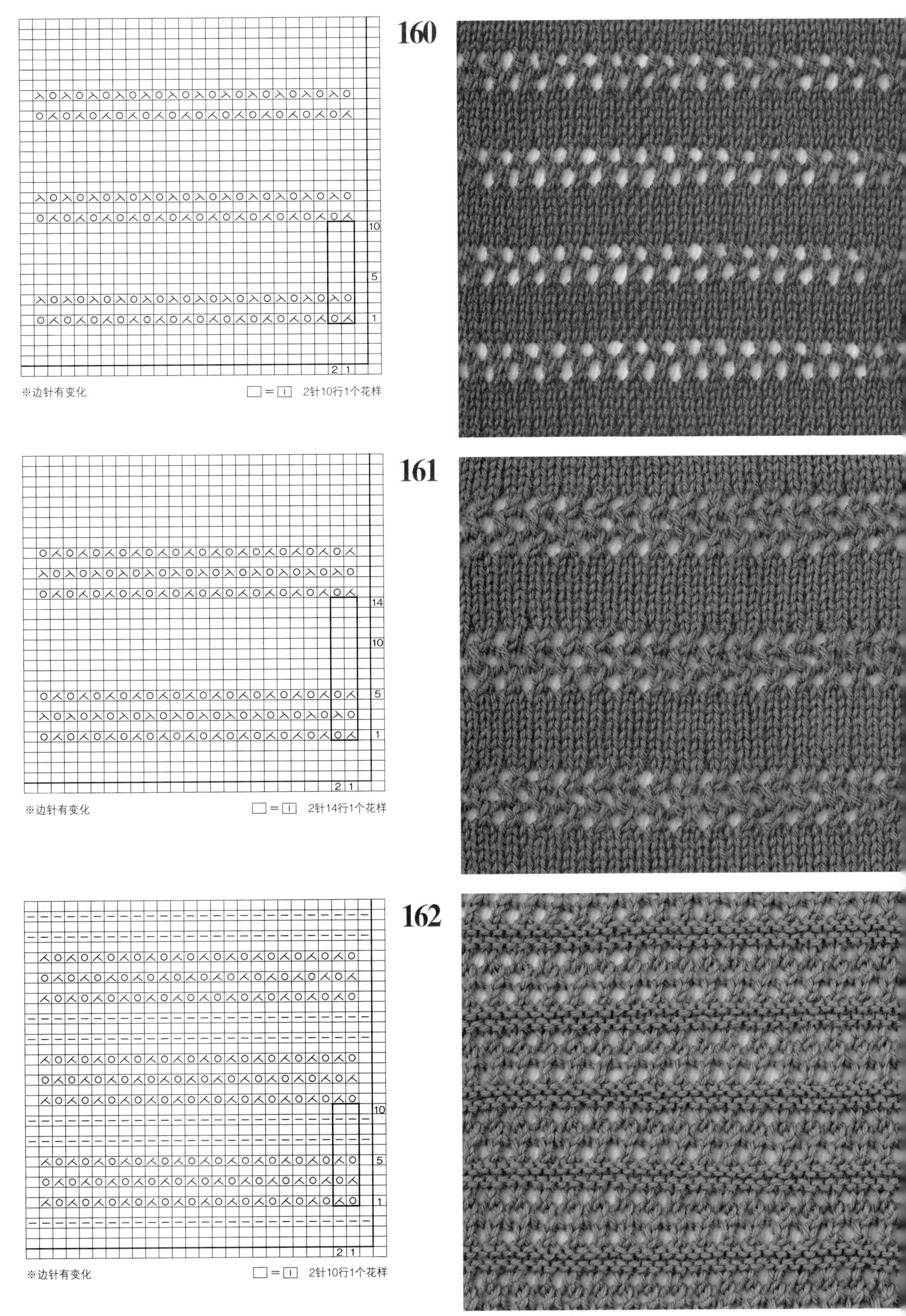
160
※边针有变化
□＝□ 2针10行1个花样
161
※边针有变化
□＝□ 2针14行1个花样
162
※边针有变化
□＝□ 2针10行1个花样

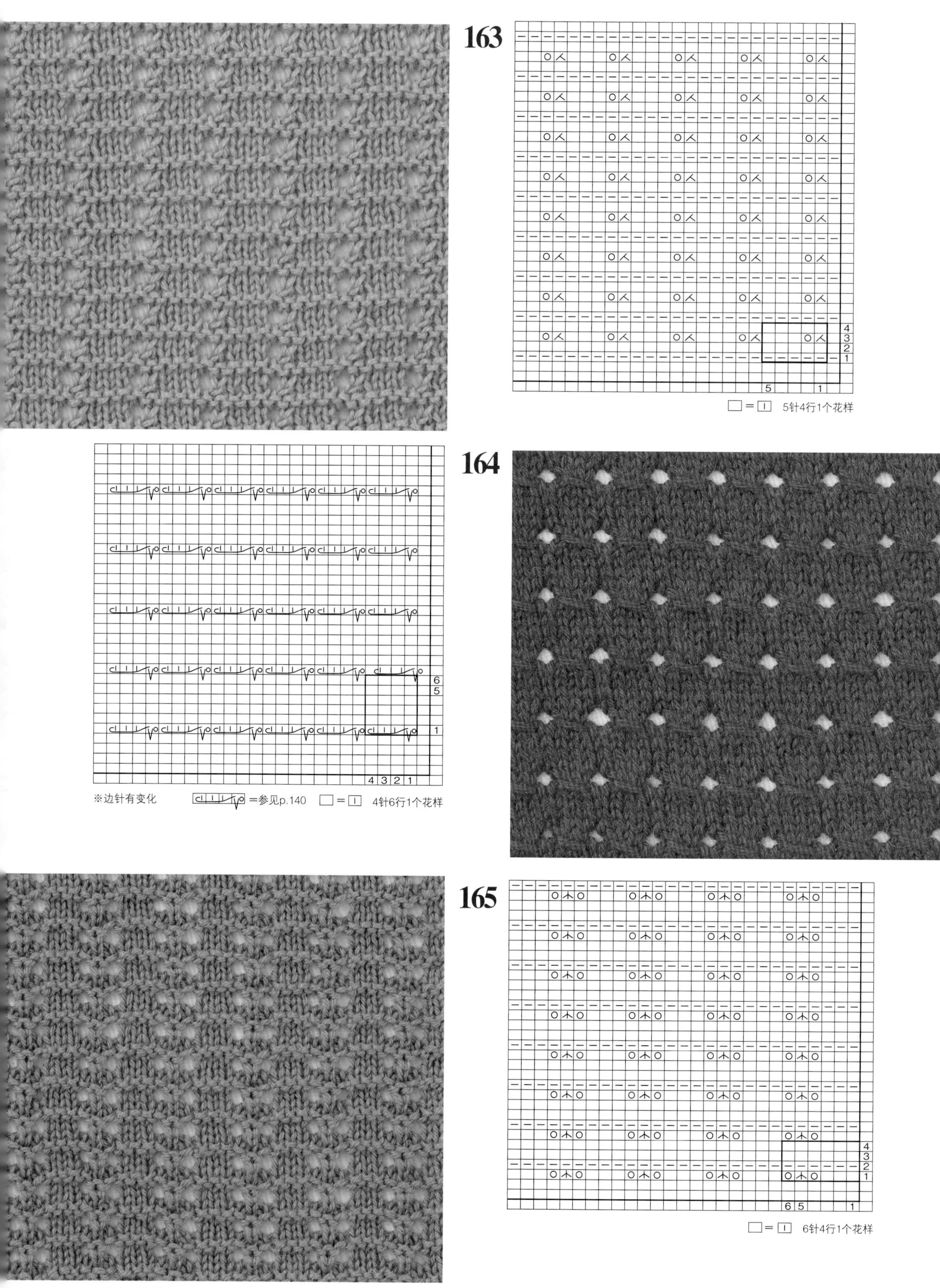
163
5针4行1个花样
164
※边针有变化
=参见p.140
4针6行1个花样
165
6针4行1个花样

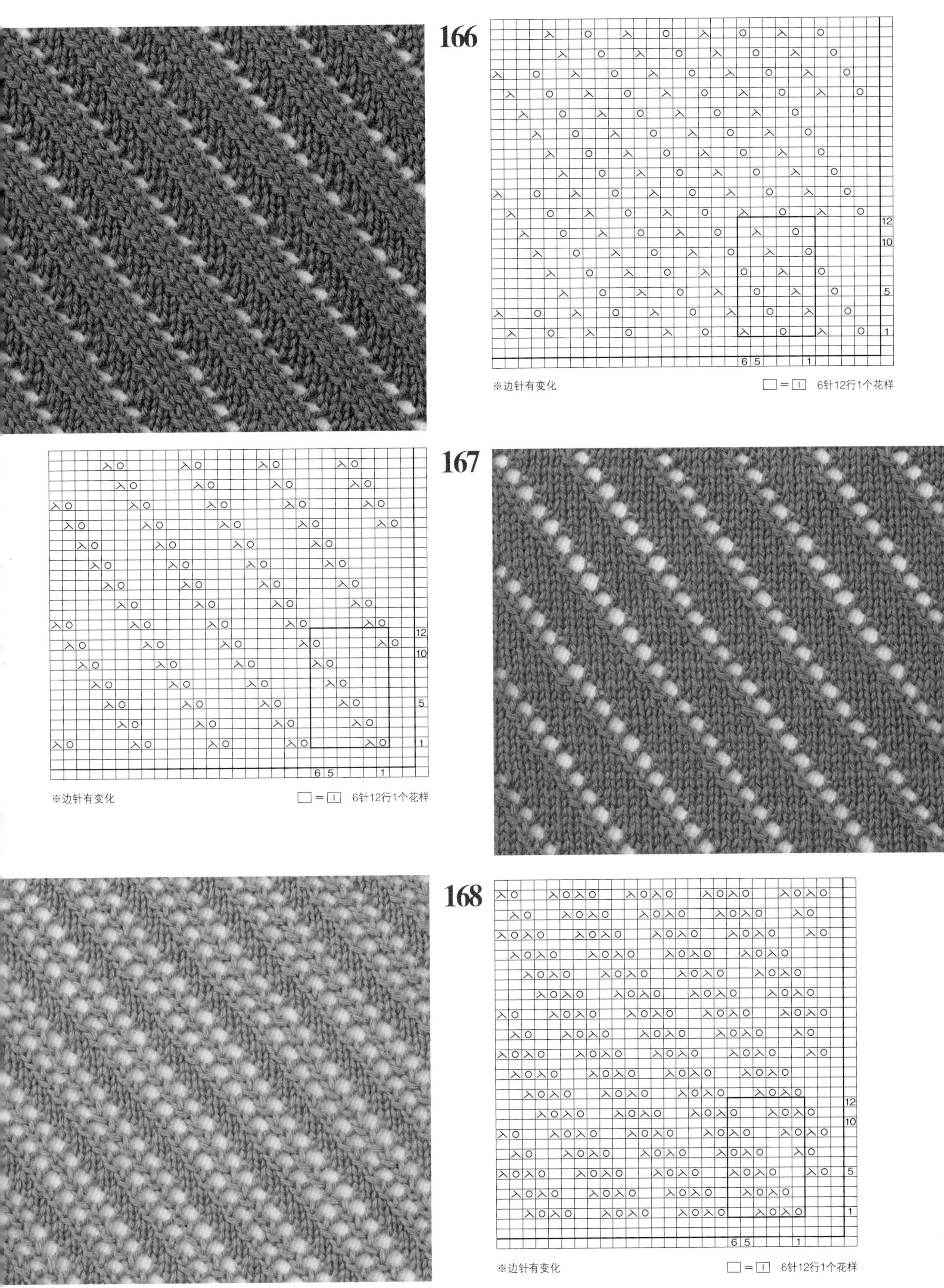
166
※边针有变化
□＝□ 6针12行1个花样
167
※边针有变化
□＝□ 6针12行1个花样
168
※边针有变化
□＝□ 6针12行1个花样

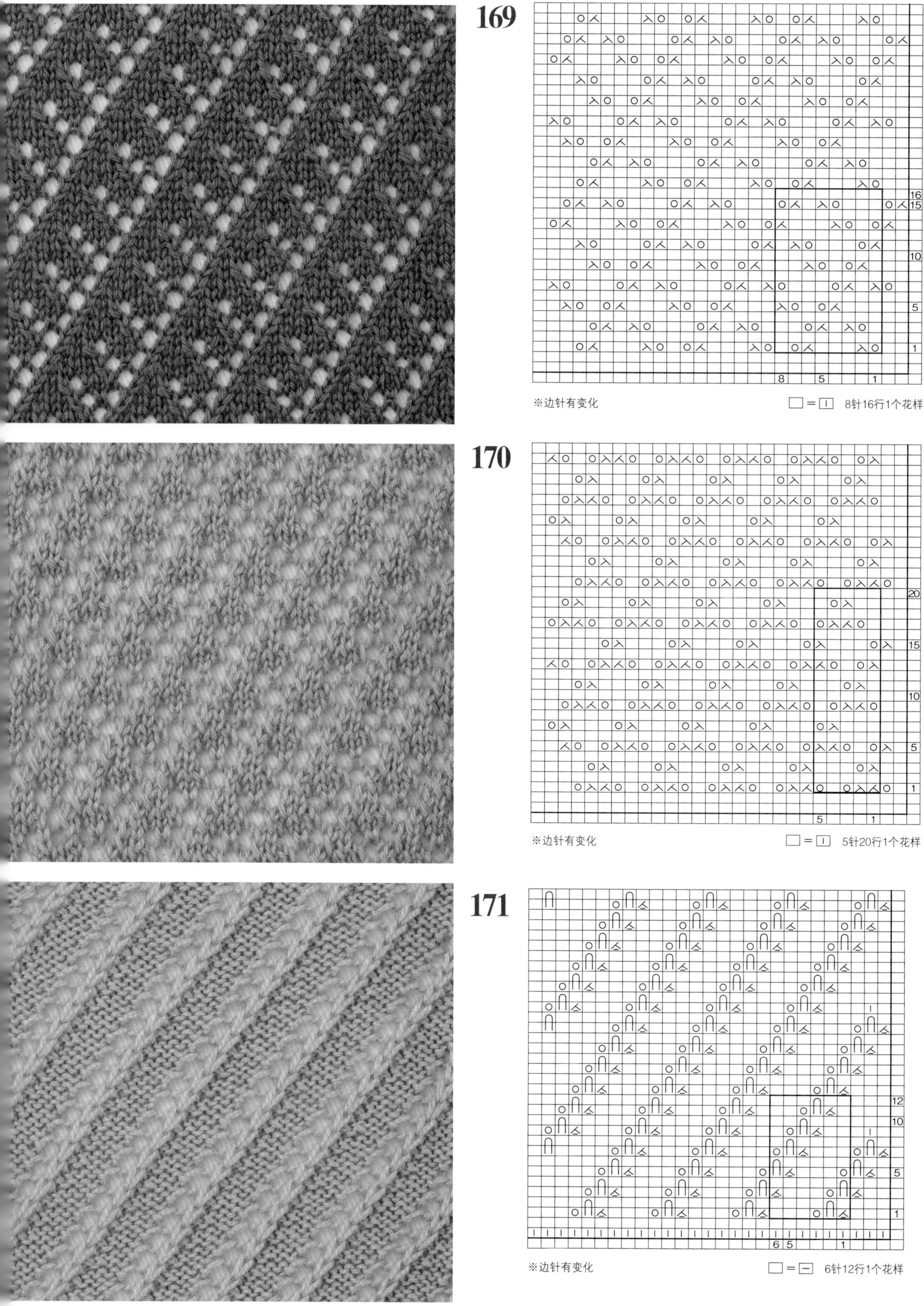
169
※边针有变化
8针16行1个花样
170
※边针有变化
5针20行1个花样
171
※边针有变化
6针12行1个花样

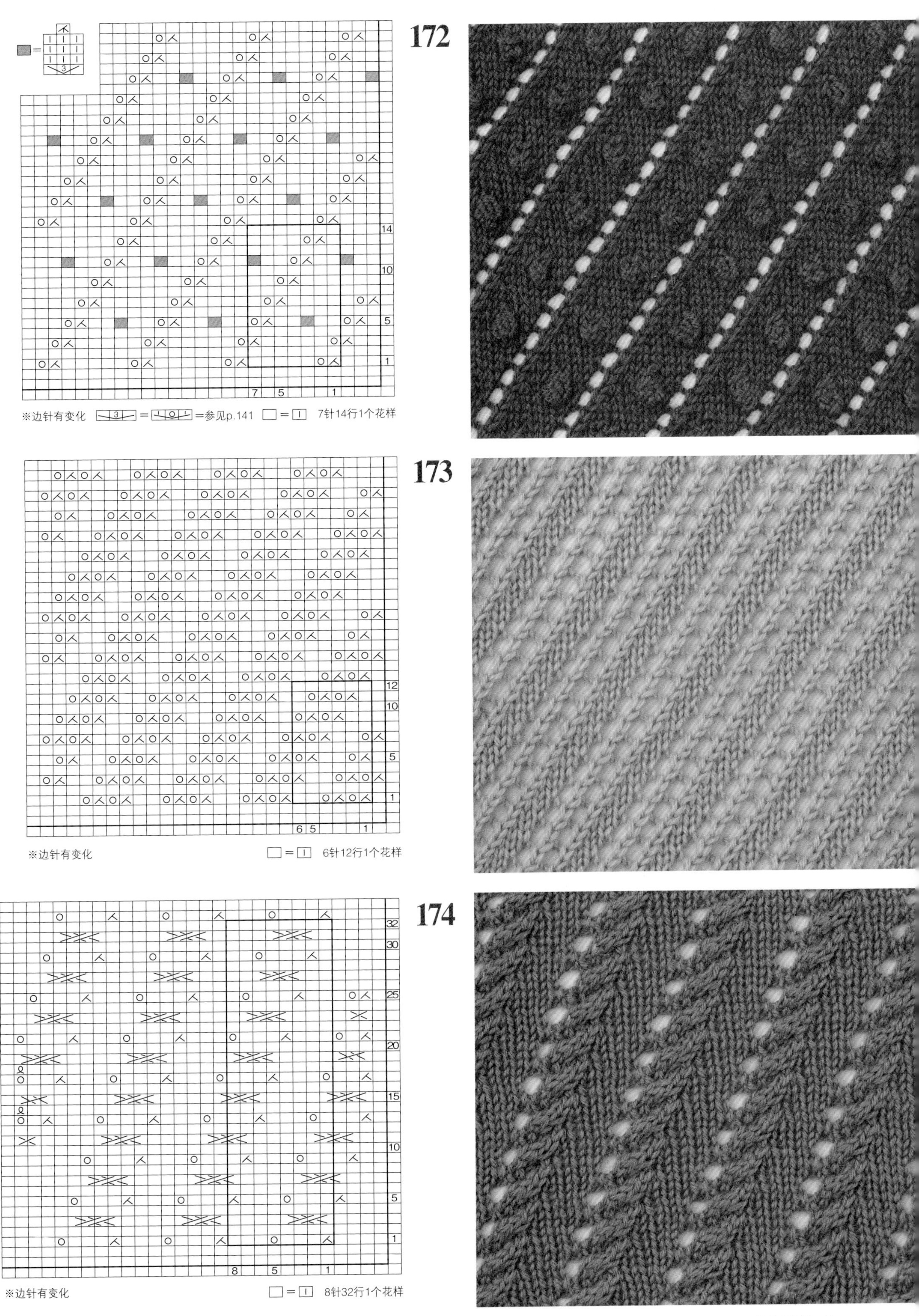
172
※边针有变化
=参见p.141
7针14行1个花样
173
※边针有变化
6针12行1个花样
174
※边针有变化
8针32行1个花样

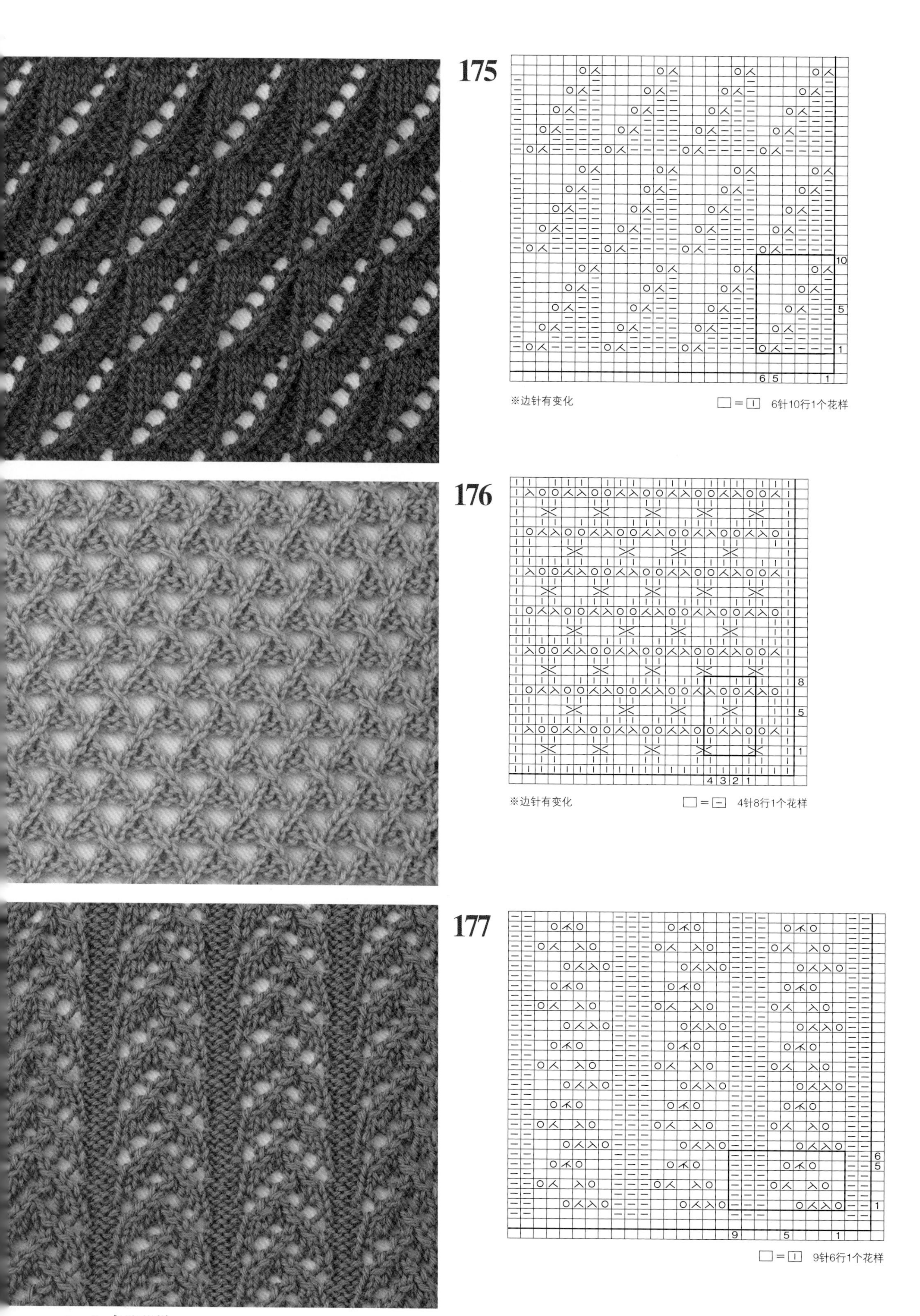
175
※边针有变化
6针10行1个花样
176
※边针有变化
4针8行1个花样
177
9针6行1个花样

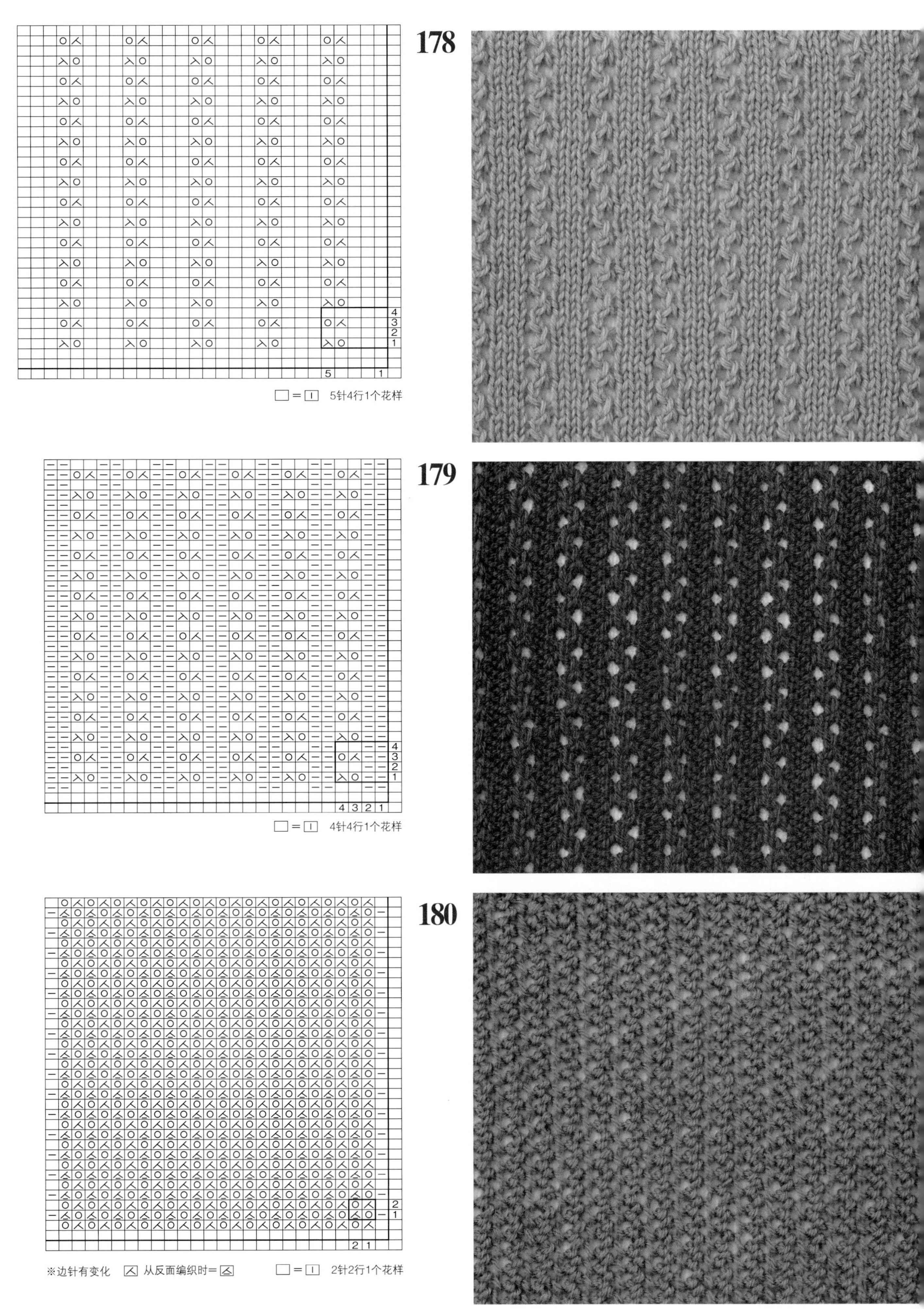
178
□＝□ 5针4行1个花样
179
□＝□ 4针4行1个花样
180
※边针有变化 从反面编织时＝
□＝□ 2针2行1个花样

181

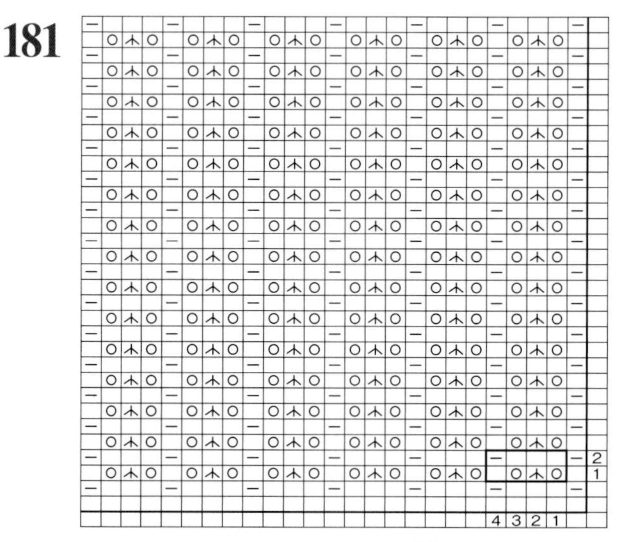

□＝⊡　4针2行1个花样

182

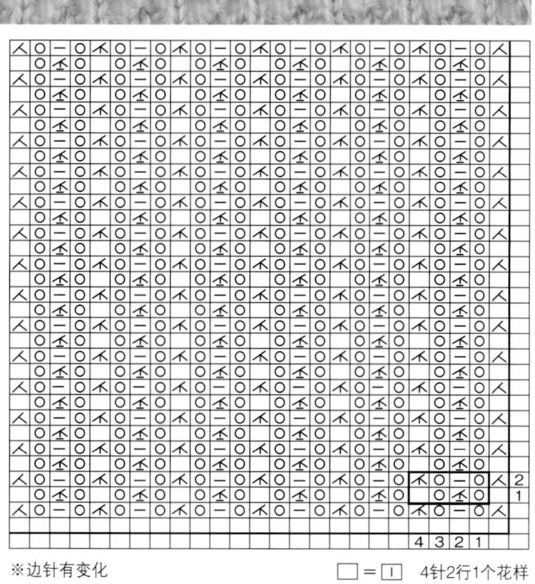

※边针有变化

□＝⊡　4针2行1个花样

从反面编织时＝

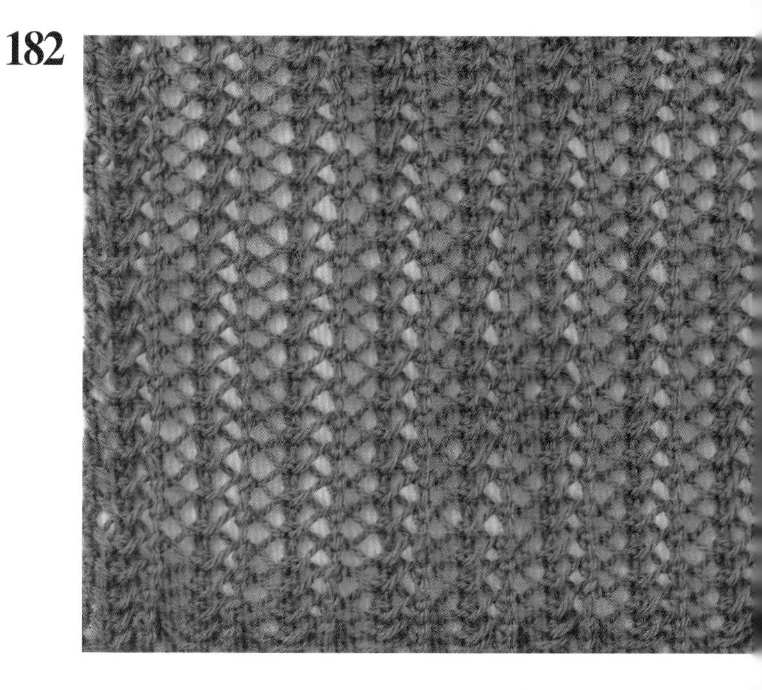

183

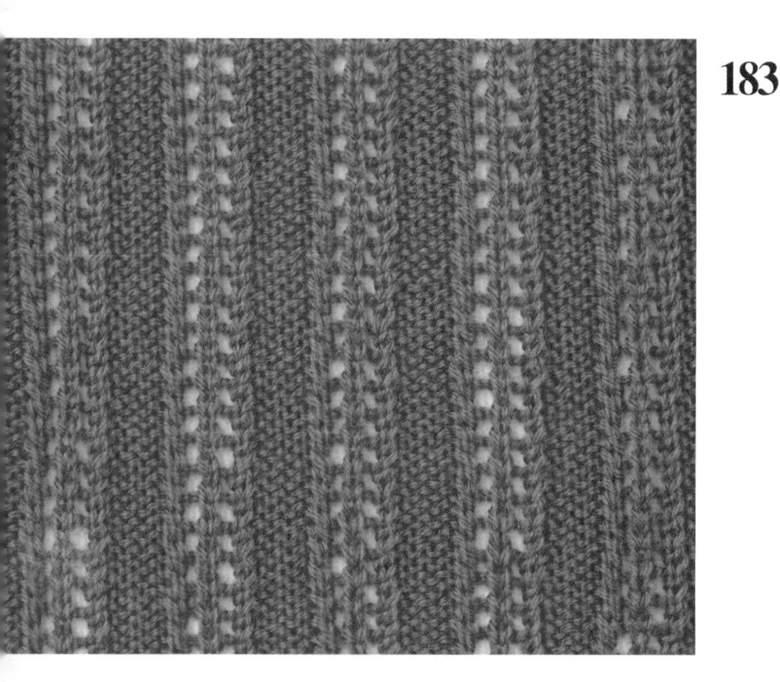

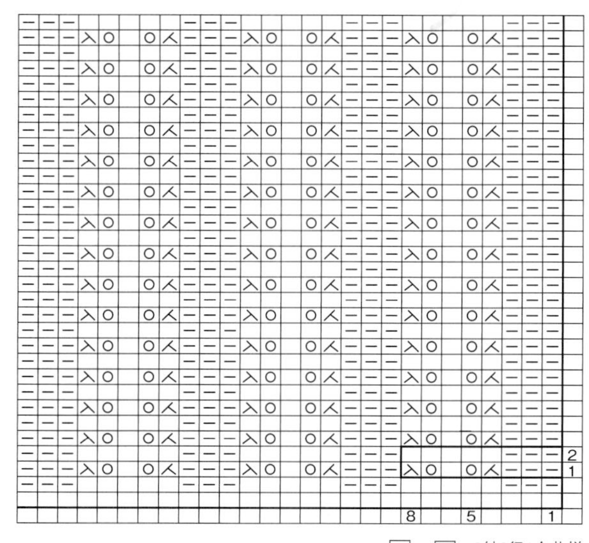

□＝⊡　8针2行1个花样

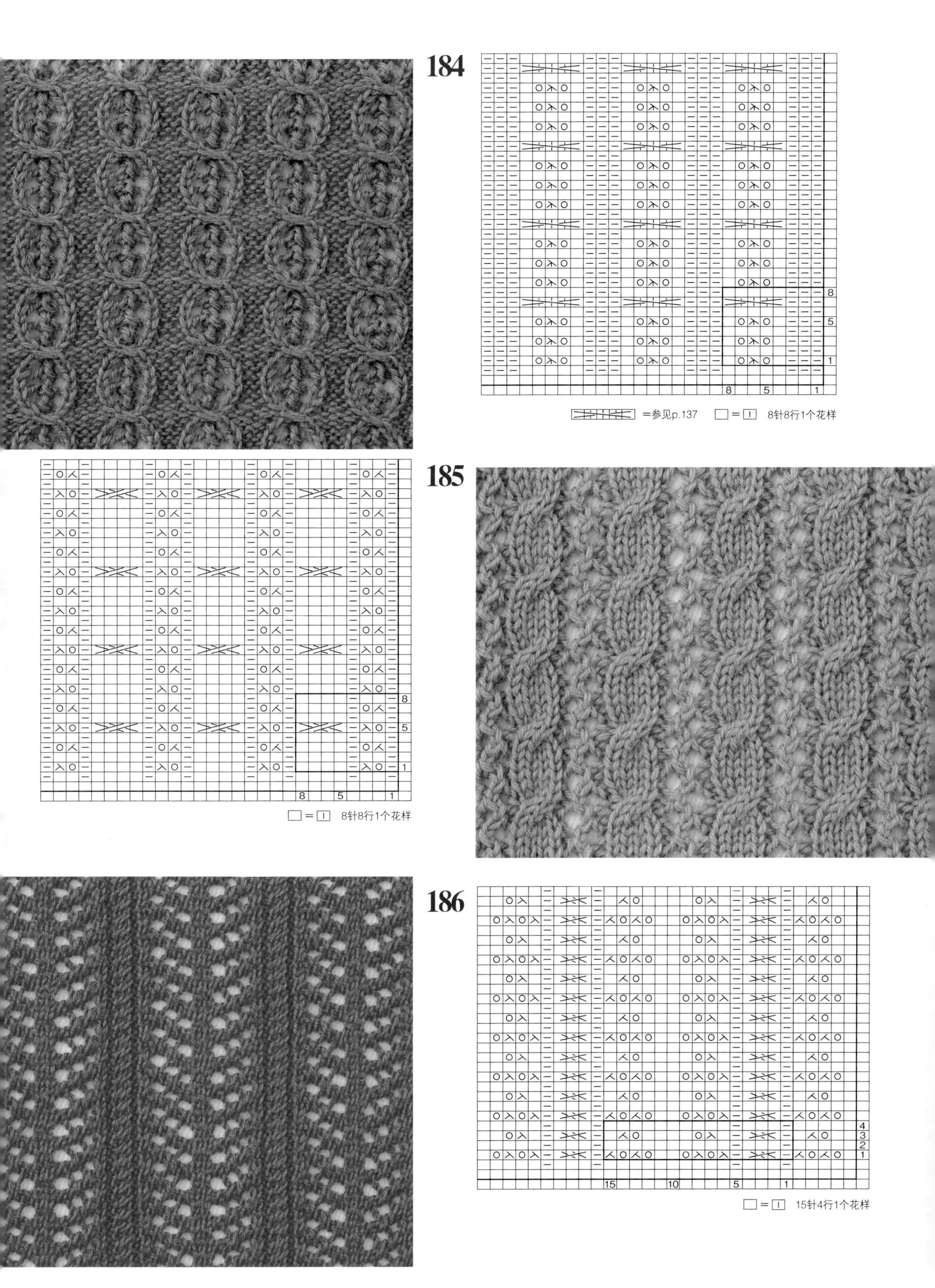
184
=参见p.137
□=□ 8针8行1个花样
□=□ 8针8行1个花样
185
186
□=□ 15针4行1个花样

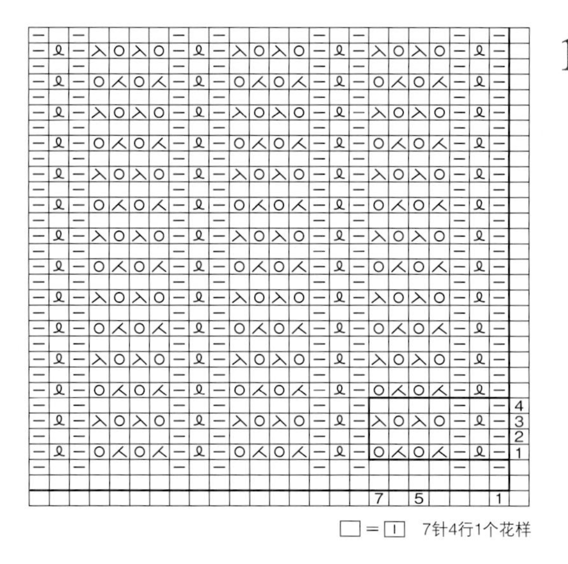

□＝□　7针4行1个花样

187

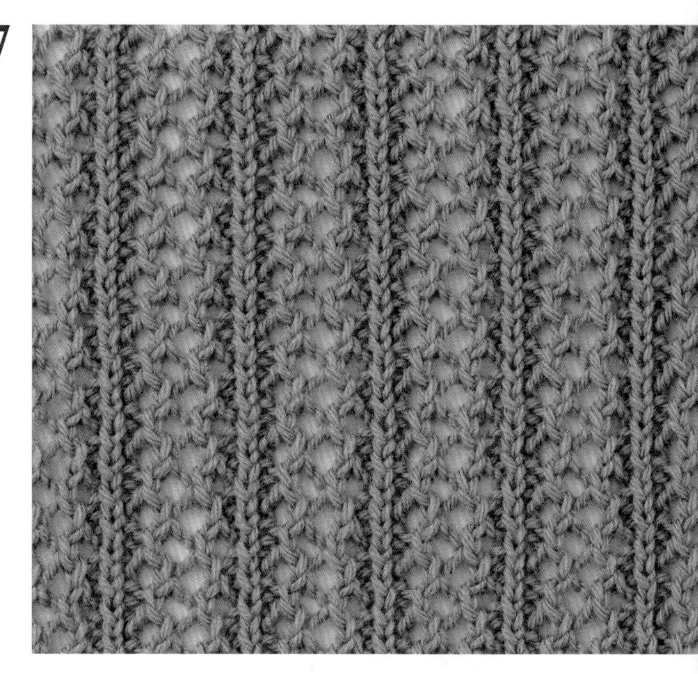

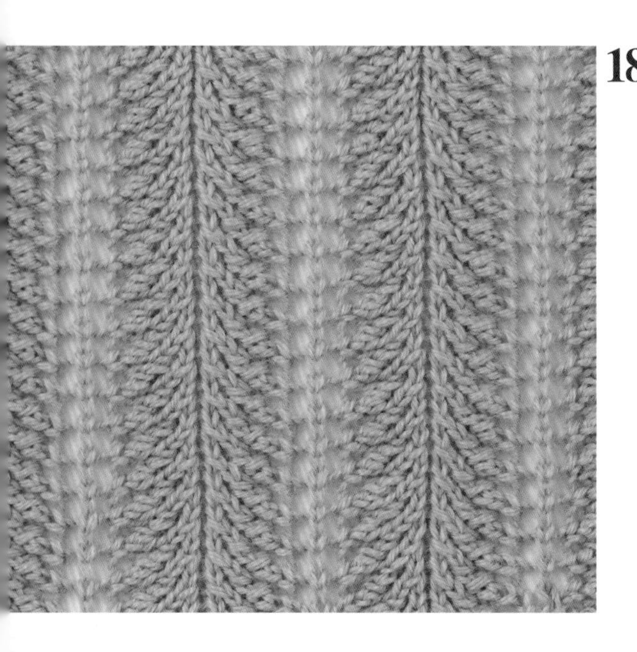

188

□＝□　17针2行1个花样

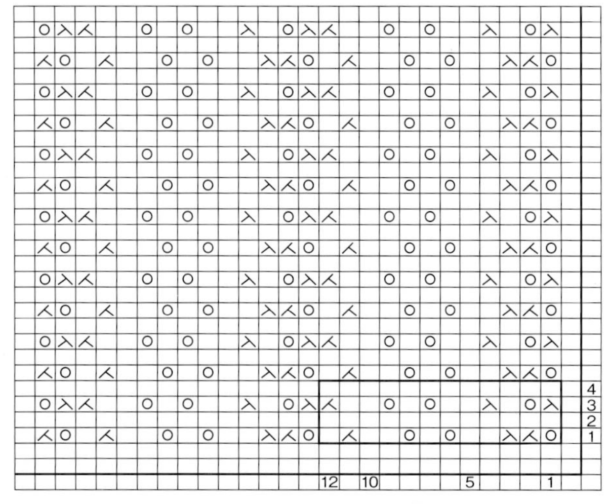

□＝□　12针4行1个花样

189

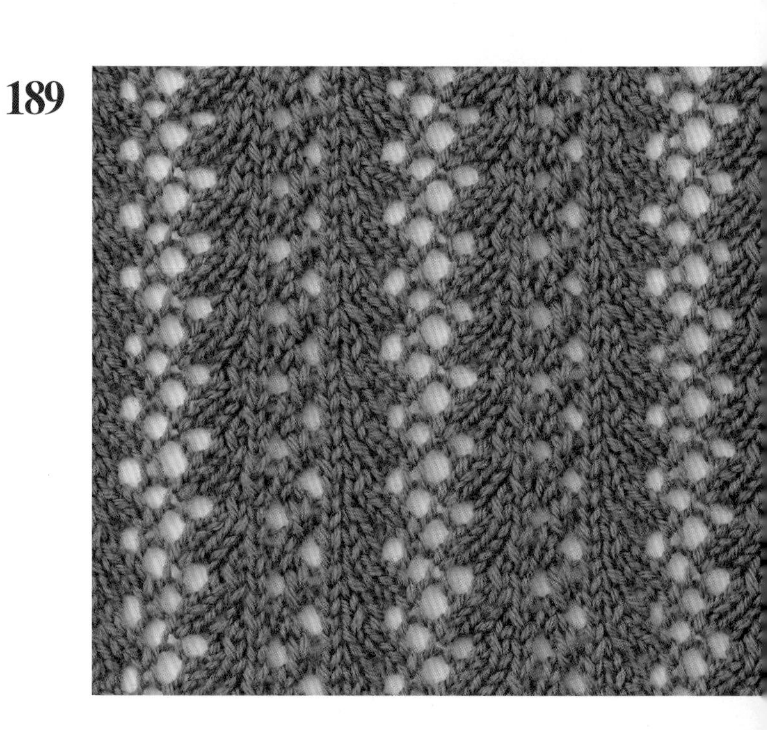

波形花样

包括锯齿形、人字形和波浪形的花样。也有很多花样的编织起点和编织终点自然形成波浪形边缘，可以在作品中巧妙地设计利用。还有很多花样的减针和挂针间隔比较远，编织时要注意边针的变化。

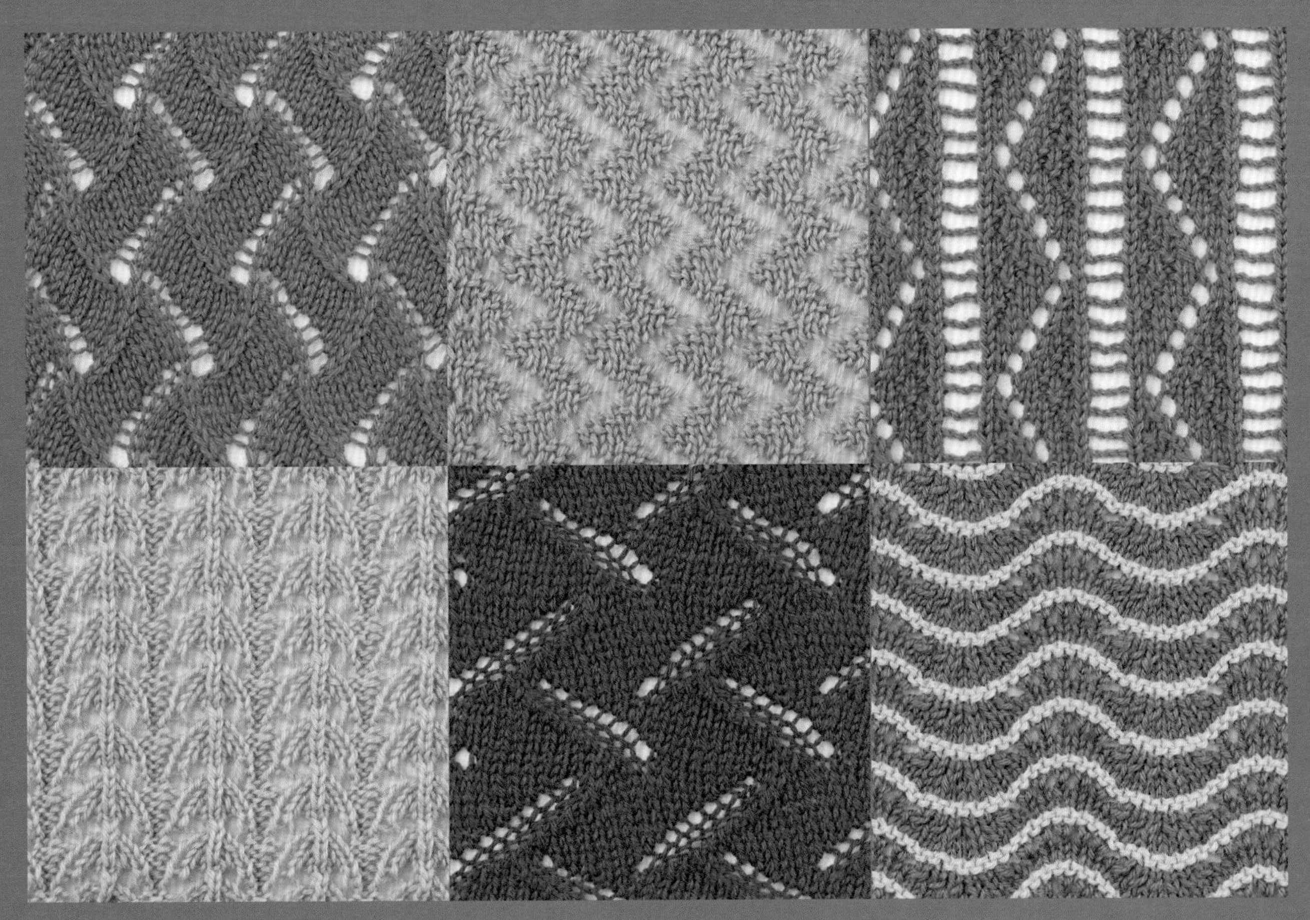

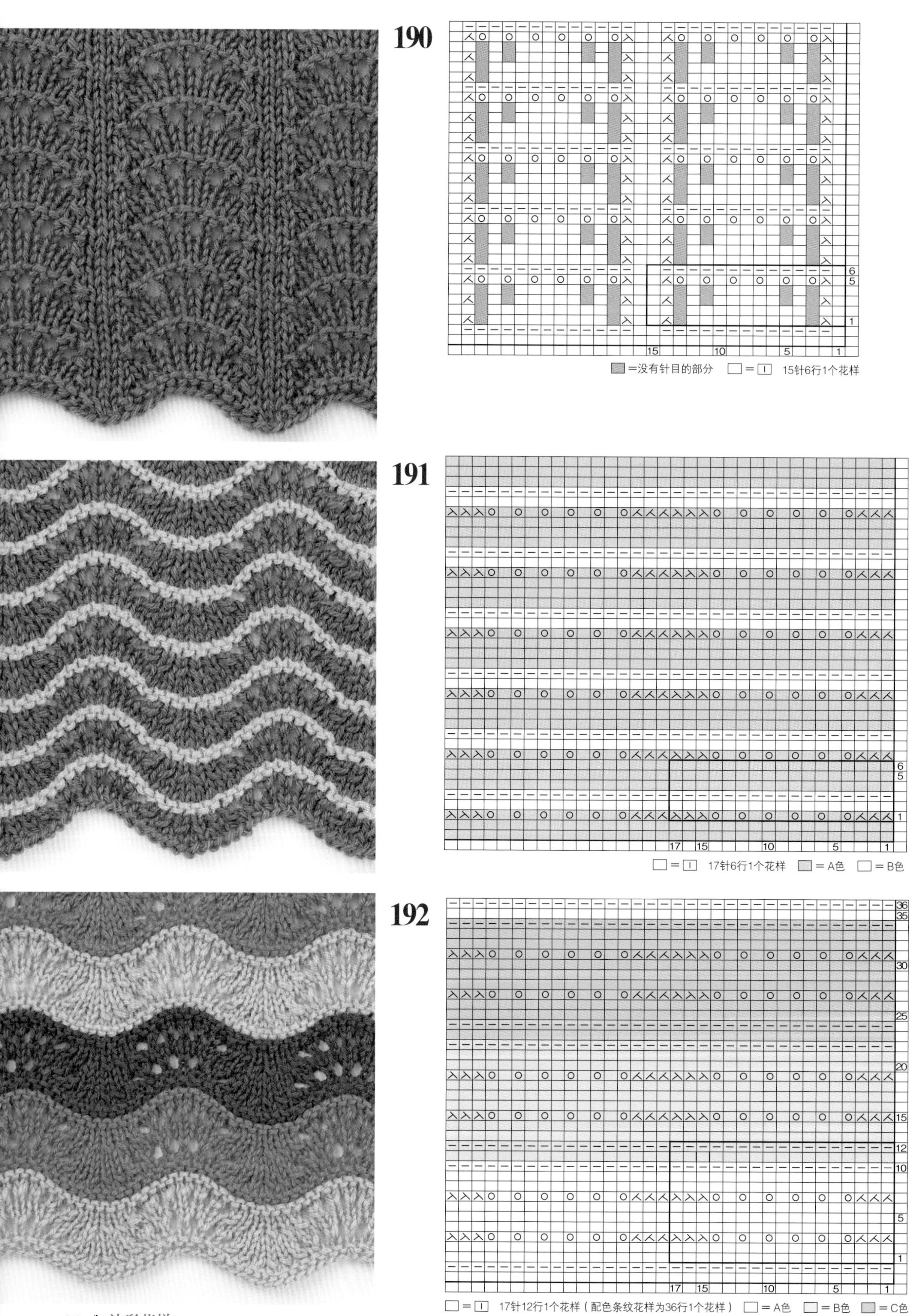
190
=没有针目的部分 = 15针6行1个花样
191
= 17针6行1个花样 = A色 = B色
192
= 17针12行1个花样（配色条纹花样为36行1个花样） = A色 = B色 = C色

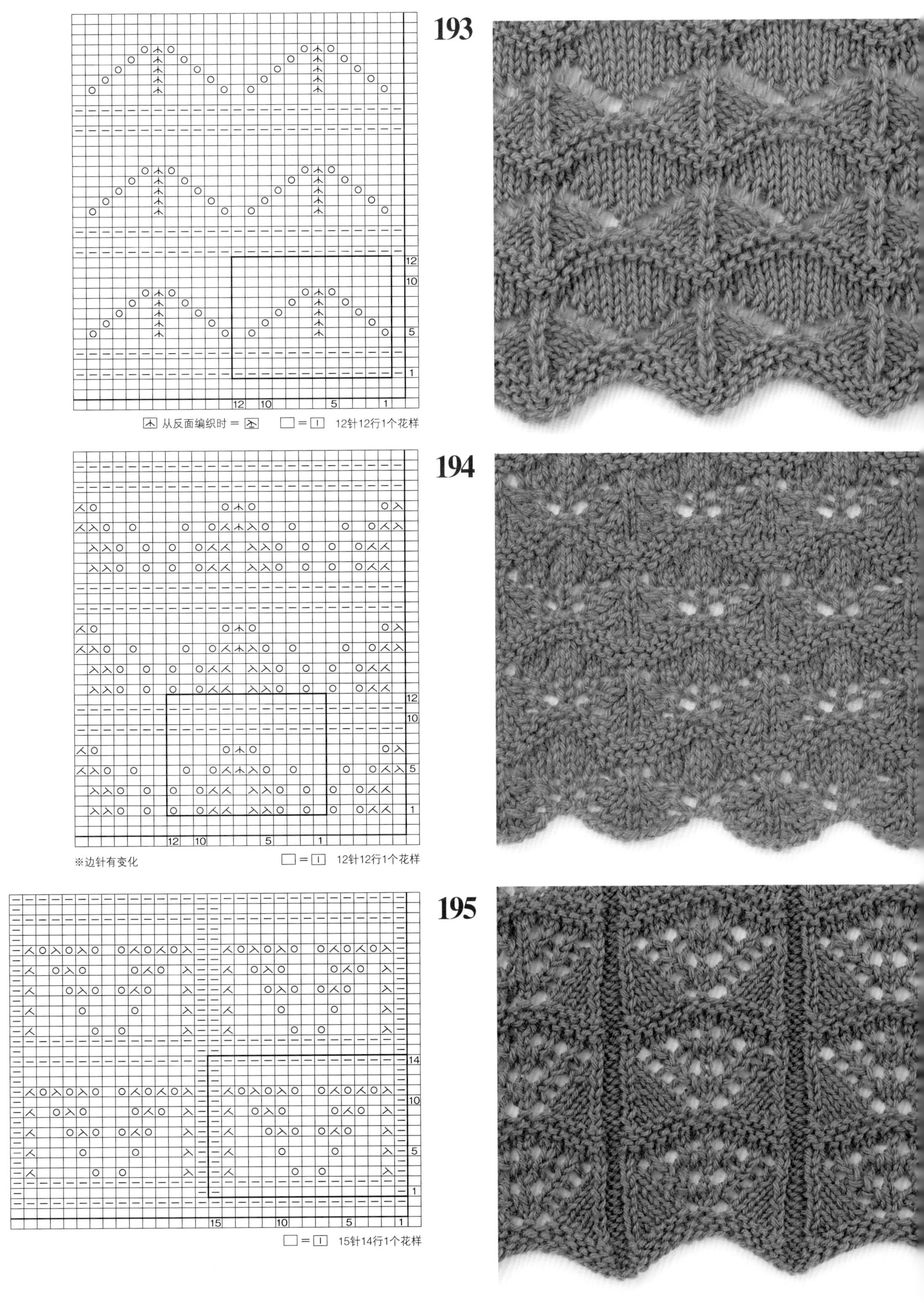
193
从反面编织时 =
□ = 丨 12针12行1个花样
194
※边针有变化
□ = 丨 12针12行1个花样
195
□ = 丨 15针14行1个花样

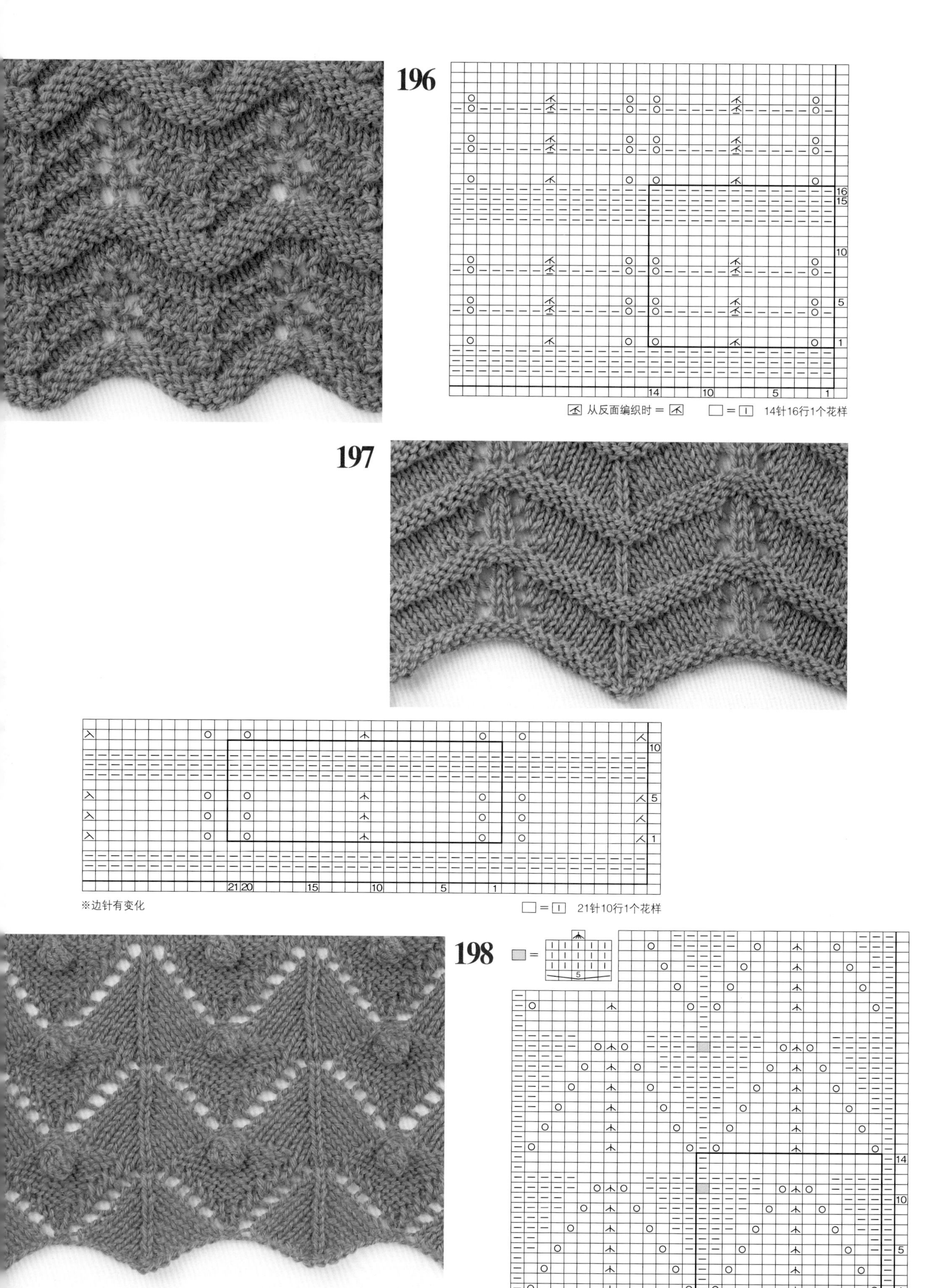

※边针有变化

□ = Ⅰ 14针14行1个花样

=参见p.141

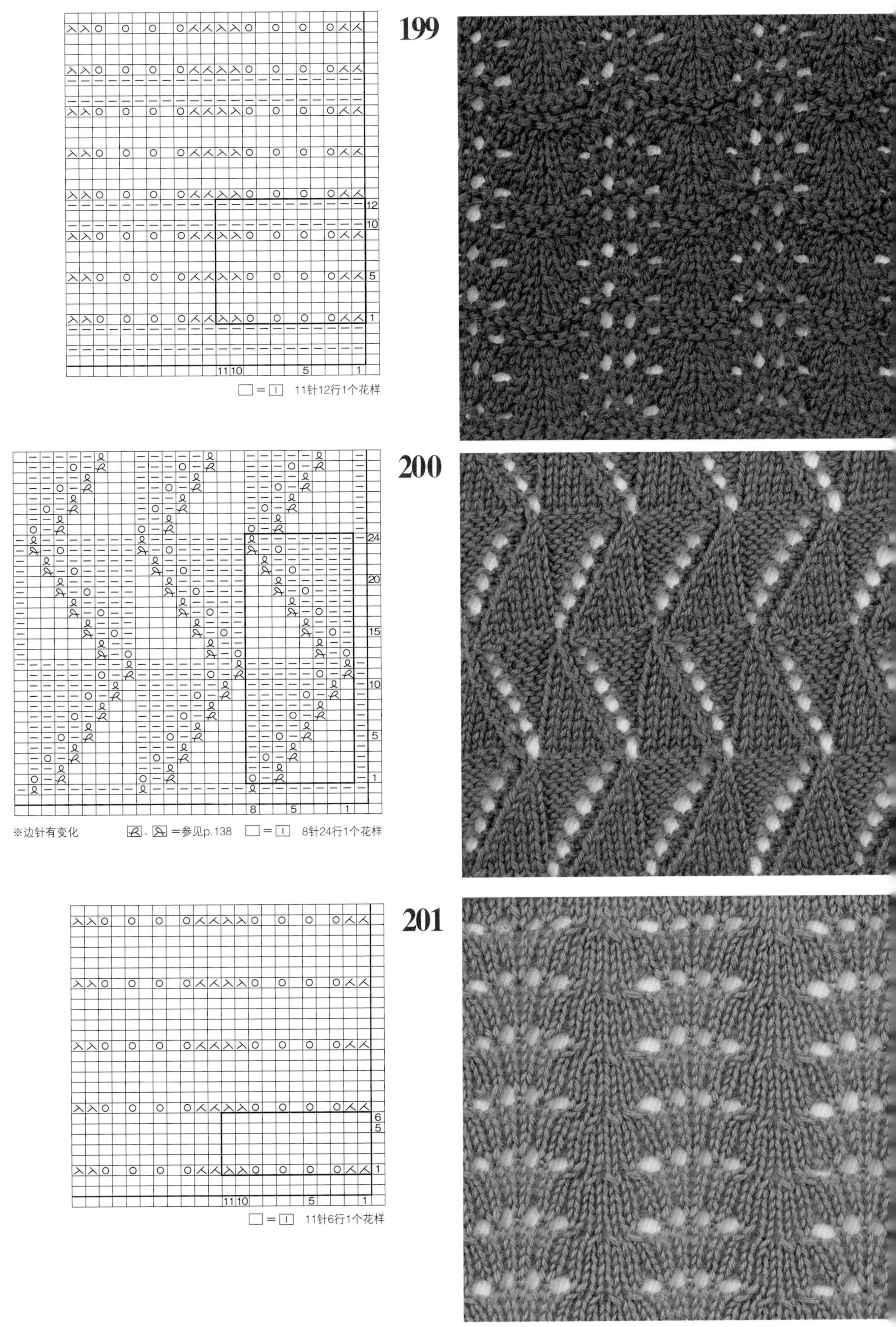
199
12
10
5
1
11 10
5
1
□=□ 11针12行1个花样
200
24
20
15
10
5
1
8
5
1
※边针有变化
=参见p.138
□=□ 8针24行1个花样
201
6
5
1
11 10
5
1
□=□ 11针6行1个花样

202

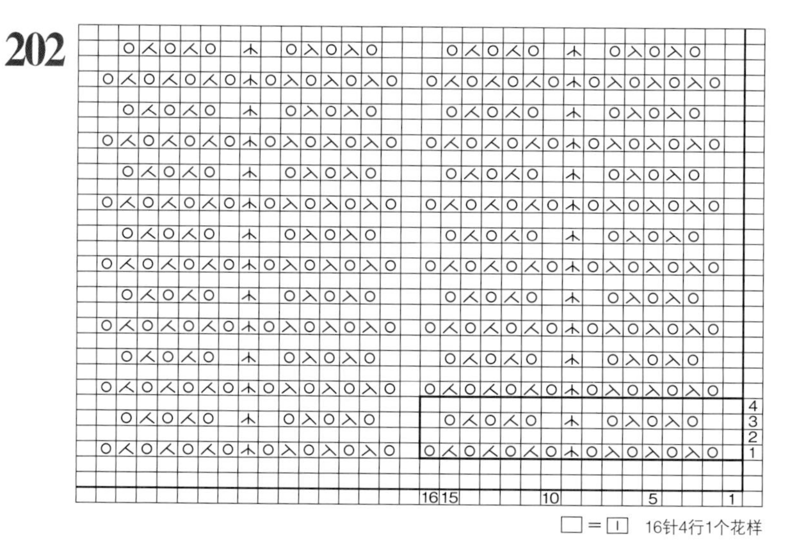

□＝⊡　16针4行1个花样

203

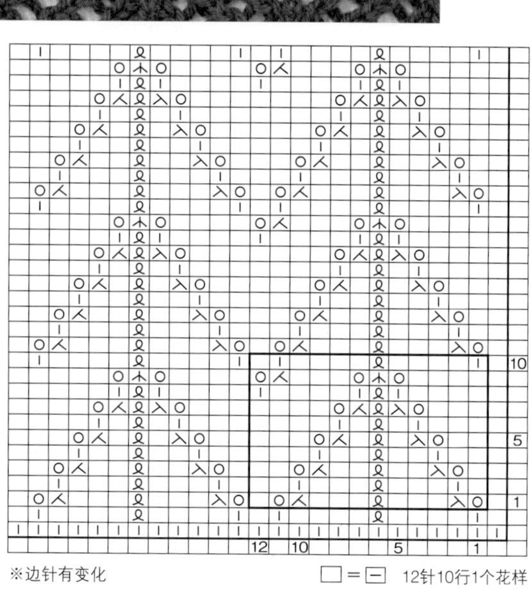

※边针有变化

□＝⊟　12针10行1个花样

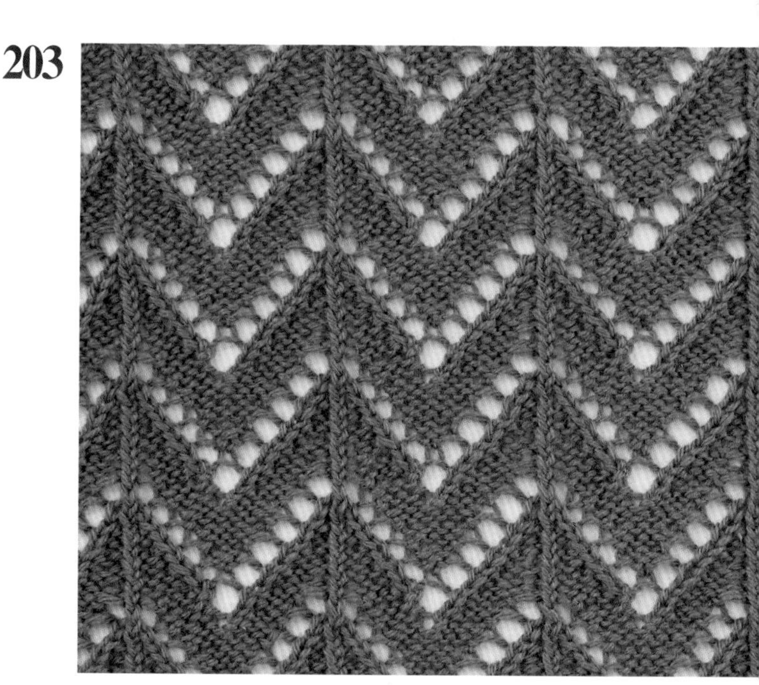

204

8

5

1

9　5　1

※边针有变化

□＝⊡　9针8行1个花样

205

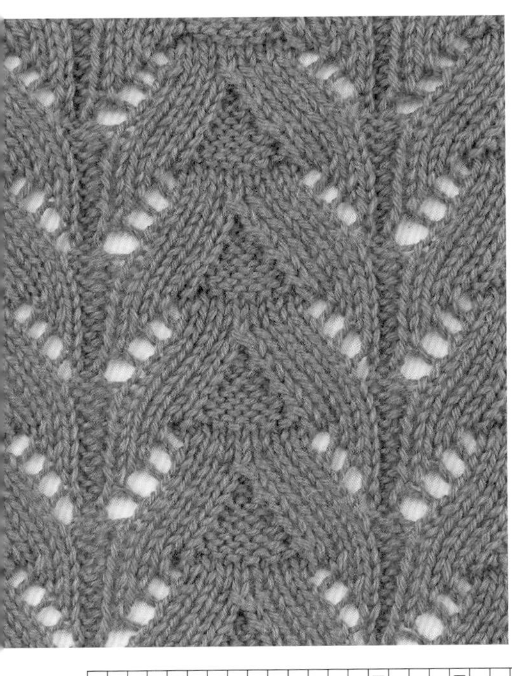

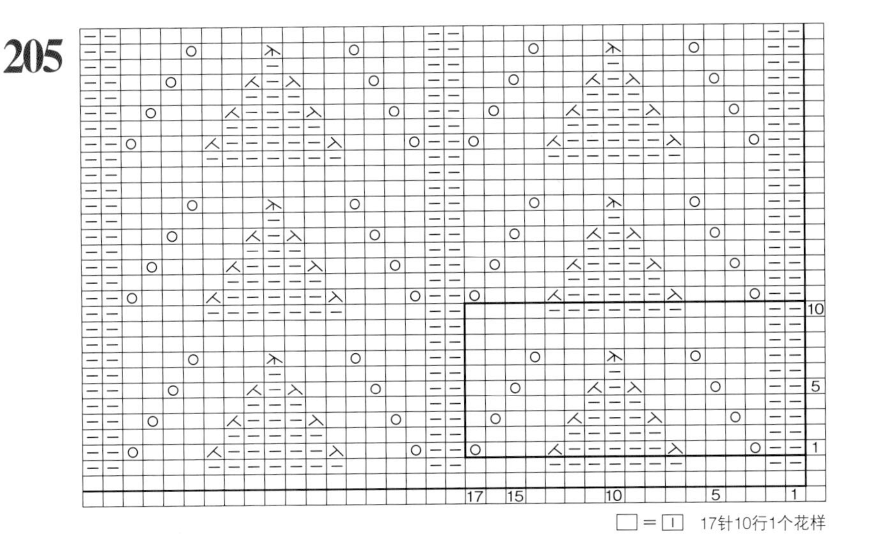

□ = □ 17针10行1个花样

206

□ = □ 14针8行1个花样

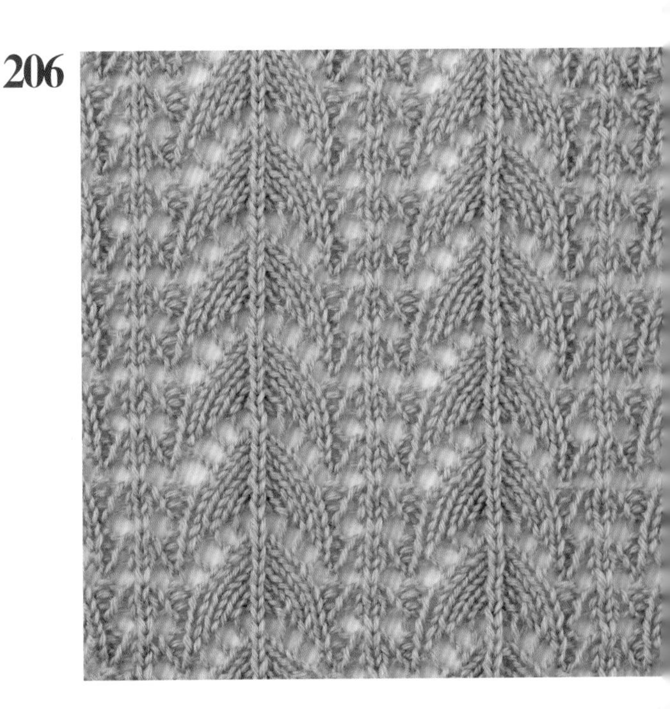

207

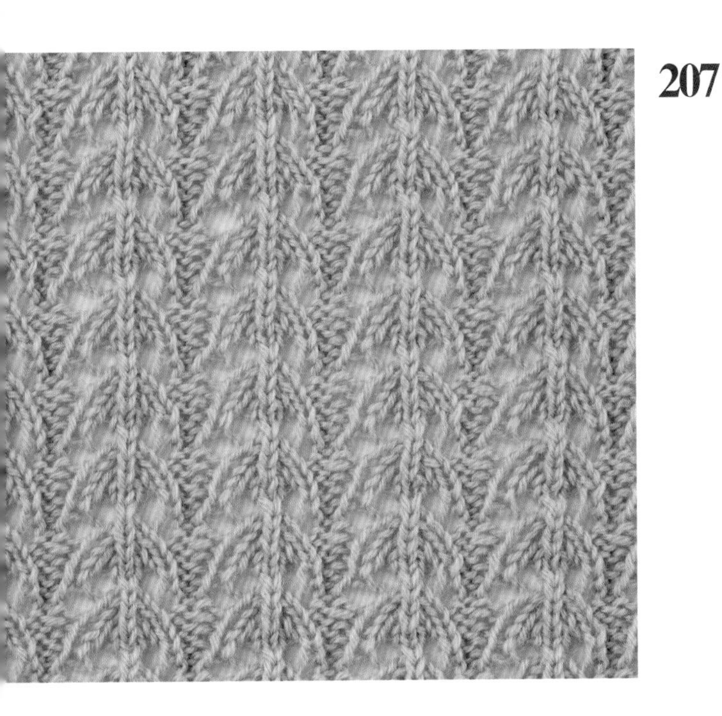

□ = □ 7针6行1个花样

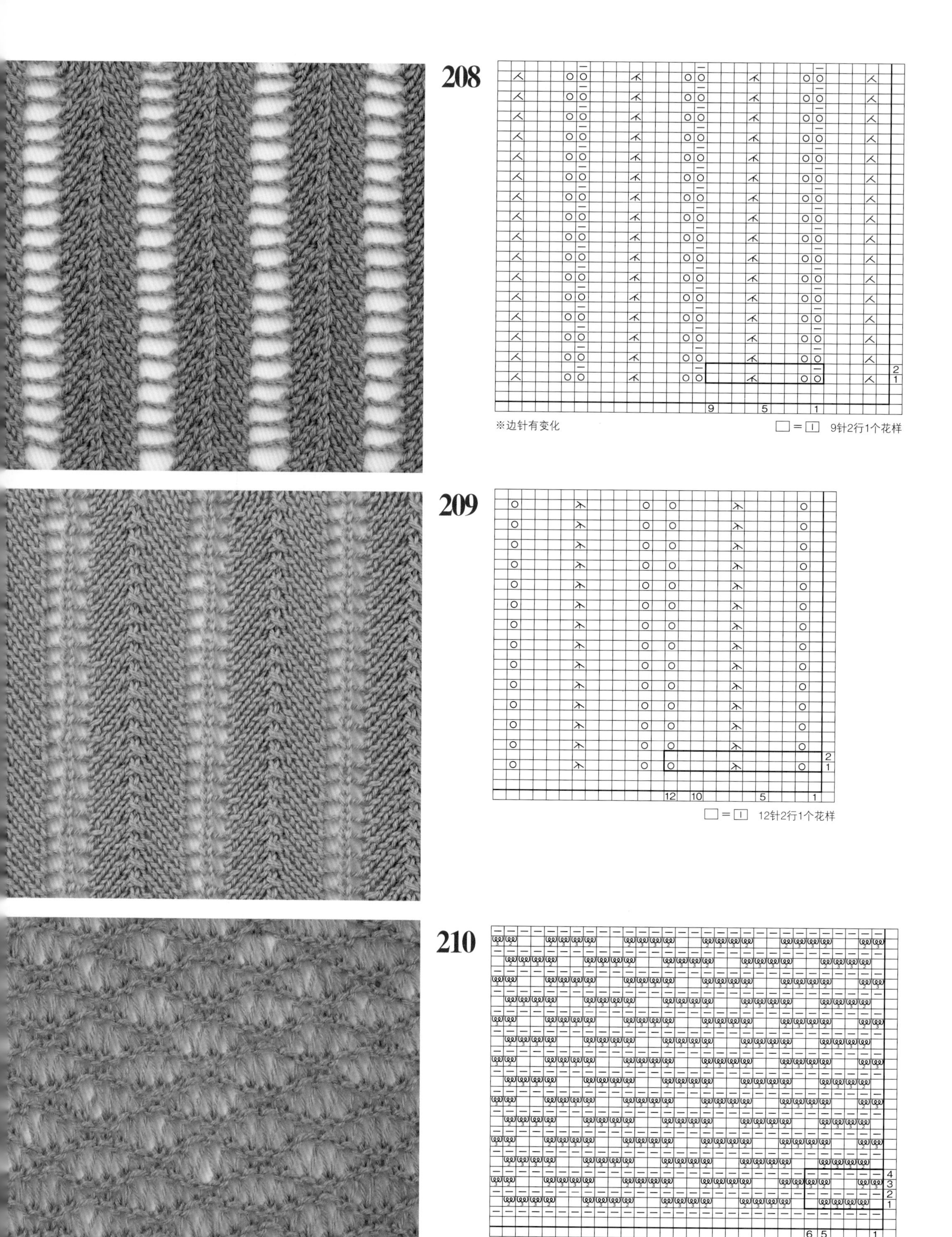
208
※边针有变化
□ = ⊡ 9针2行1个花样
209
□ = ⊡ 12针2行1个花样
210
=参见p.140
□ = ⊡ 6针4行1个花样

211

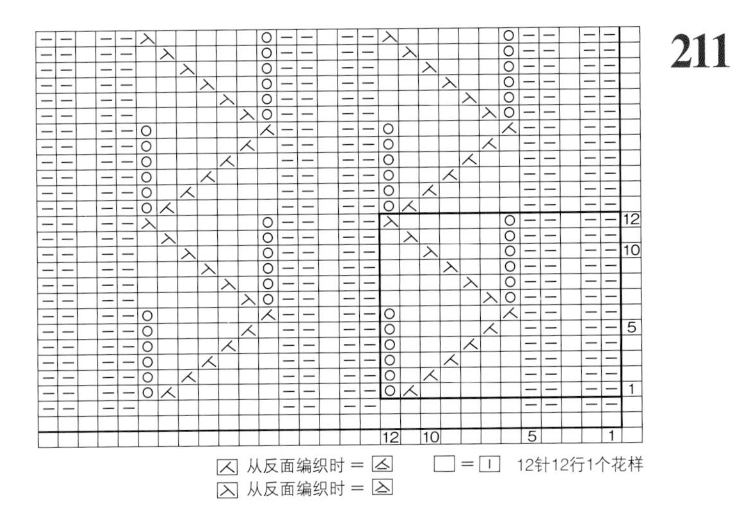
12
10
5
1
12 10 5 1
从反面编织时 =
从反面编织时 =
=
12针12行1个花样

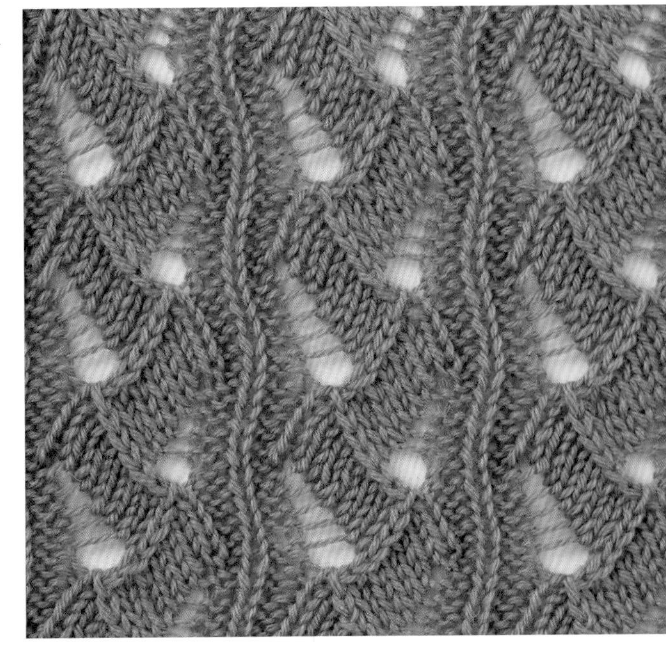

212

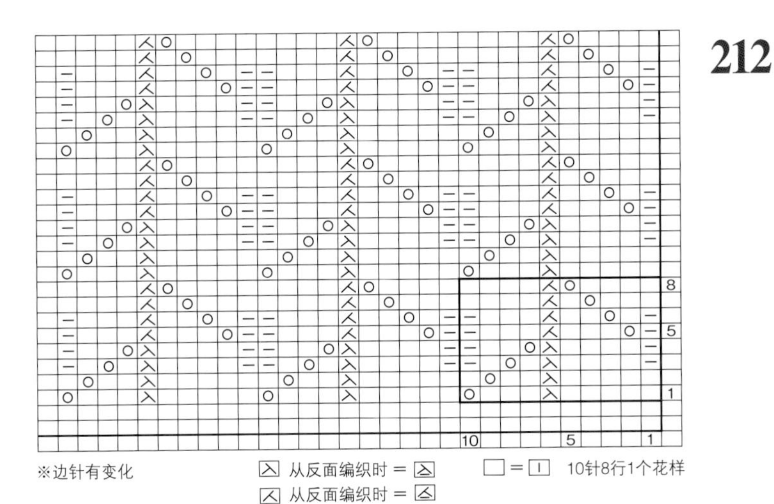
8
5
1
10 5 1
※边针有变化
从反面编织时 =
从反面编织时 =
=
10针8行1个花样

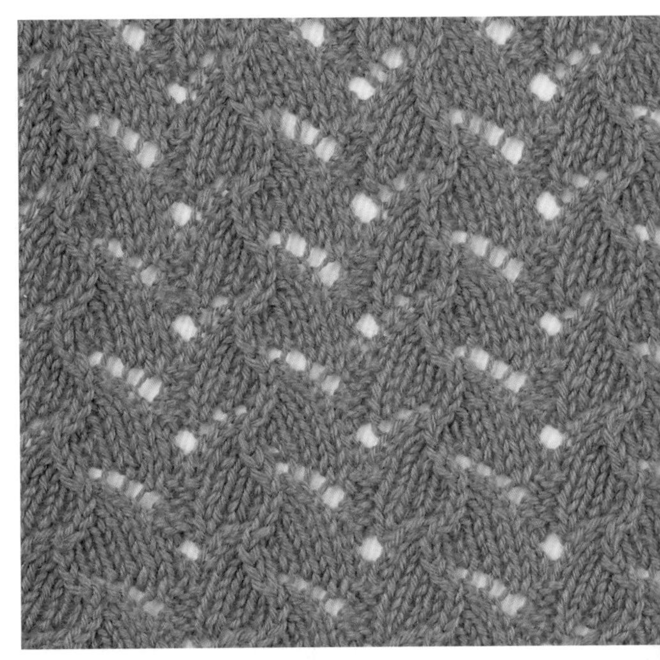

213

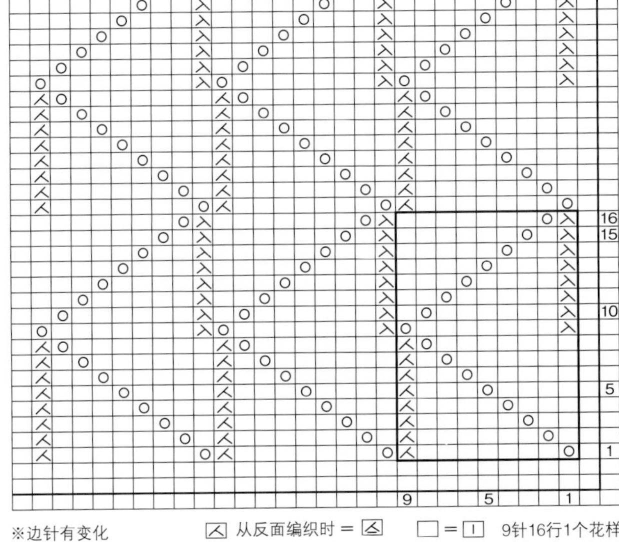
16
15
10
5
1
9 5 1
※边针有变化
从反面编织时 =
从反面编织时 =
=
9针16行1个花样

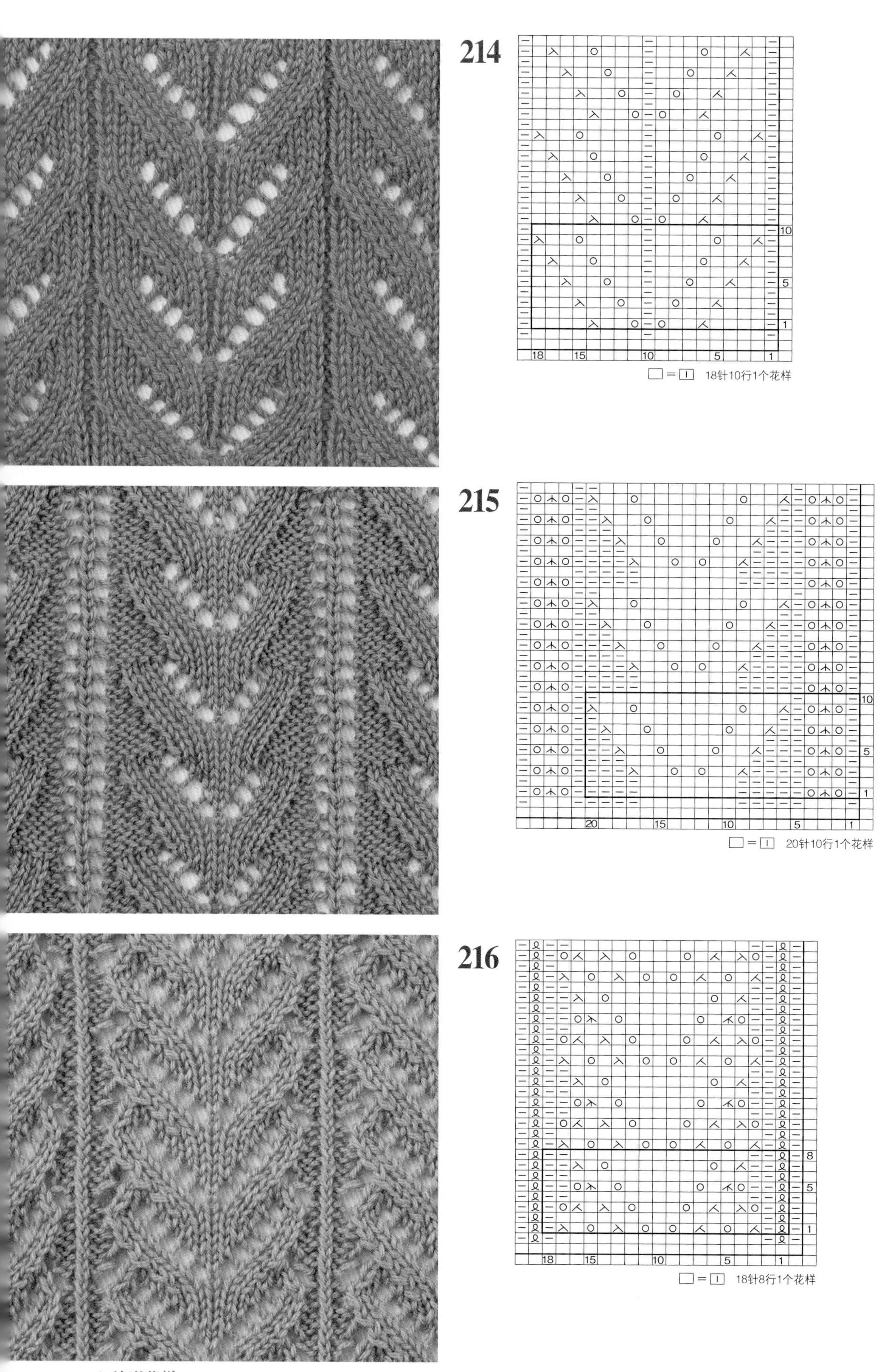
214
□＝□ 18针10行1个花样
215
□＝□ 20针10行1个花样
216
□＝□ 18针8行1个花样

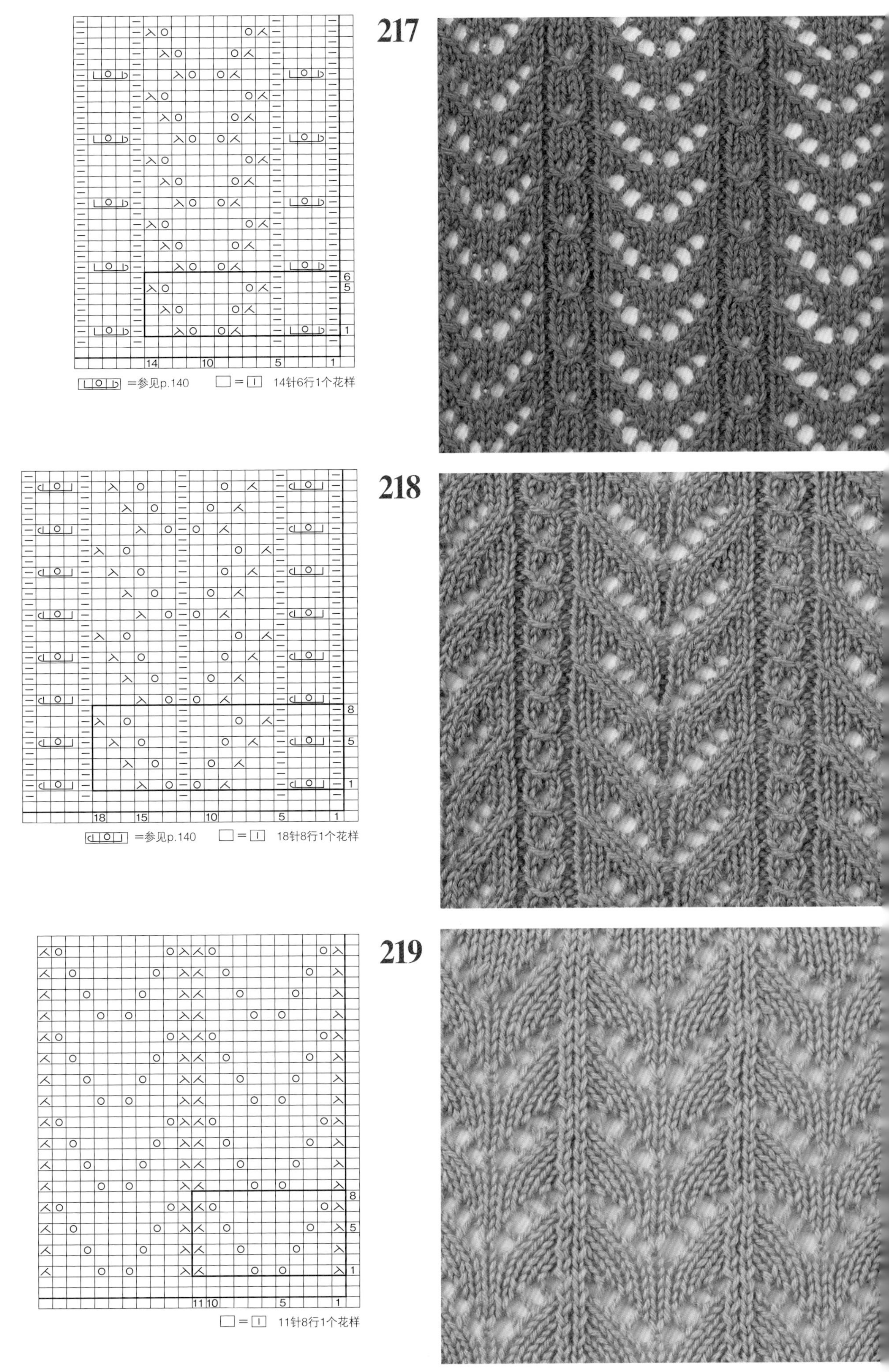
217
=参见p.140
14针6行1个花样
218
=参见p.140
18针8行1个花样
219
11针8行1个花样

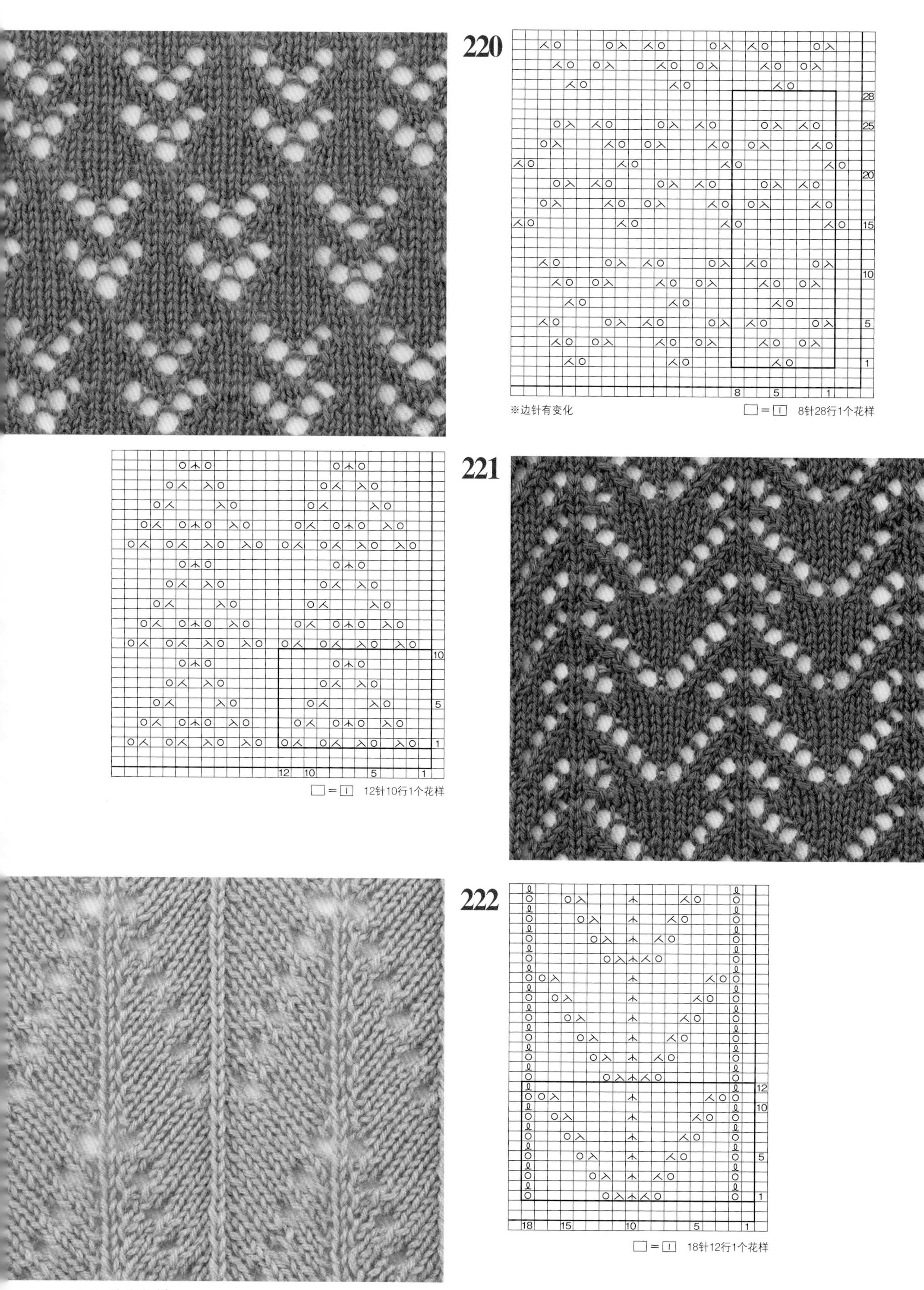

220
※边针有变化
□=□ 8针28行1个花样
221
□=□ 12针10行1个花样
222
□=□ 18针12行1个花样

223

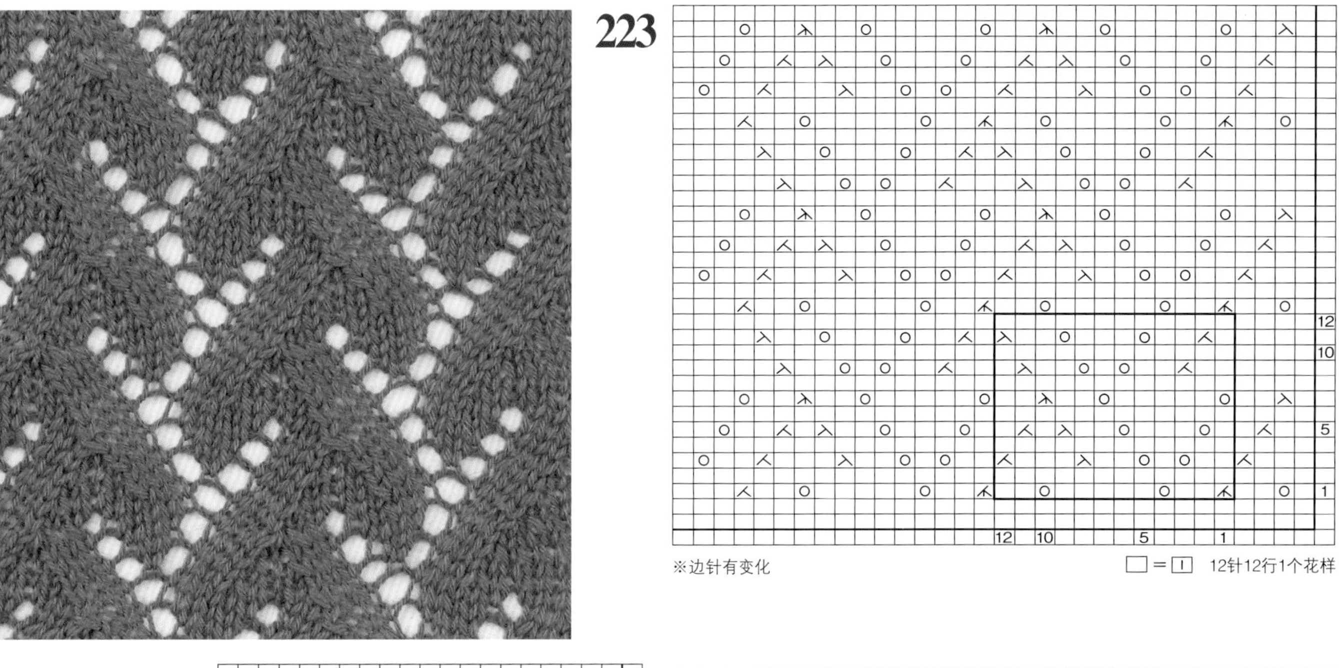

※边针有变化

□=□ 12针12行1个花样

224

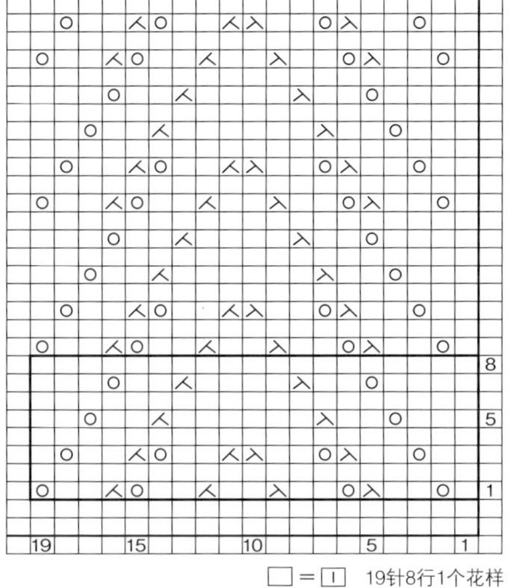

□=□ 19针8行1个花样

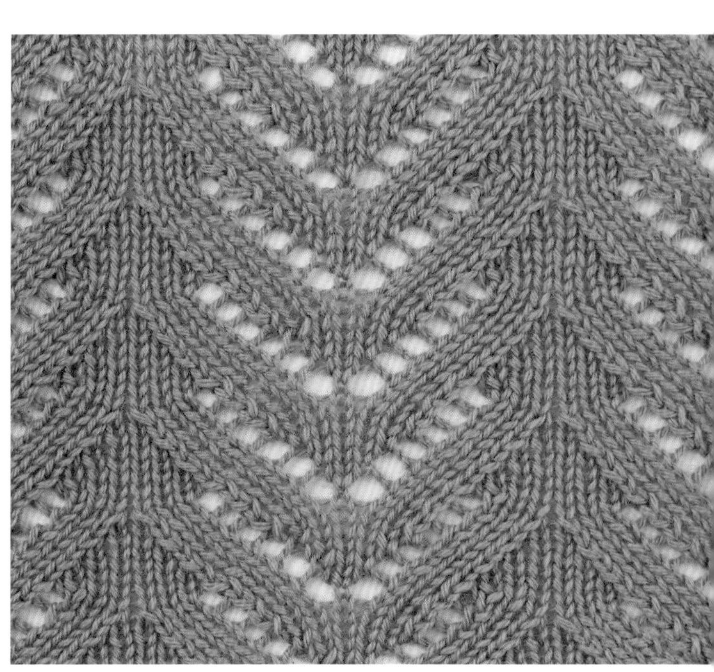

225

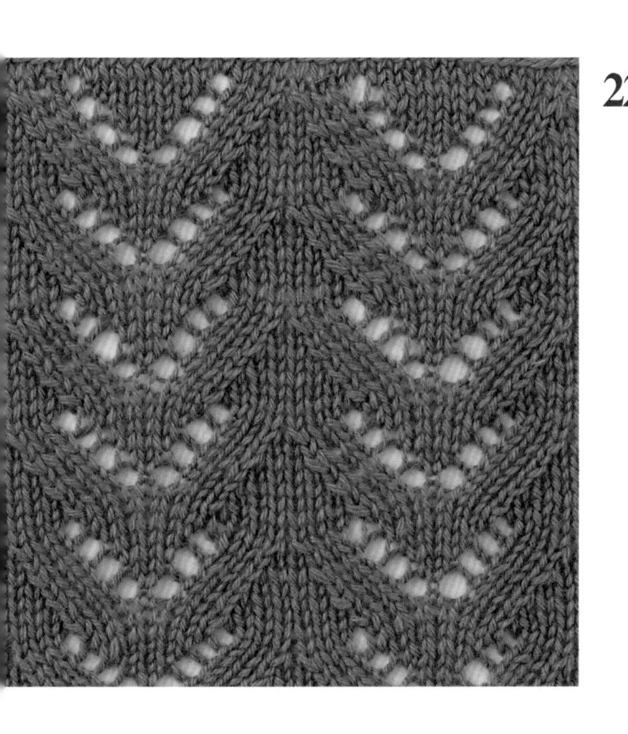

□=□ 15针8行1个花样

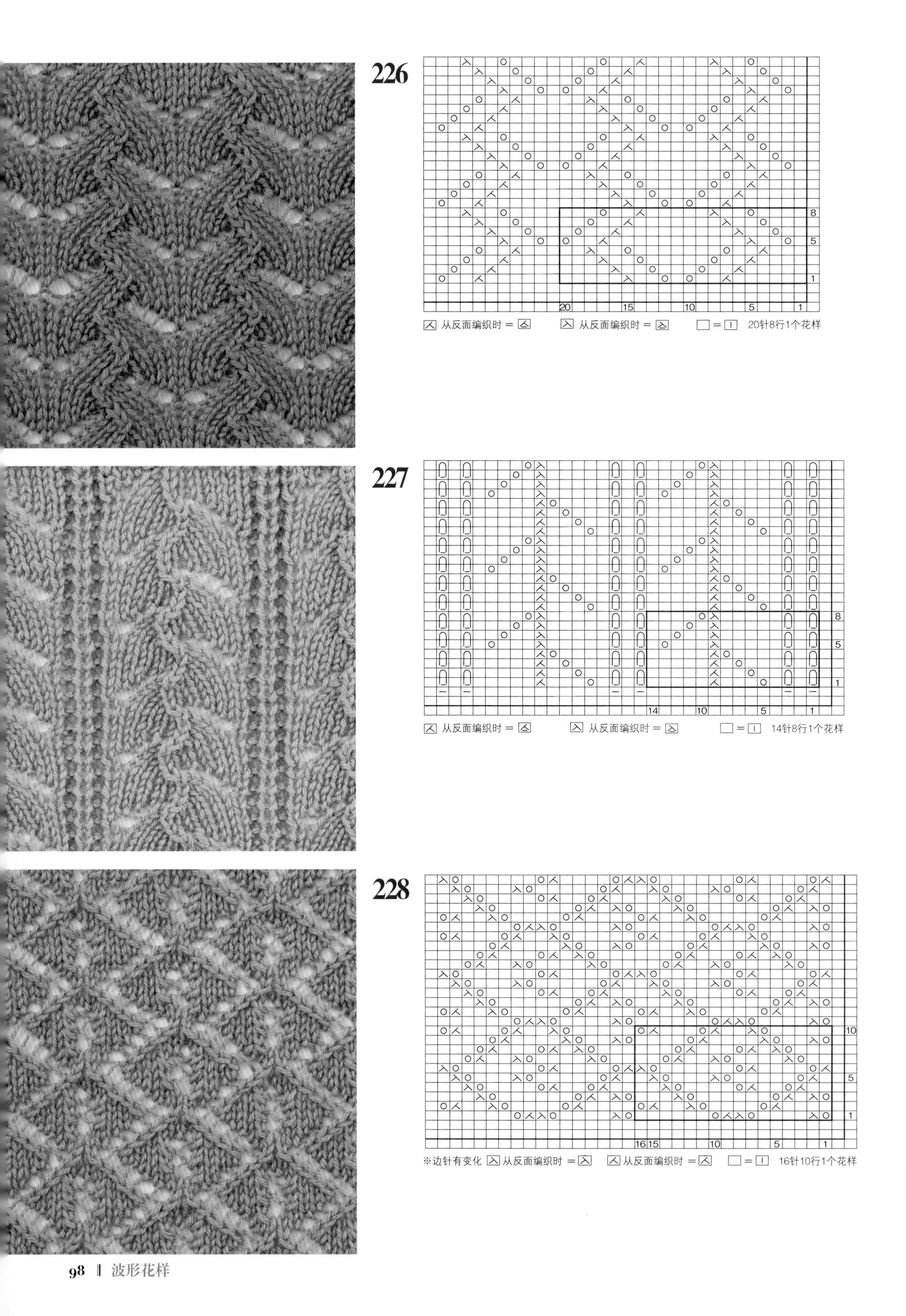
226
从反面编织时 =
从反面编织时 =
20针8行1个花样
227
从反面编织时 =
从反面编织时 =
14针8行1个花样
228
※边针有变化
从反面编织时 =
从反面编织时 =
16针10行1个花样

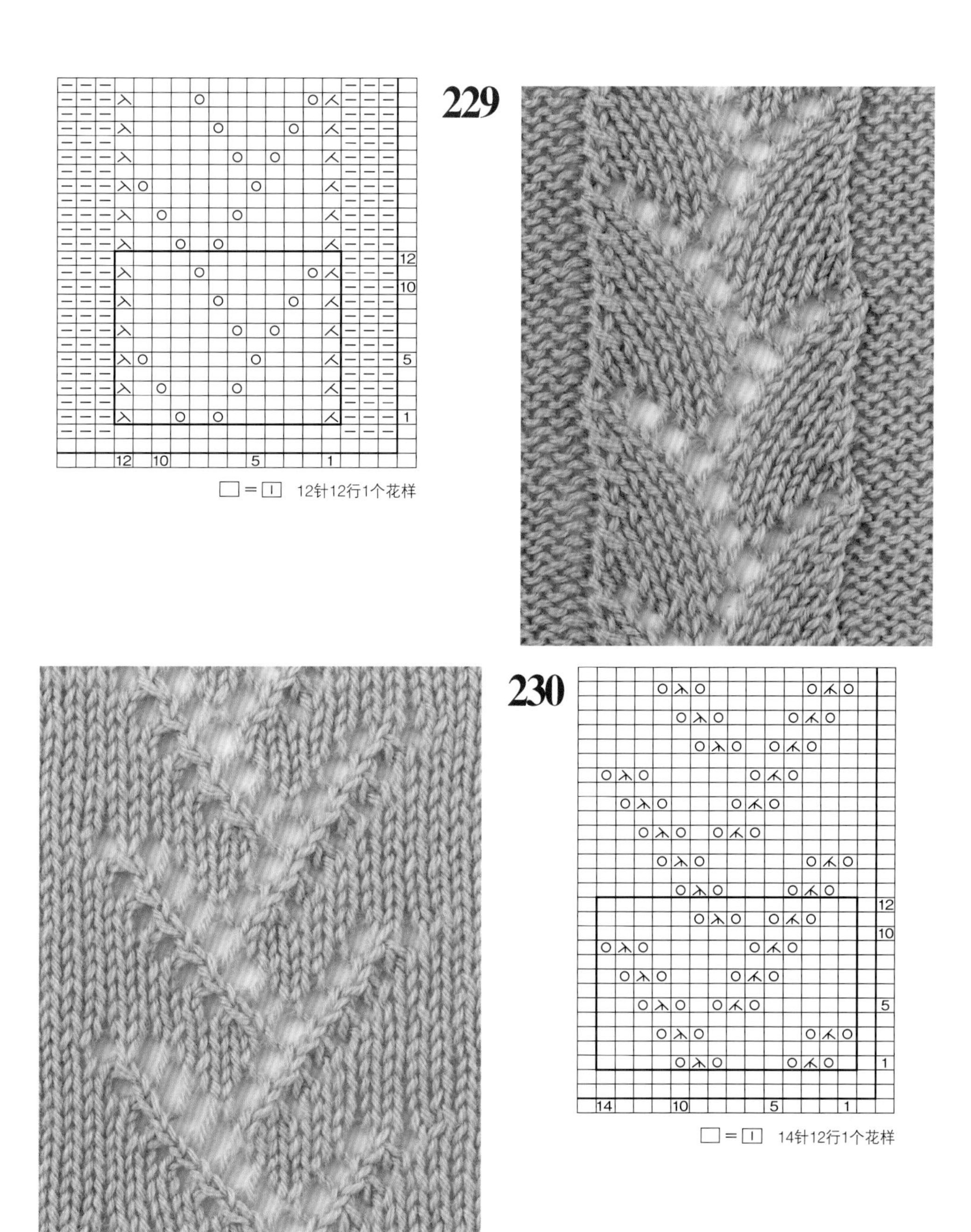

229

□ = 丨　12针12行1个花样

230

□ = 丨　14针12行1个花样

231

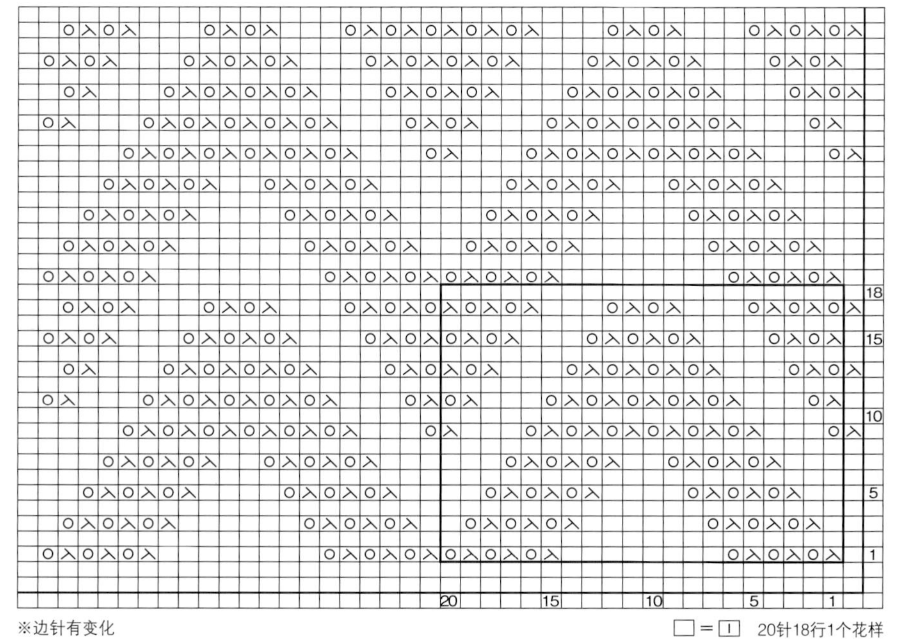

※边针有变化

□ = 丨　20针18行1个花样

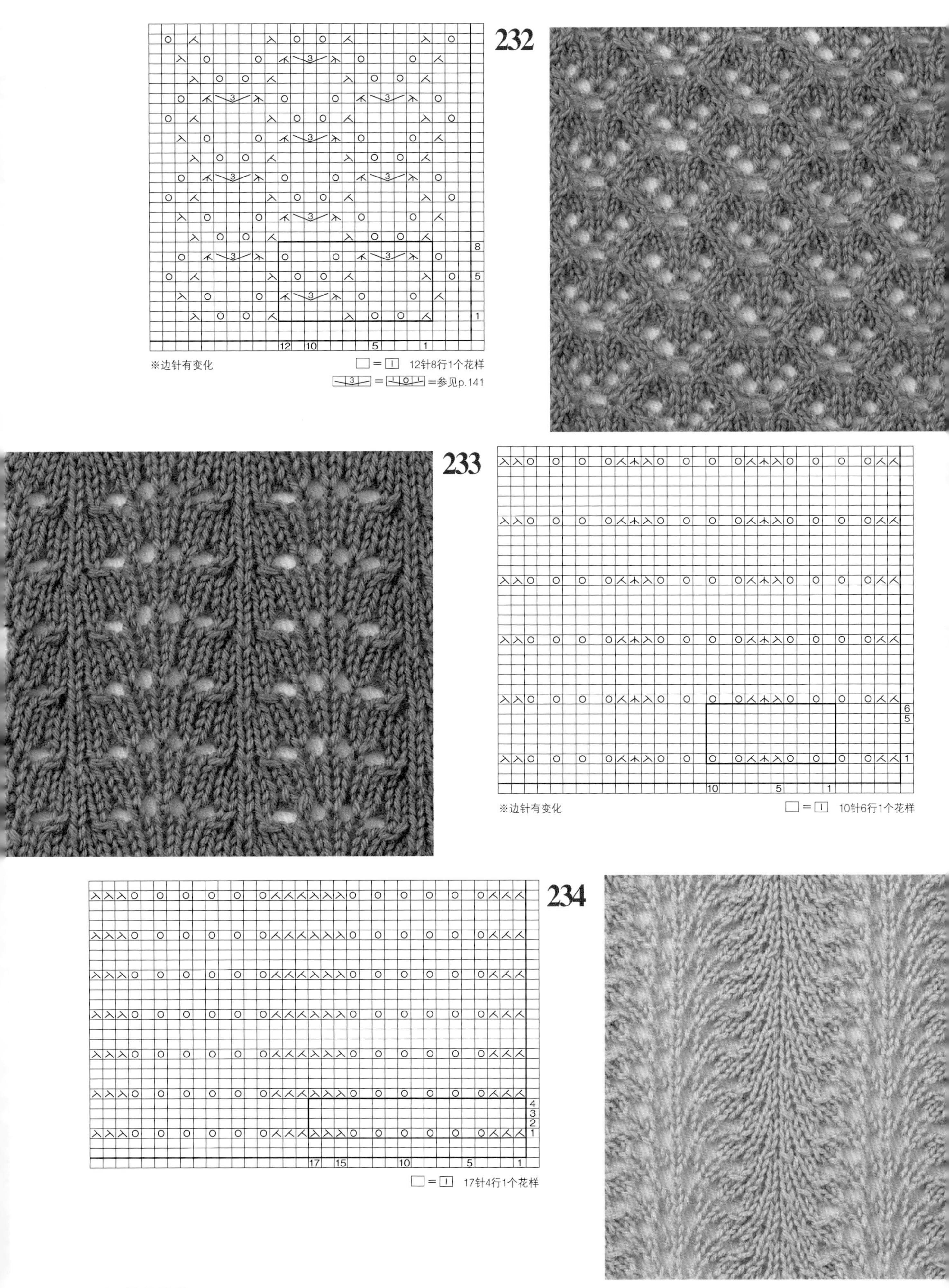
232
※边针有变化
= 12针8行1个花样
= =参见p.141
233
※边针有变化
= 10针6行1个花样
234
= 17针4行1个花样

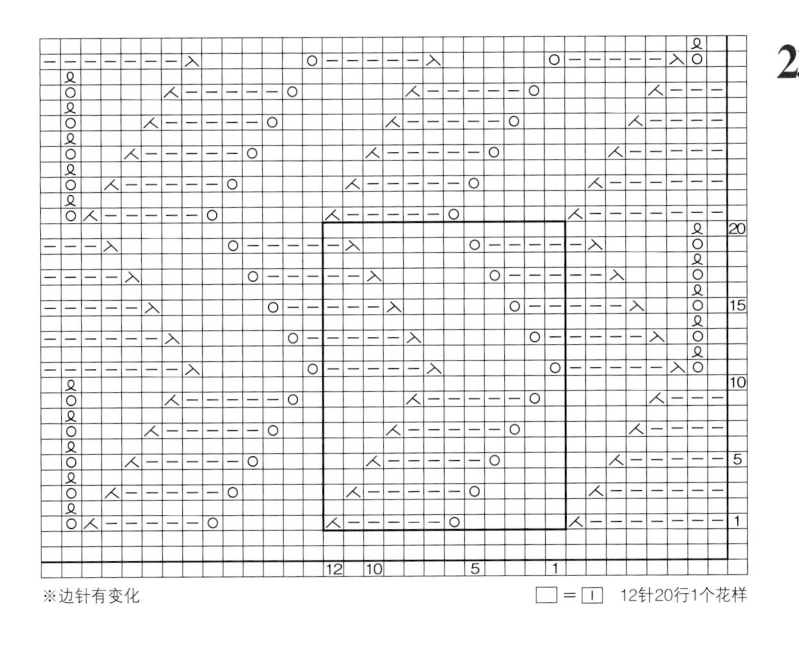

※边针有变化

□=□ 12针20行1个花样

235

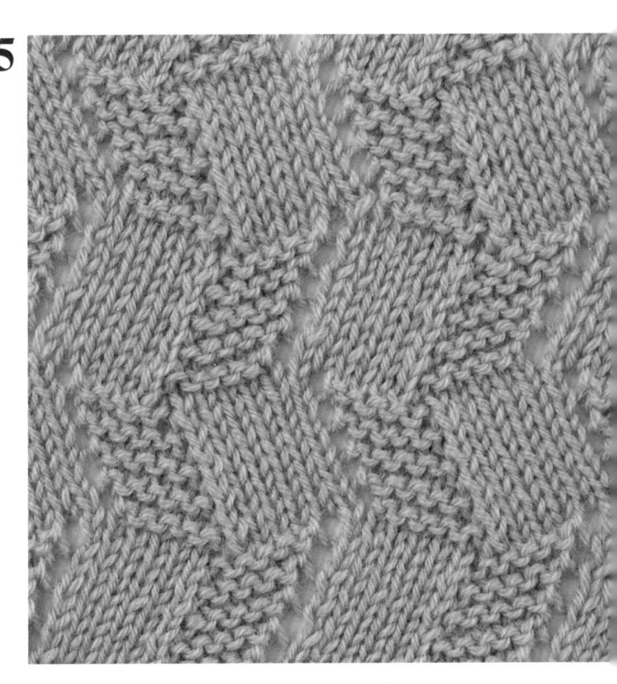

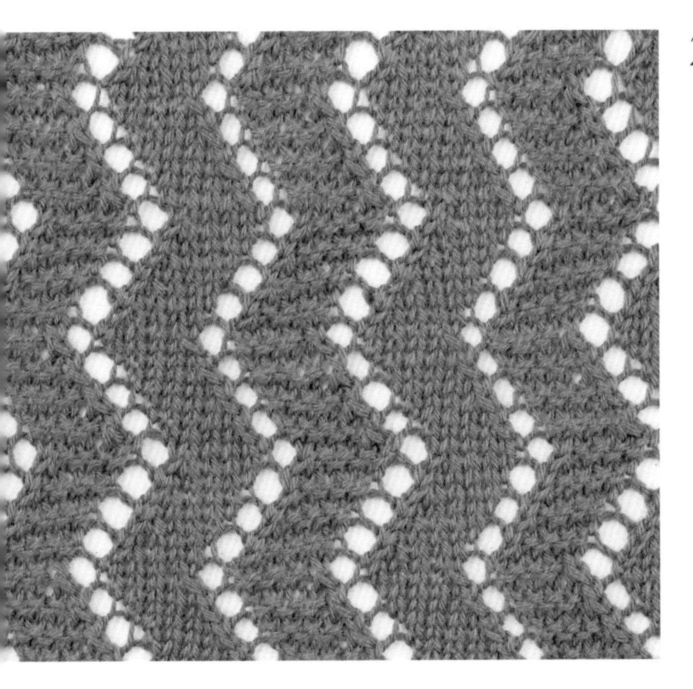

236

16
15
10
5
1
12 10 5 1

※边针有变化

□=□ 12针16行1个花样

237

16
15
10
5
1
11 10 5 1

=参见p.140 □=□ 11针16行1个花样

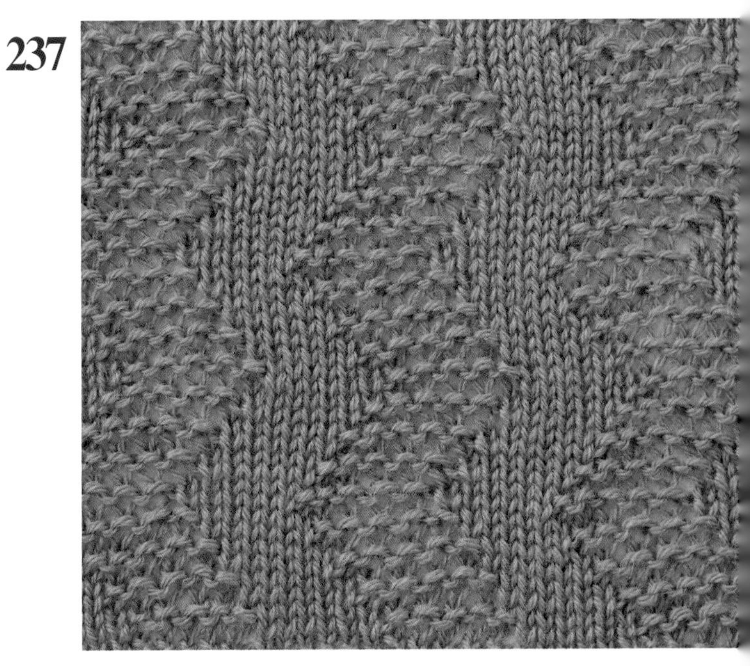

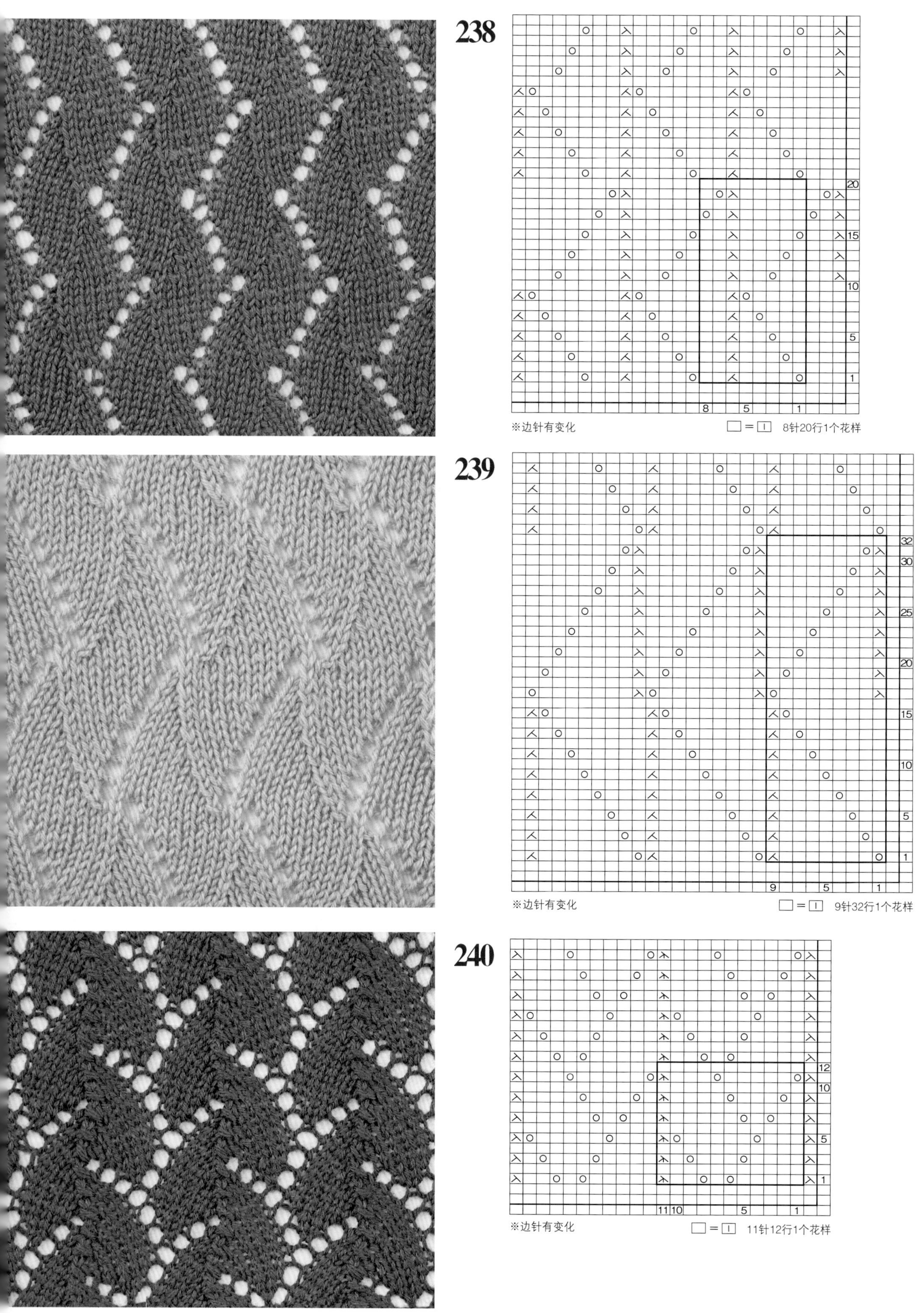
238
※边针有变化
□ = Ⅰ 8针20行1个花样
239
※边针有变化
□ = Ⅰ 9针32行1个花样
240
※边针有变化
□ = Ⅰ 11针12行1个花样

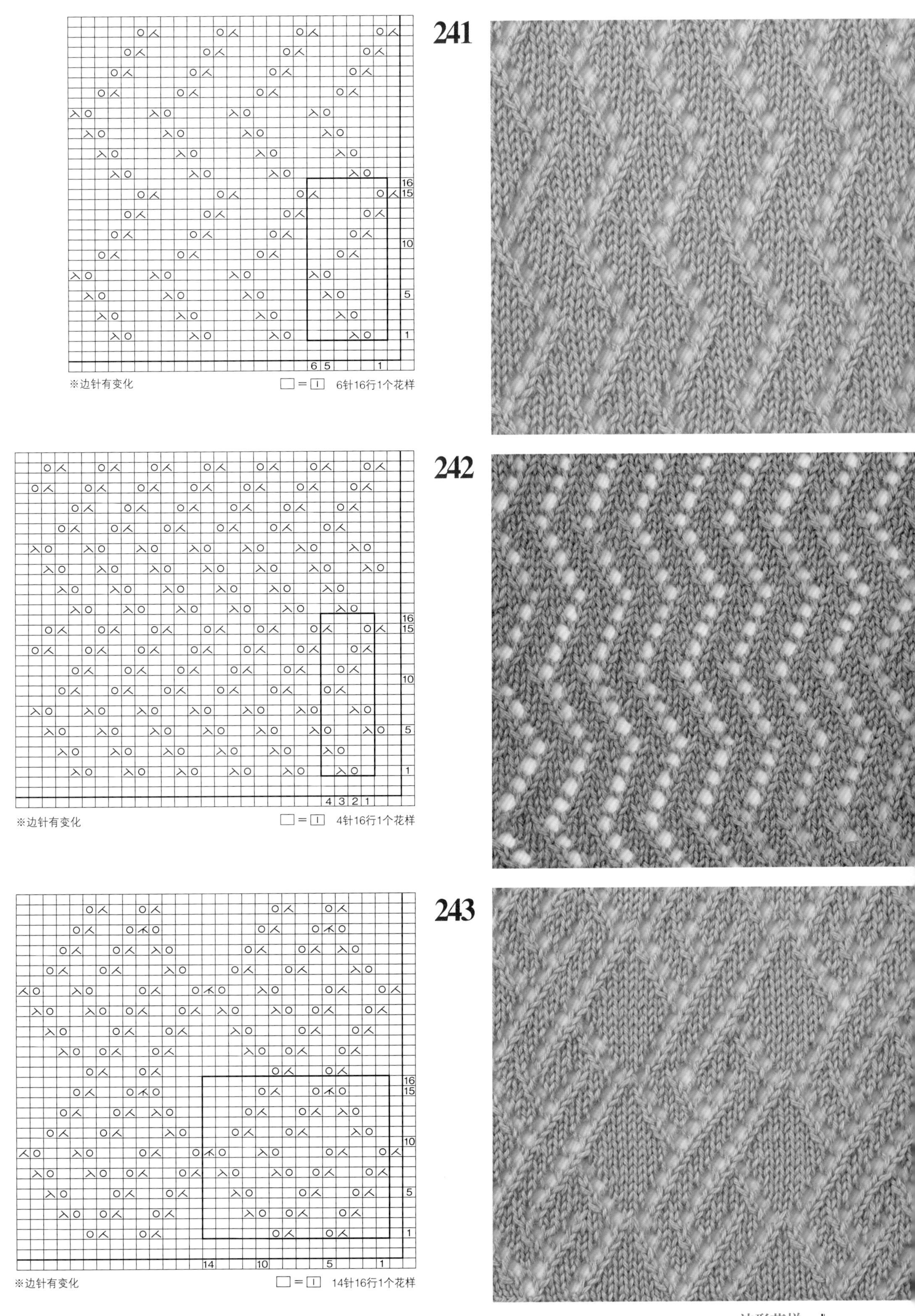
241
※边针有变化
□ = | 6针16行1个花样
242
※边针有变化
□ = | 4针16行1个花样
243
※边针有变化
□ = | 14针16行1个花样

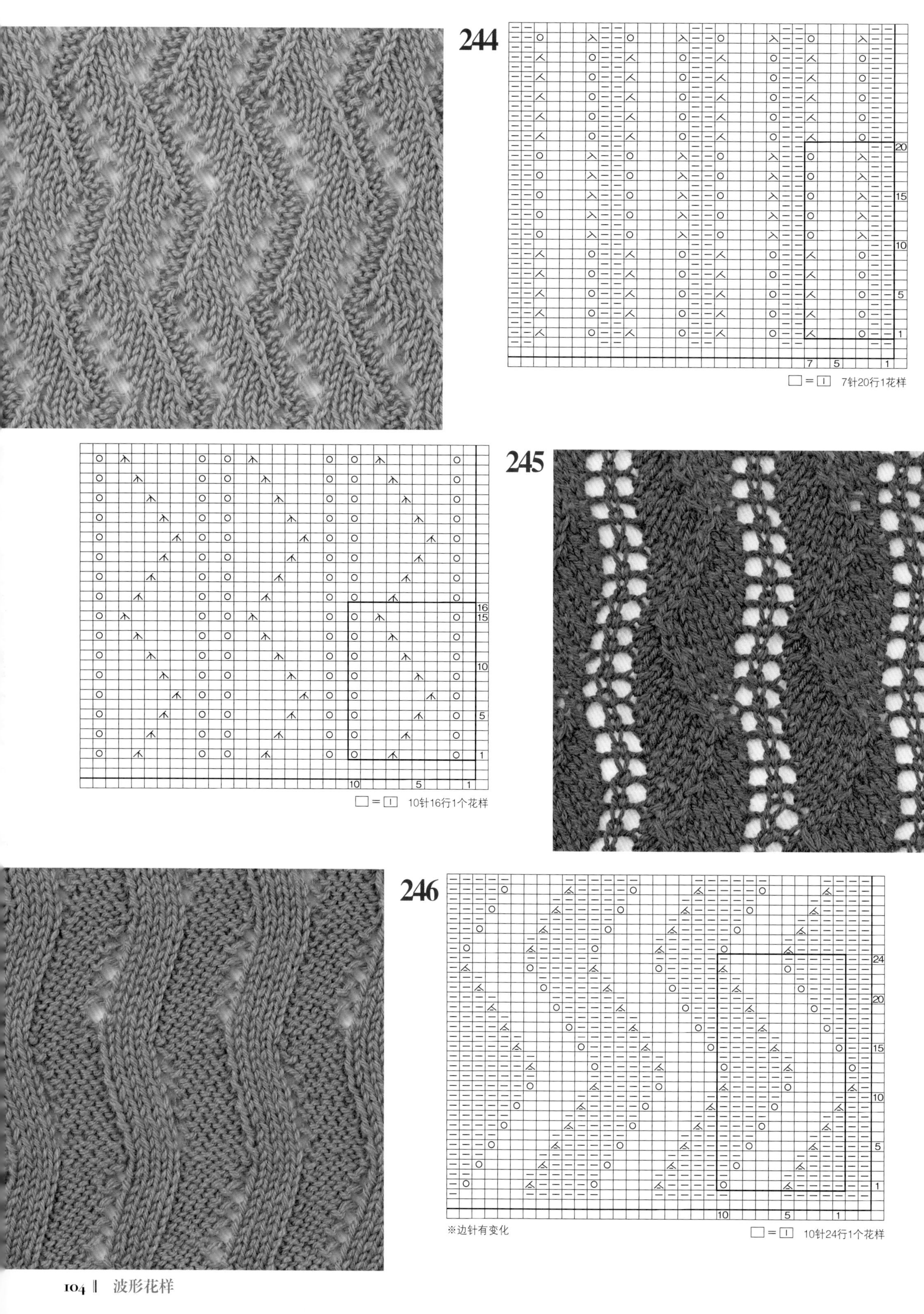
244
□＝□ 7针20行1花样
245
□＝□ 10针16行1个花样
246
※边针有变化
□＝□ 10针24行1个花样

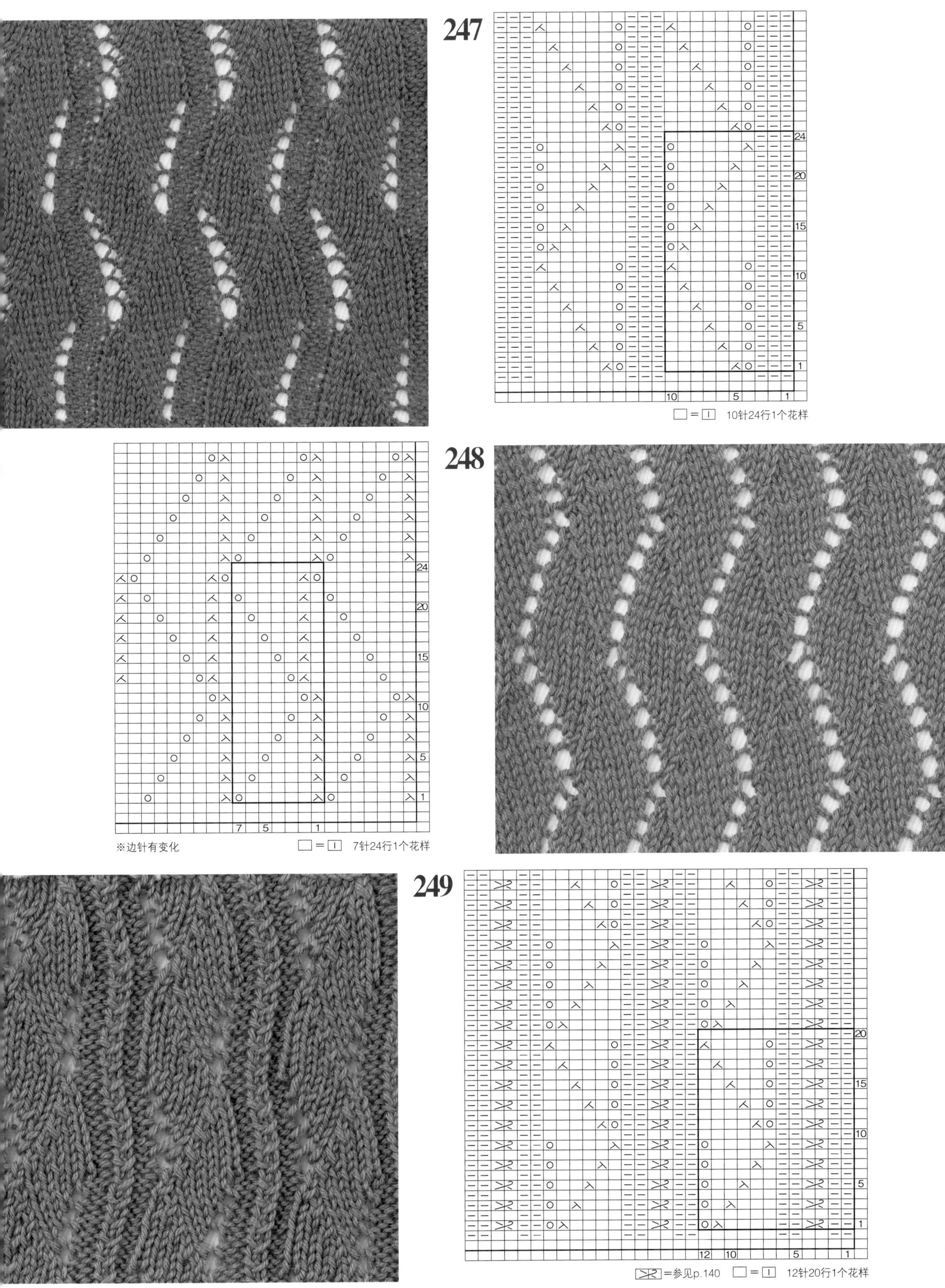
247
10针24行1个花样
248
※边针有变化
7针24行1个花样
249
=参见p.140
12针20行1个花样

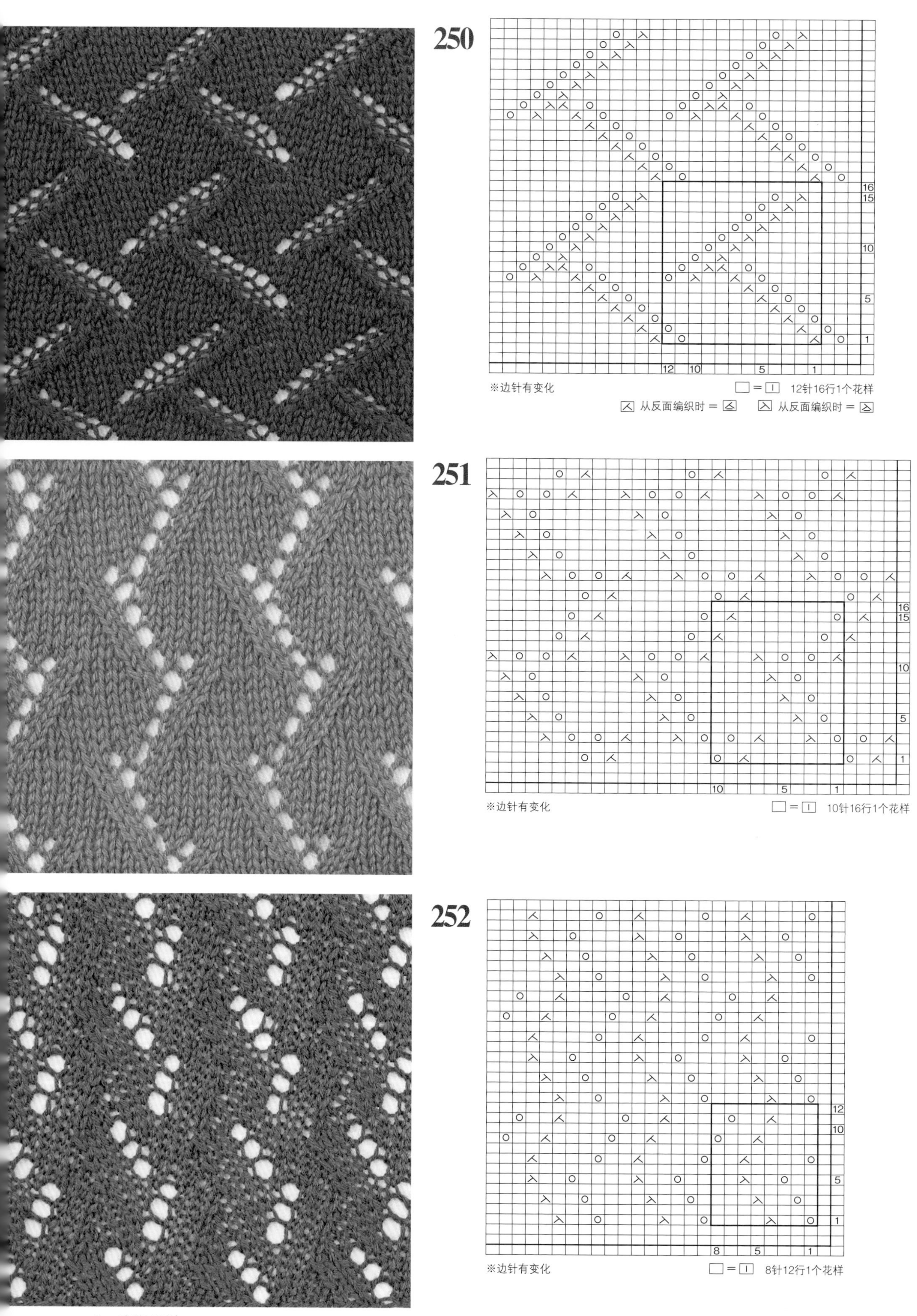
250
※边针有变化
□ = □ 12针16行1个花样
从反面编织时 =
从反面编织时 =
251
※边针有变化
□ = □ 10针16行1个花样
252
※边针有变化
□ = □ 8针12行1个花样

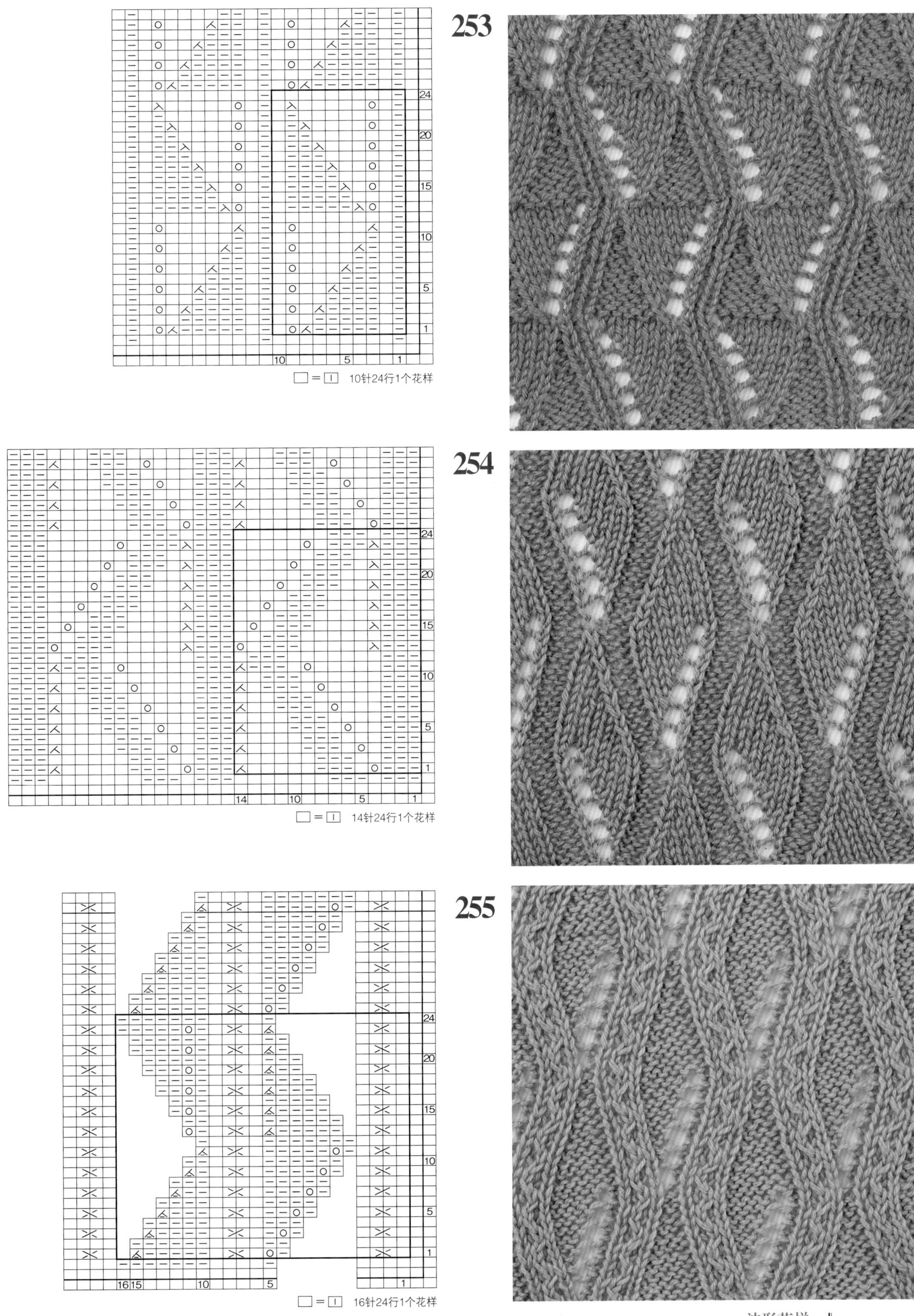
253
□=□ 10针24行1个花样
254
□=□ 14针24行1个花样
255
□=□ 16针24行1个花样

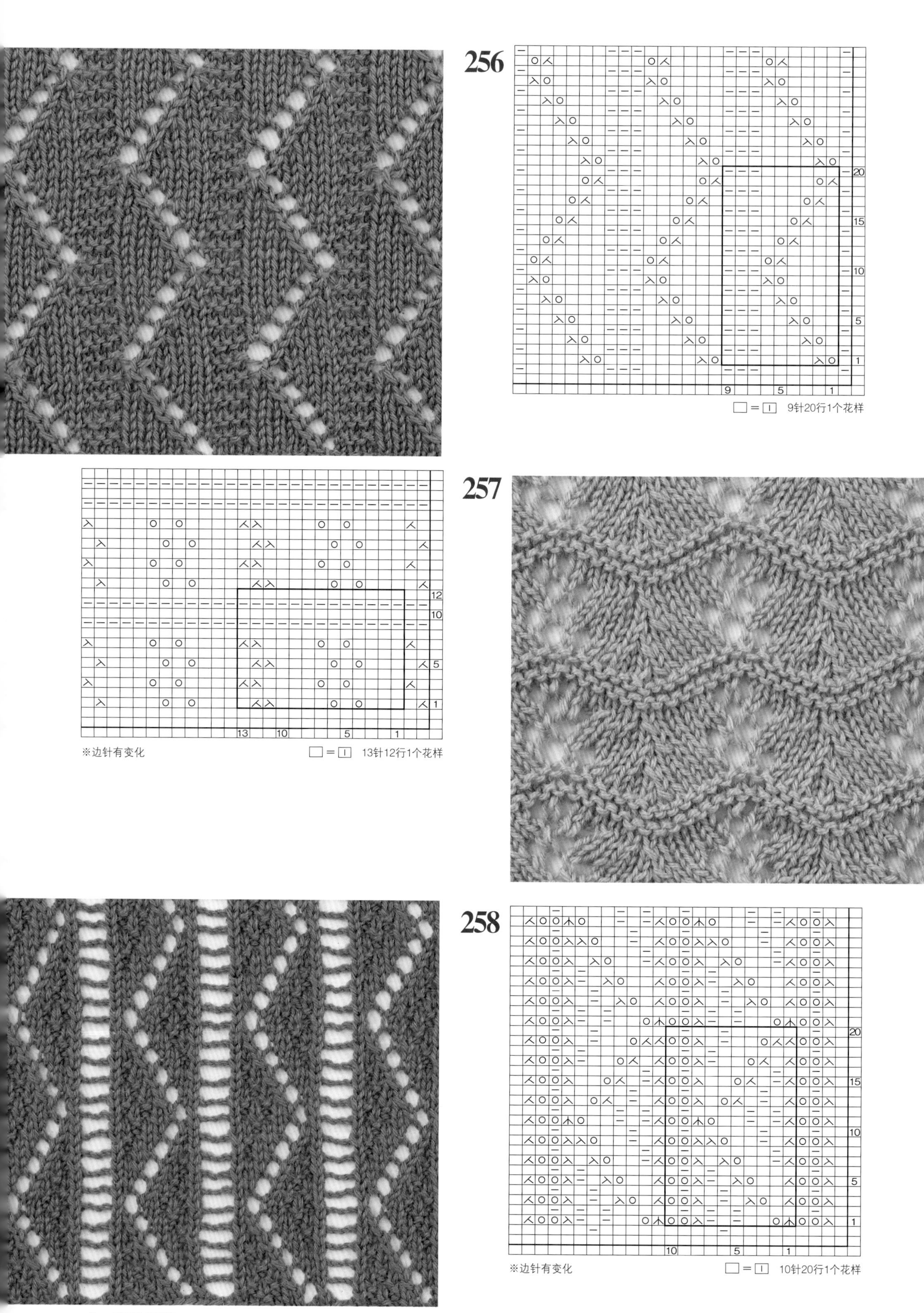
256
9针20行1个花样
257
※边针有变化
13针12行1个花样
258
※边针有变化
10针20行1个花样

259

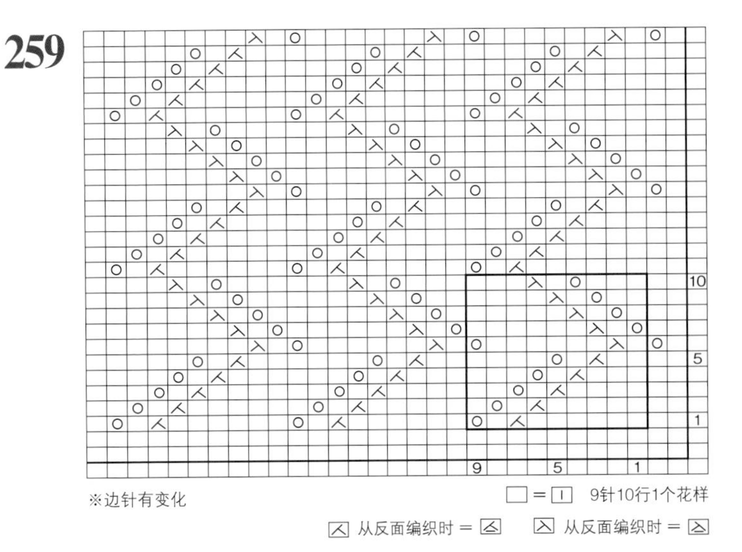

※边针有变化

□ = 丨 9针10行1个花样

从反面编织时 = 　　从反面编织时 =

260

※边针有变化

□ = 丨 5针8行1个花样

从反面编织时 = 　　从反面编织时 =

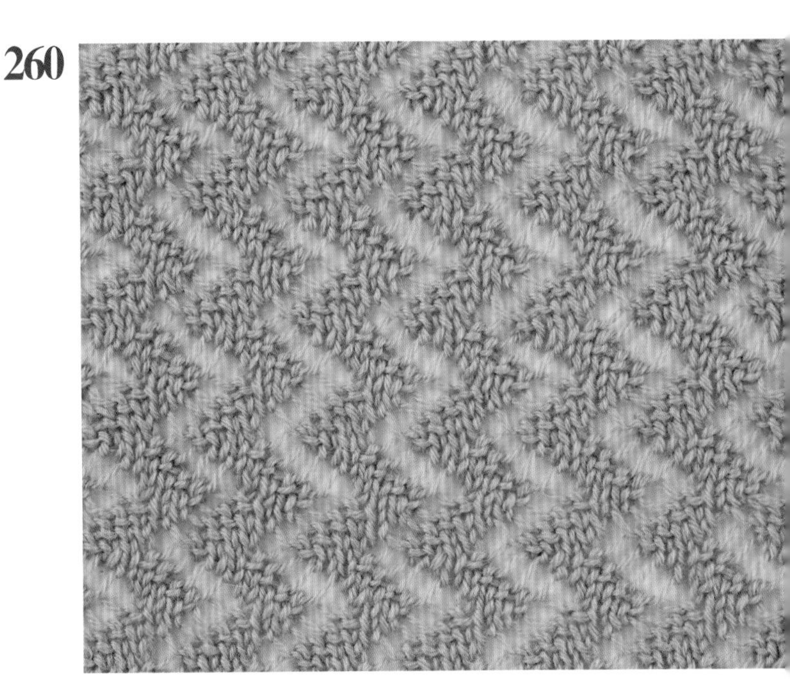

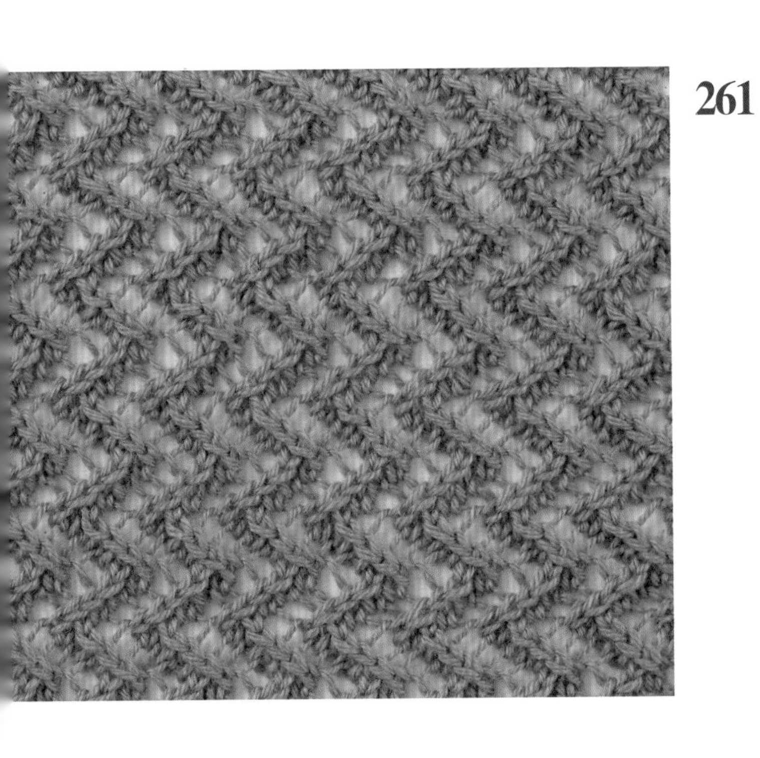

261

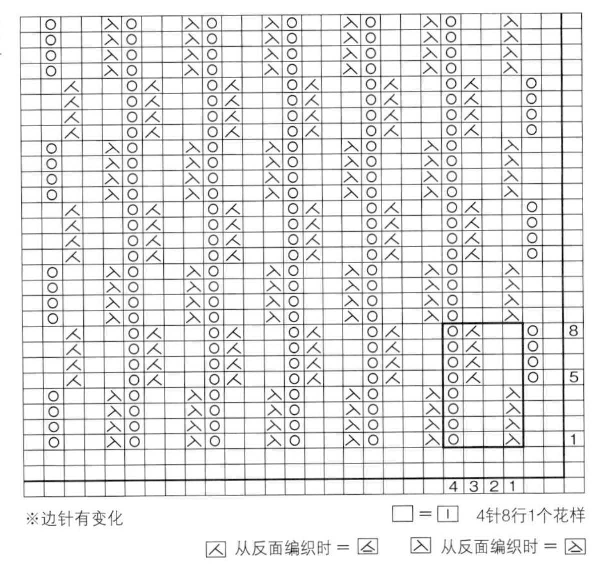

※边针有变化

□ = 丨 4针8行1个花样

从反面编织时 = 　　从反面编织时 =

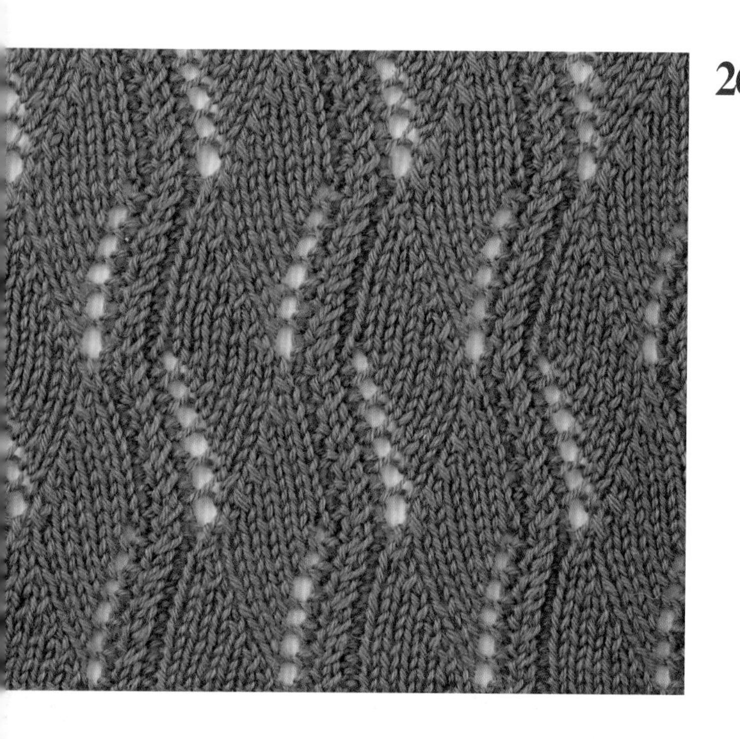

262

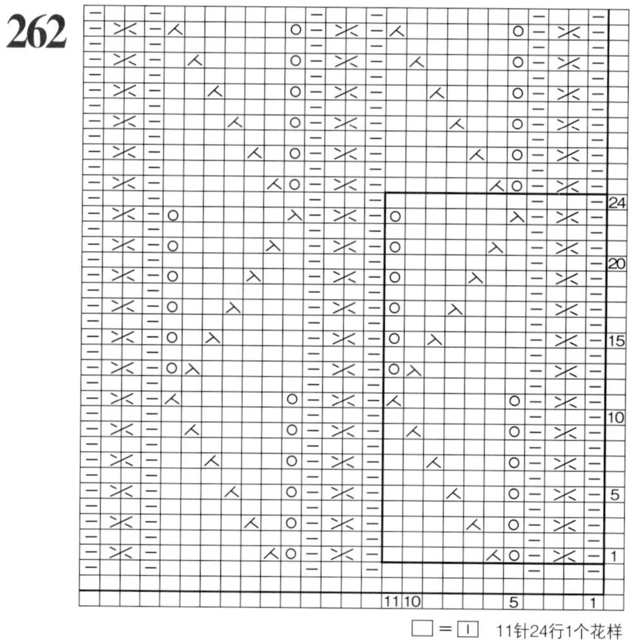

□ = 丨 11针24行1个花样

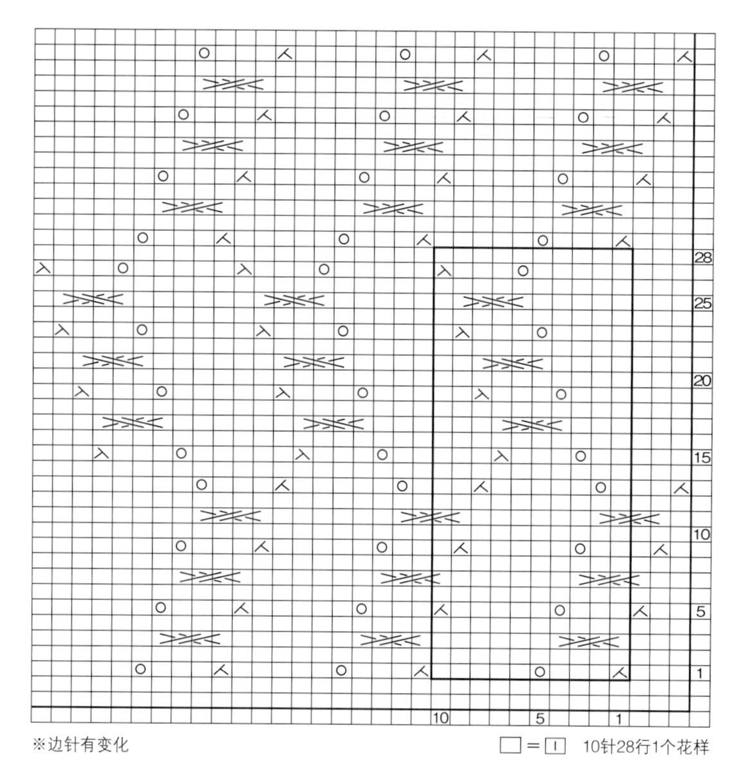

※边针有变化

□ = 丨 10针28行1个花样

263

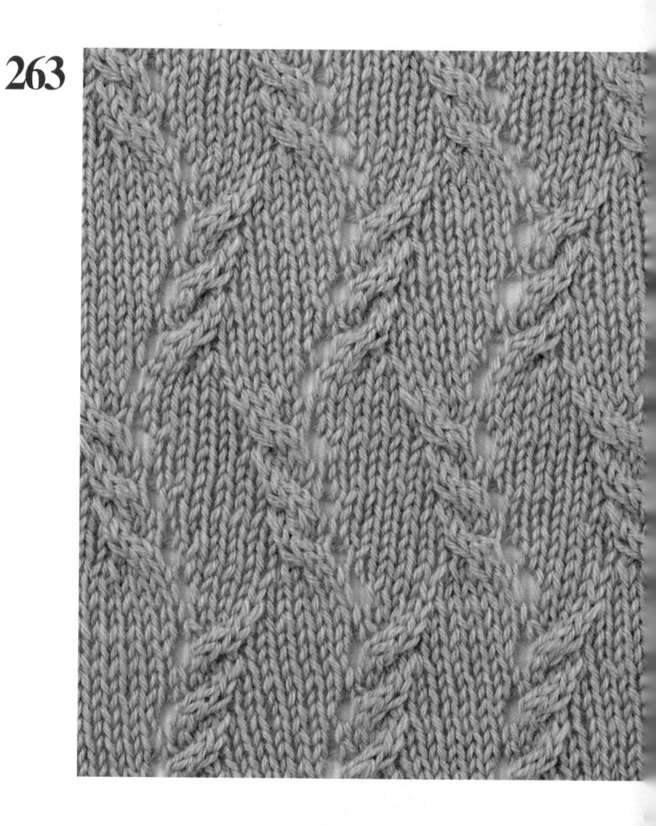

组合花样

这部分是对交叉花样和镂空花样进行合理布局的组合花样。通过各种花样的组合，可以设计出崭新的花样。

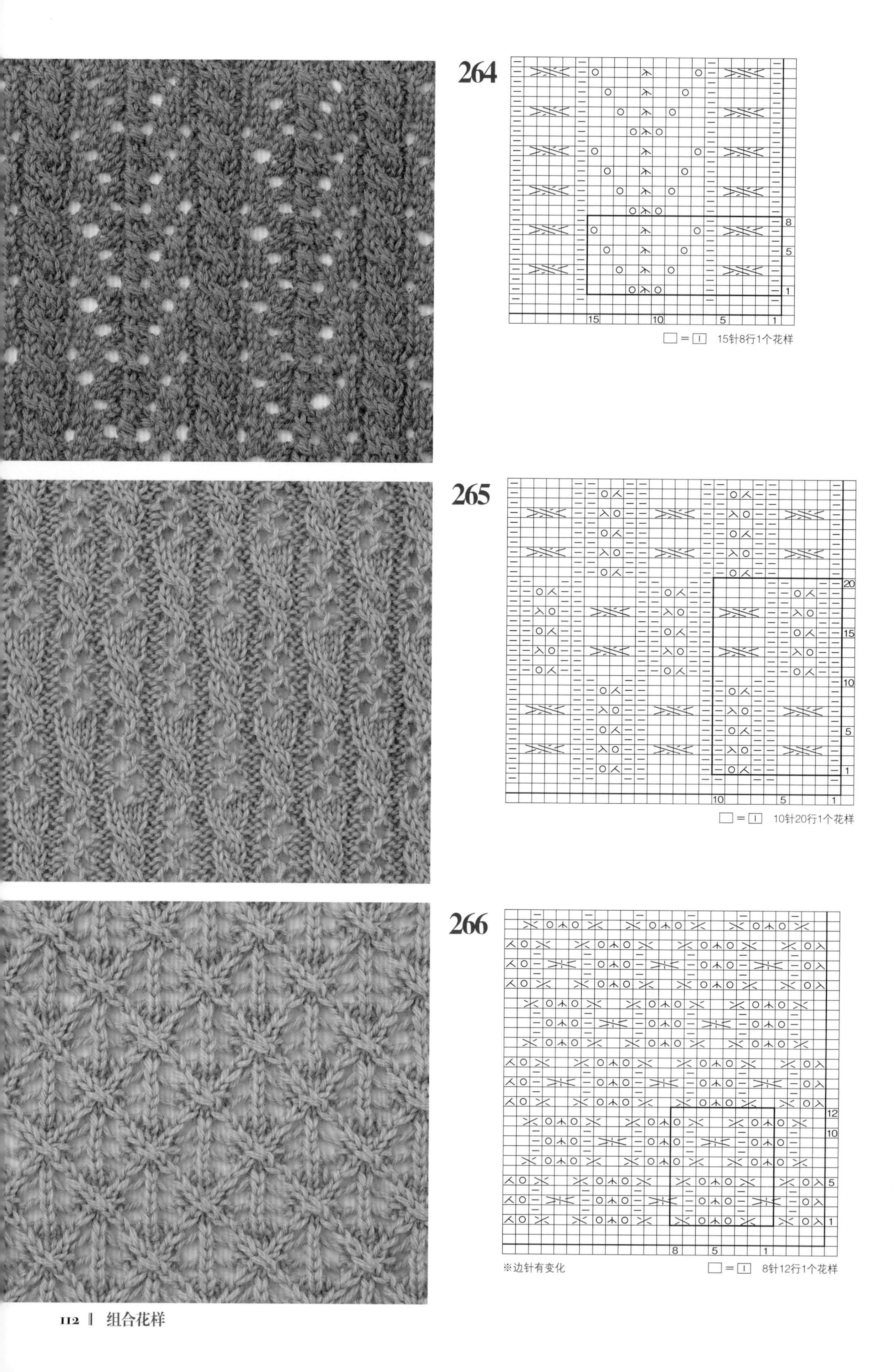
264
□ = □ 15针8行1个花样
265
□ = □ 10针20行1个花样
266
※边针有变化
□ = □ 8针12行1个花样

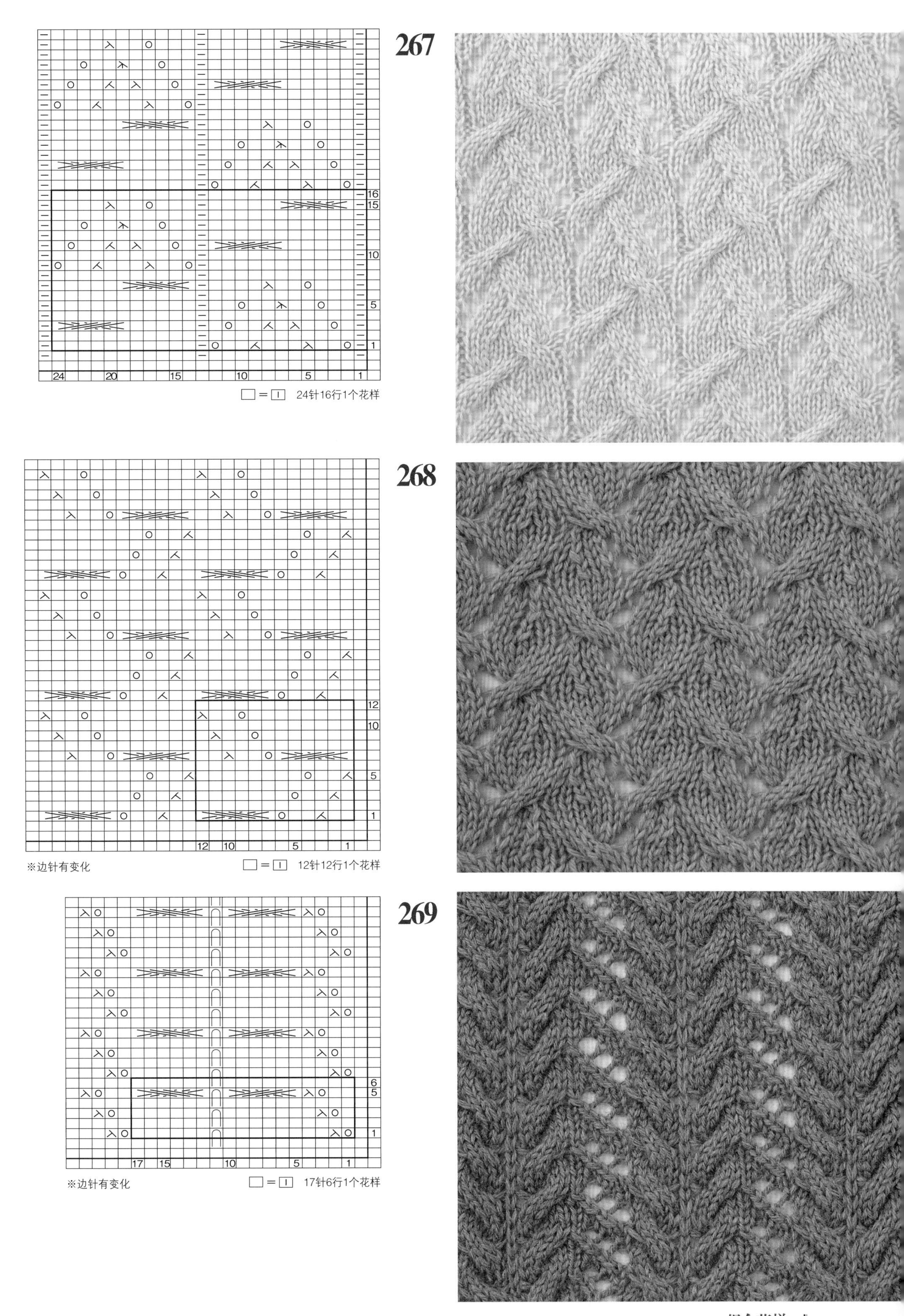
267
24针16行1个花样
268
※边针有变化
12针12行1个花样
269
※边针有变化
17针6行1个花样

270

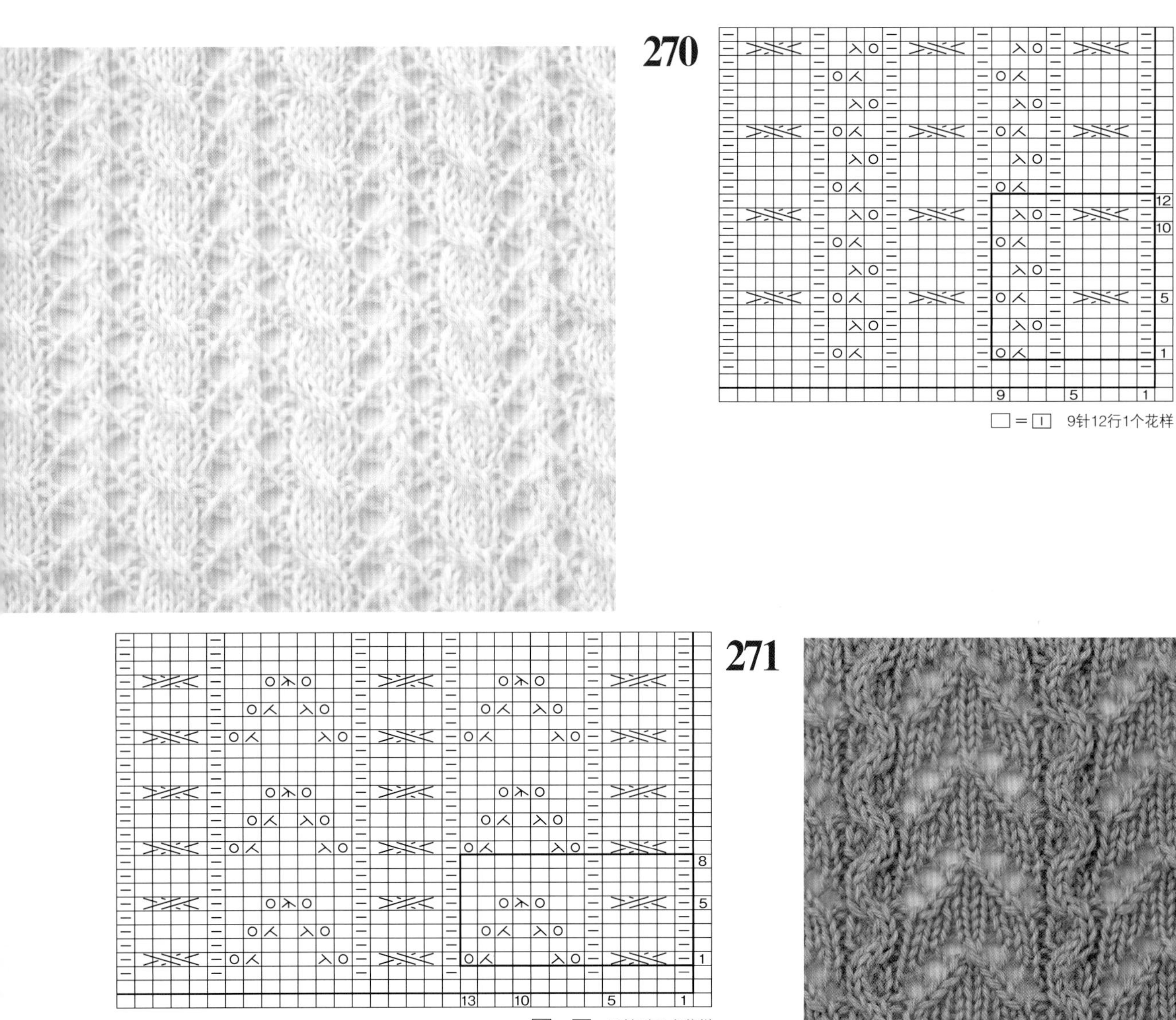

□ = 丨 9针12行1个花样

271

□ = 丨 13针8行1个花样

272

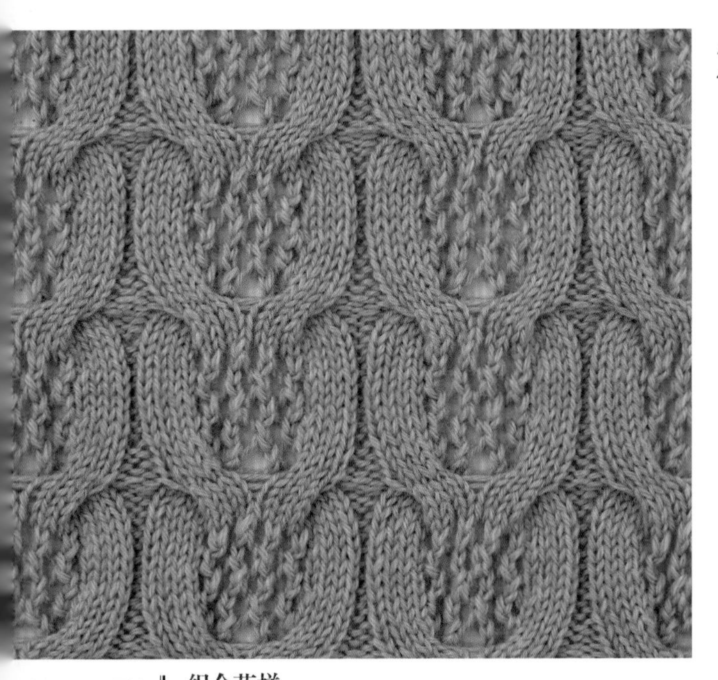

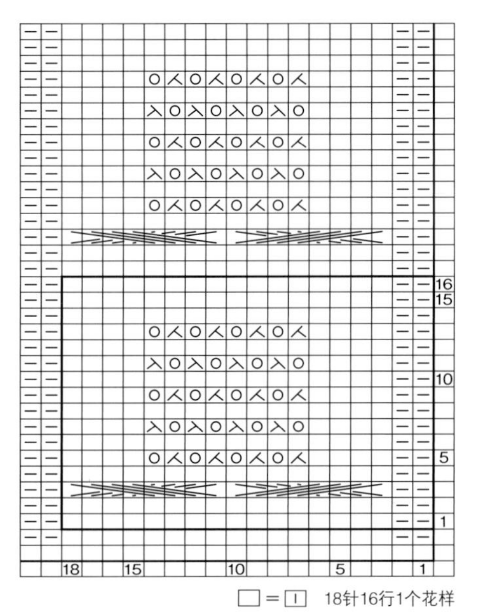

□ = 丨 18针16行1个花样

273

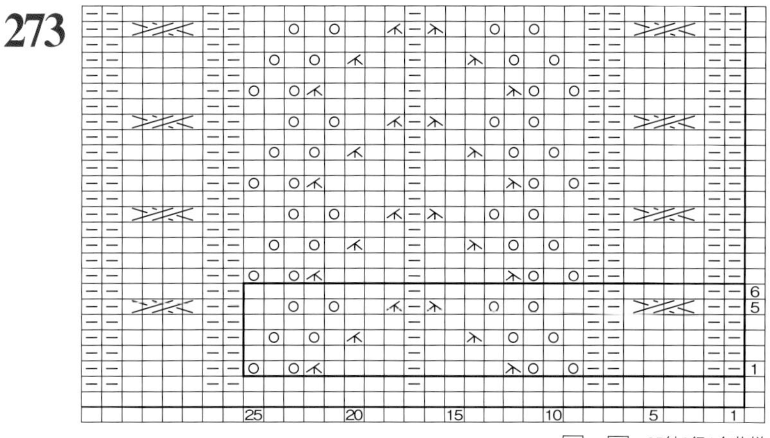

□=⏐ 25针6行1个花样

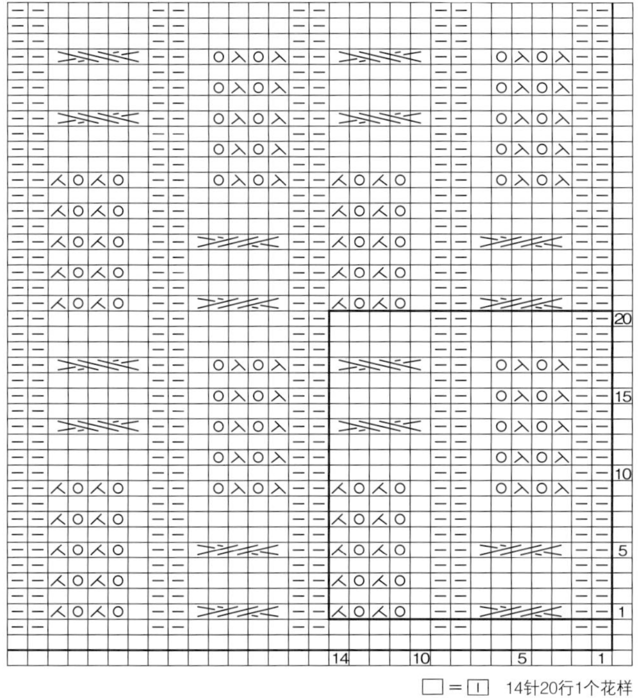

□=⏐ 14针20行1个花样

274

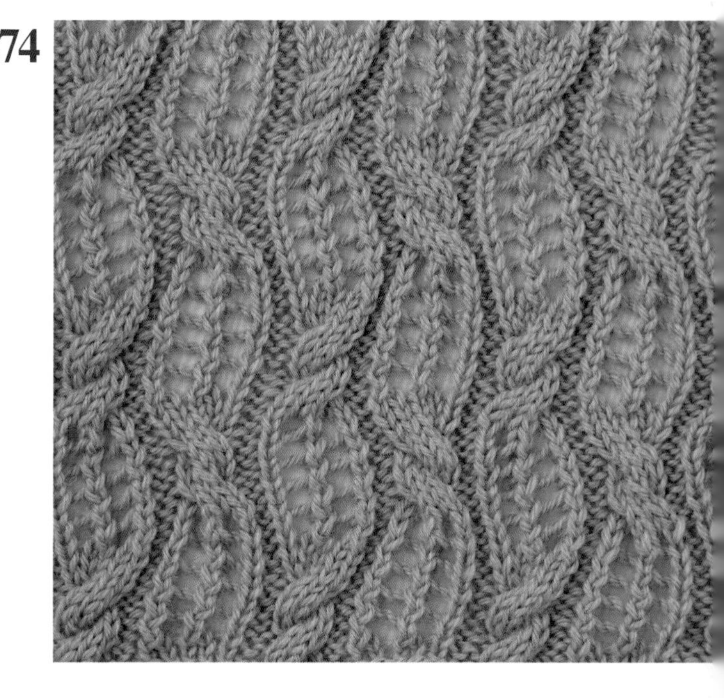

275

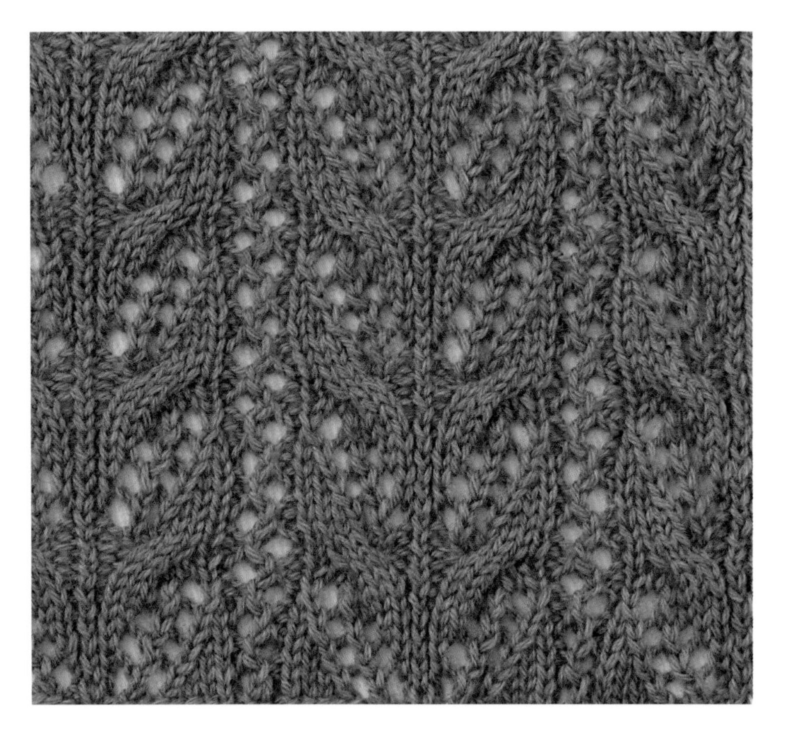

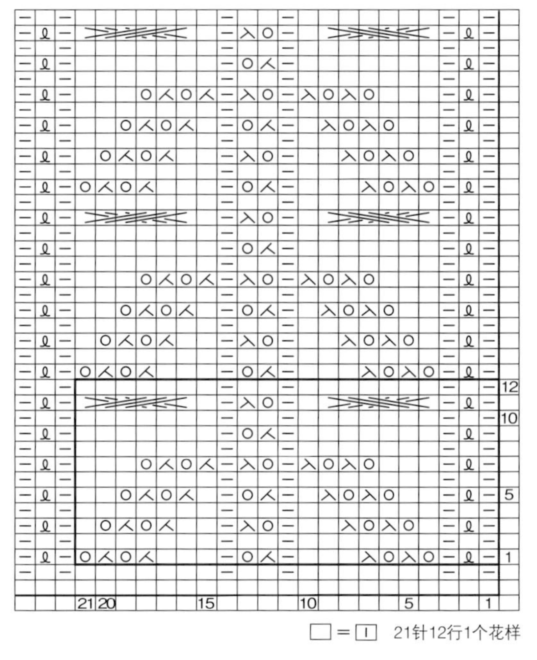

□ = ⊡ 21针12行1个花样

276

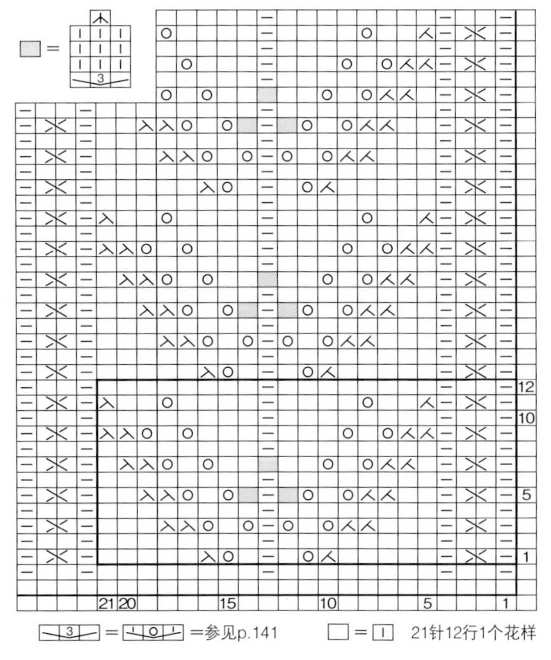

3 = 1 0 1 =参见p.141　　□ = ⊡ 21针12行1个花样

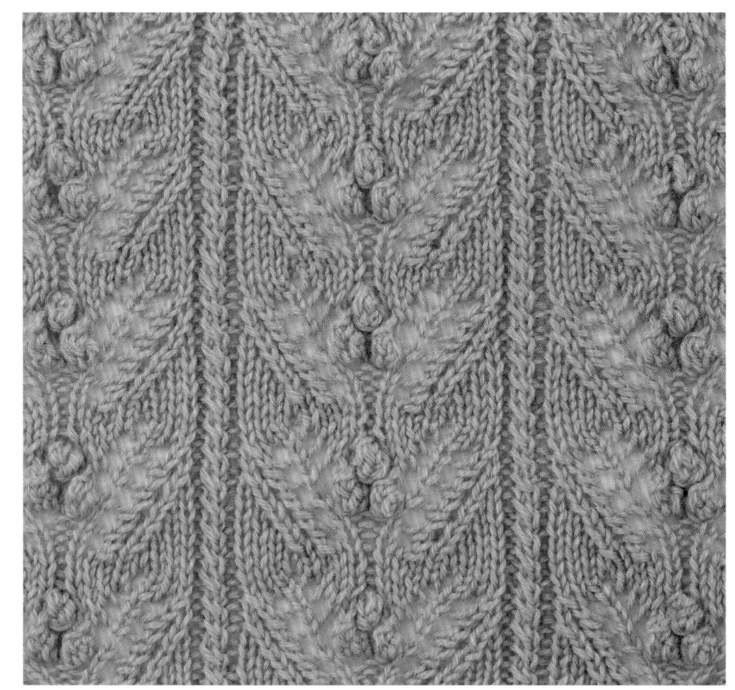

277

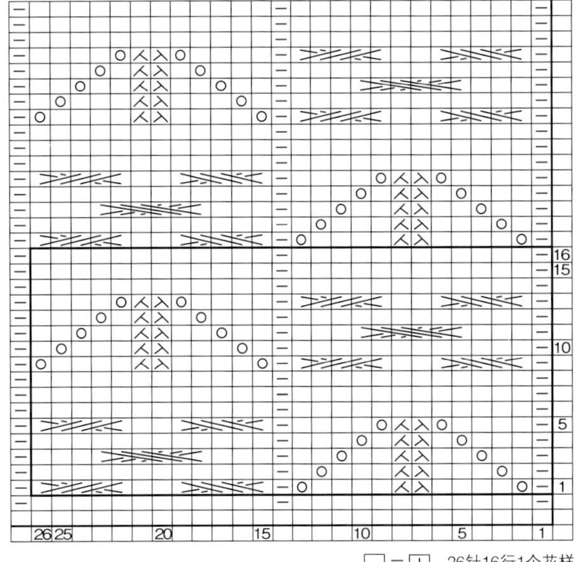

□ = ⊟ 26针16行1个花样

⋏ 从反面编织时 = ⋏ ⋏ 从反面编织时 = ⋏

278

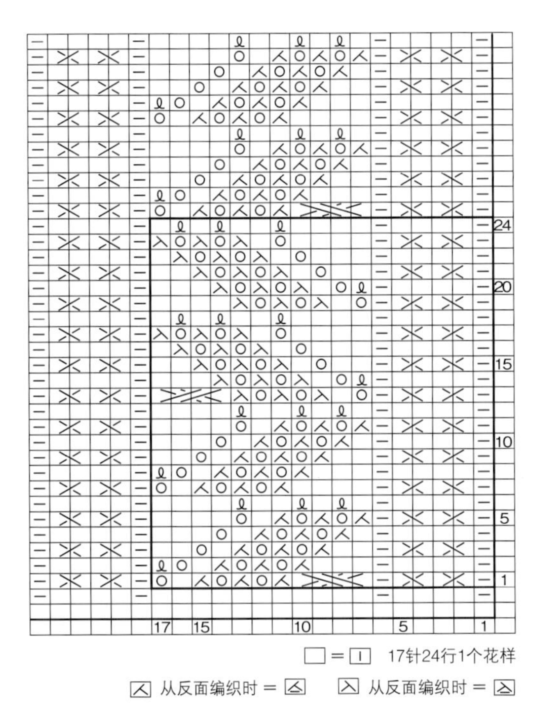

□ = ⊟ 17针24行1个花样

⋏ 从反面编织时 = ⋏ ⋏ 从反面编织时 = ⋏

279

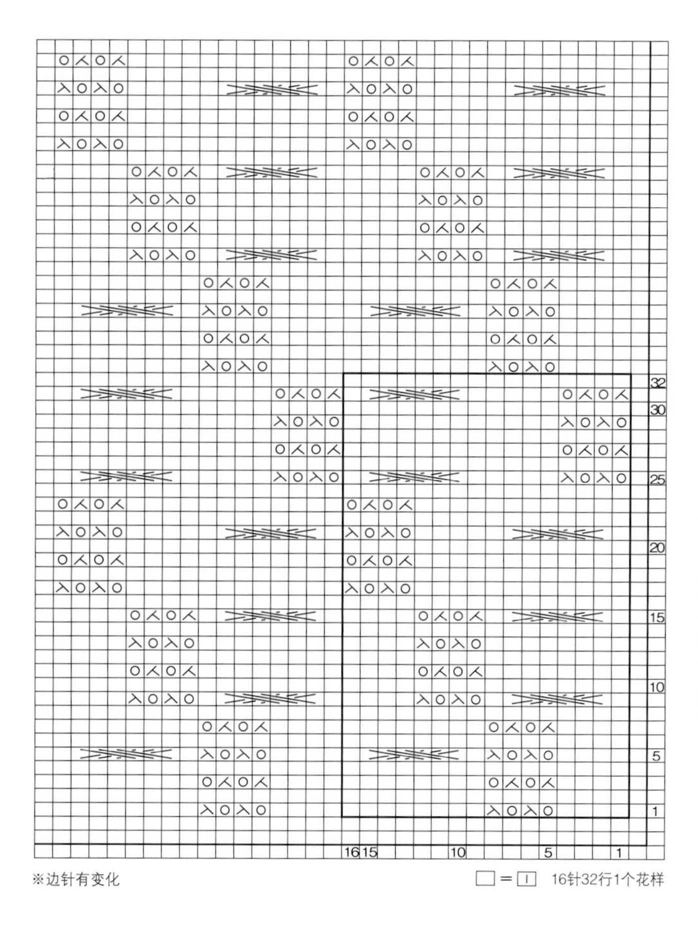

※边针有变化

□＝⊡　16针32行1个花样

280

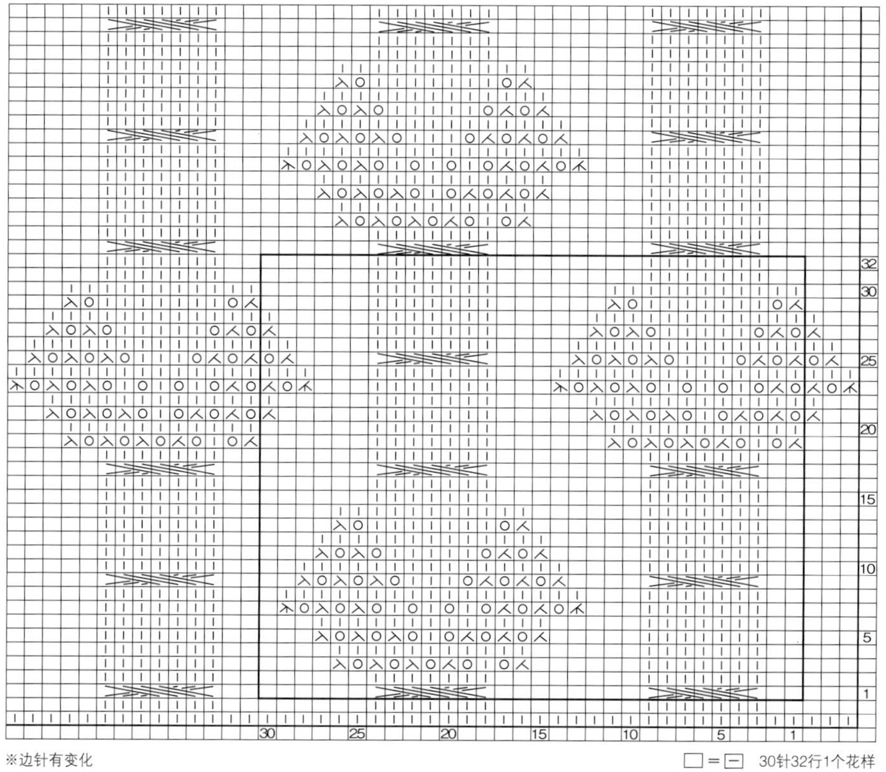

※边针有变化

□＝⊟　30针32行1个花样

作品编织方法

p.4 ※树叶花样的长方形披肩

材料
芭贝 Princess Anny 深灰色(518)265g

工具
棒针6号、4号

成品尺寸
宽40cm，长137cm

编织密度
10cm×10cm面积内：编织花样25.5针，30行

编织要领
使用p.42的花样75。
手指挂线起针后开始编织。先编织6行起伏针，接着两端各4针编织起伏针，中间按编织花样编织，继续编织402行。再编织6行起伏针，结束时一边编织上针一边做伏针收针。

※编织图中未注明单位的数字均以厘米(cm)为单位

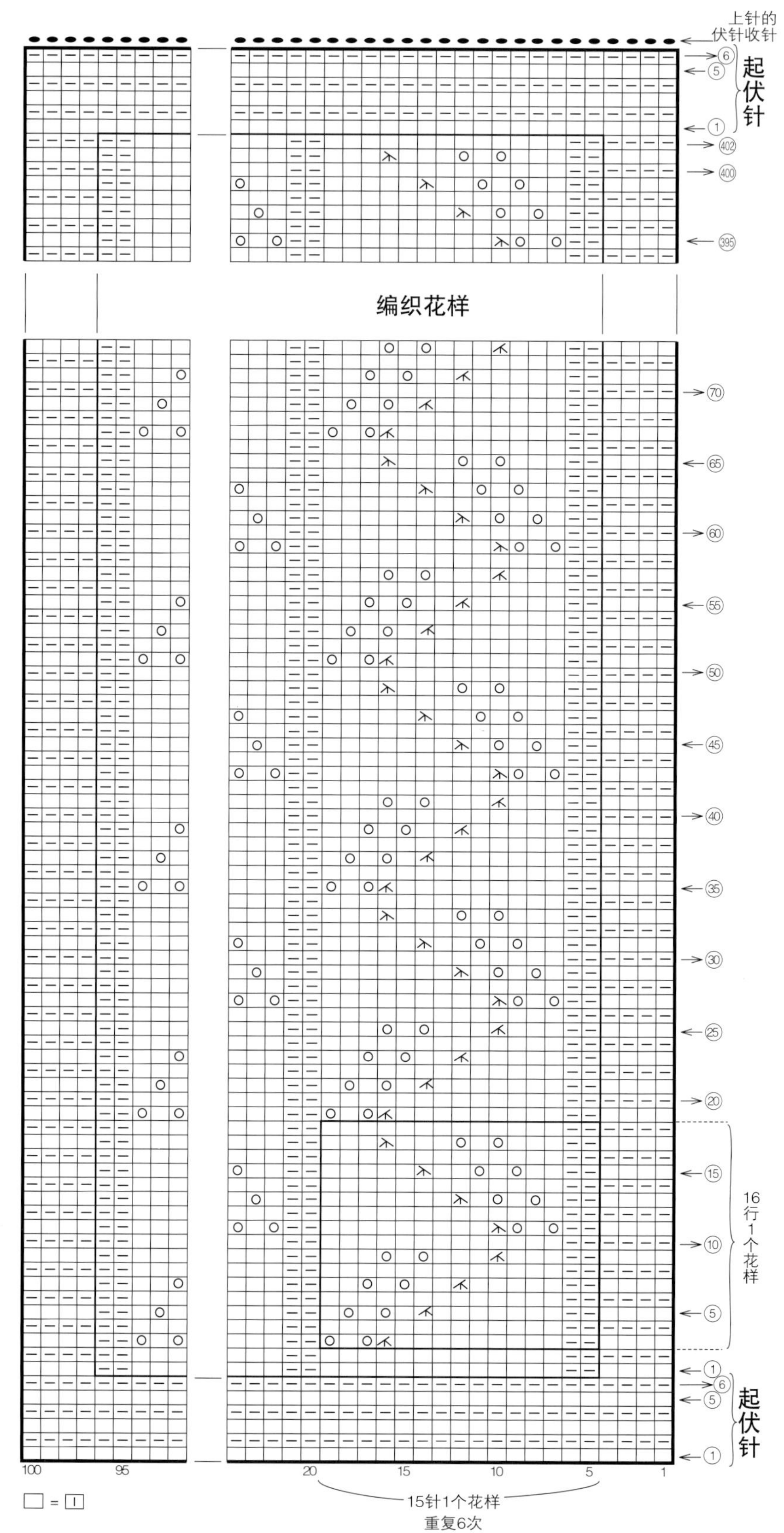

p.5 ❊ 波形花样的长款围脖

材料
芭贝 Alba 黄灰色（1087）175g

工具
棒针5号

成品尺寸
宽30cm，长116cm

编织密度
10cm×10cm面积内：编织花样22针，33行

编织要领
使用p.86的花样192。
手指挂线起针后开始编织。按编织花样环形编织100行，结束时做伏针收针。

编织花样

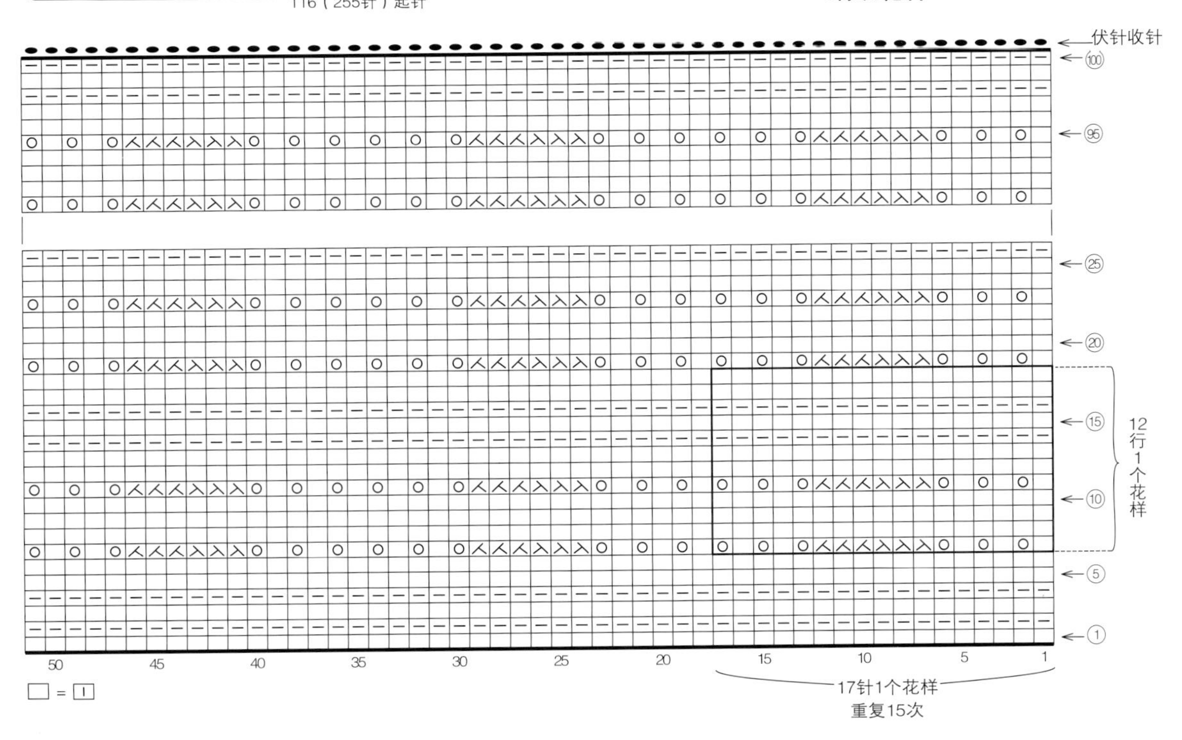

p.10 ❊ 发带

材料
和麻纳卡 Exceed Wool FL（粗）玫瑰粉色（239）30g

工具
棒针5号

成品尺寸
头围48cm，宽10cm

编织密度
10cm×10cm面积内：编织花样20.5针，42行

编织要领
使用p.68的花样144。
共线锁针起针后开始编织。两端编织起伏针，中间按编织花样编织，往返编织42行，结束时做伏针收针。对齐两端，挑针缝合成环形。

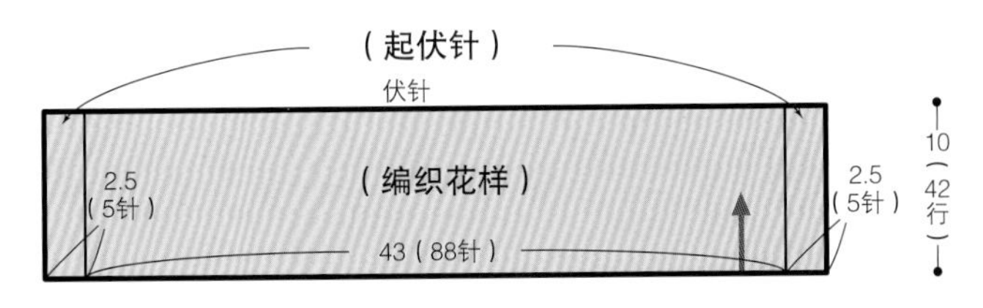

符号图见 p.122

p.6 ※条纹花样的三角形披肩

材料

芭贝 Arabis 藏青色(6630)70g，灰蓝色(1704)40g，浅蓝色(1009)35g

工具

棒针3号，钩针4/0号

成品尺寸

宽120cm，长60.5cm

编织密度

10cm×10cm面积内：编织花样17.5针，25行

编织要领

使用p.92的花样210。

用手指挂线起针法起2针后编织6行起伏针。直接从针上挑取2针，接着从侧边的行上挑取3针，再从起针位置挑取2针，然后参照图解编织条纹花样，一边加针一边编织150行。编织结束时，松松地做伏针收针。最后在两边的行上钩织边缘。

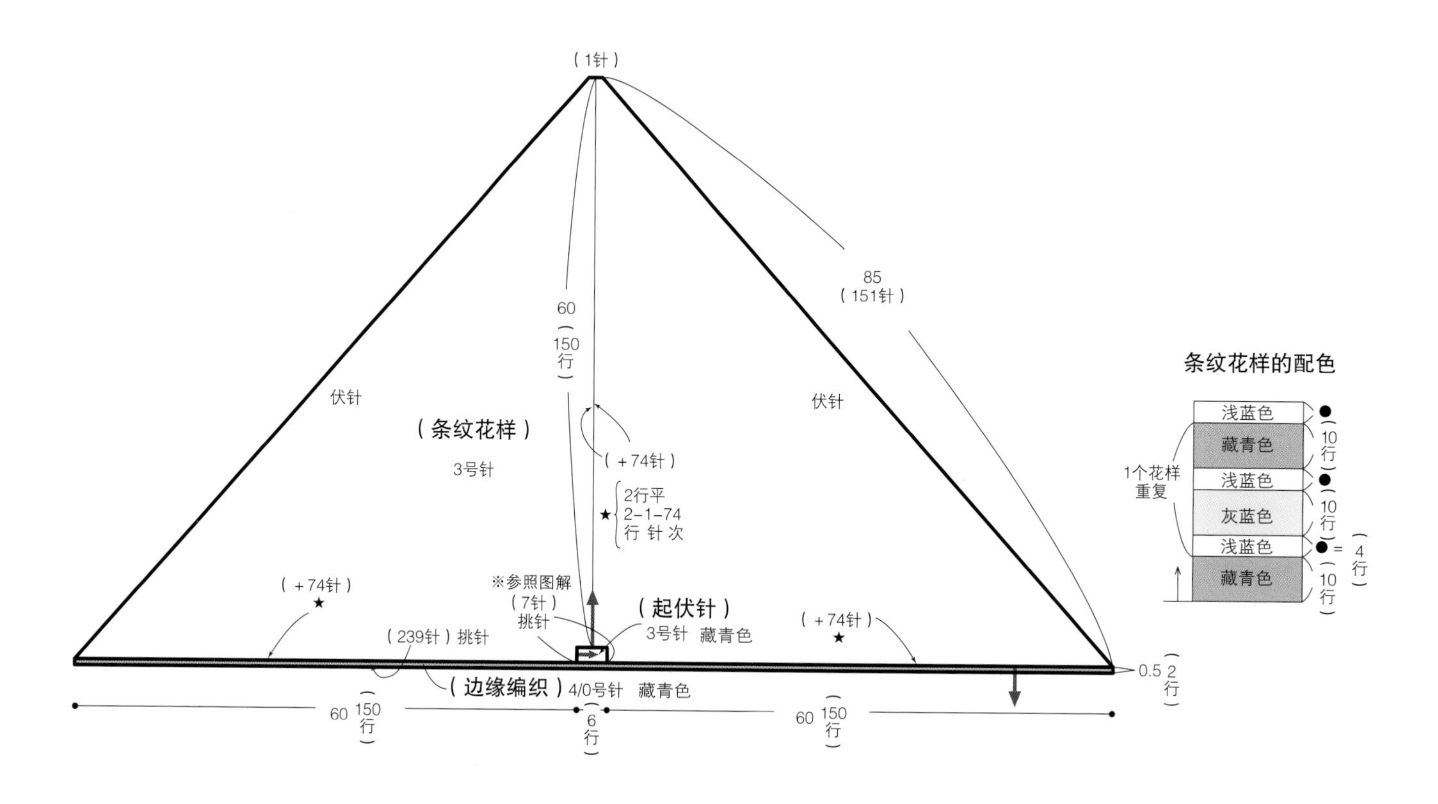

p.10 ※发带

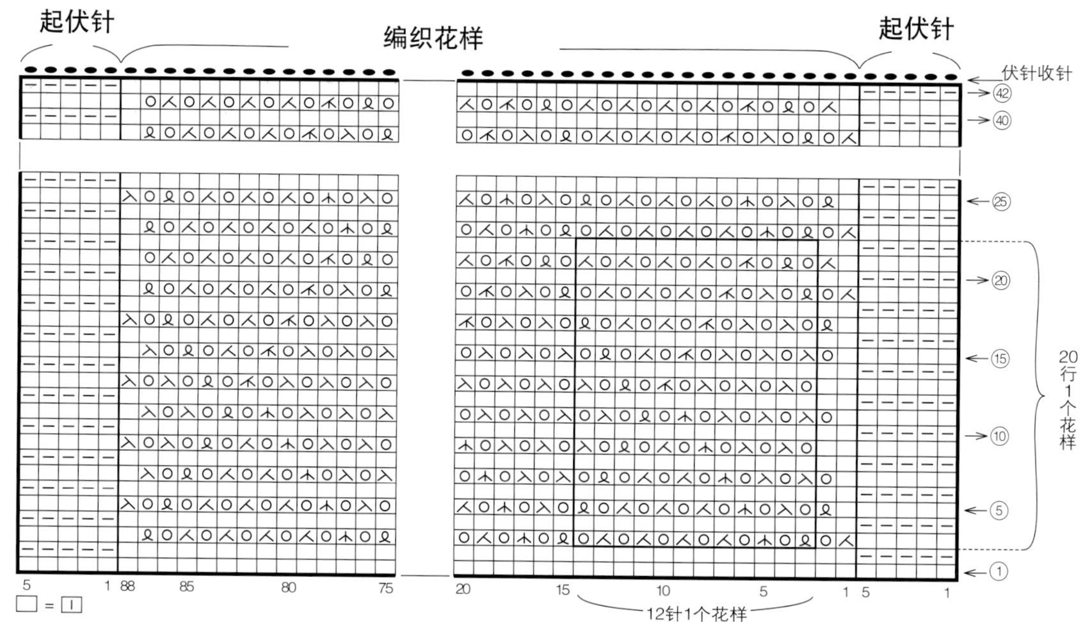

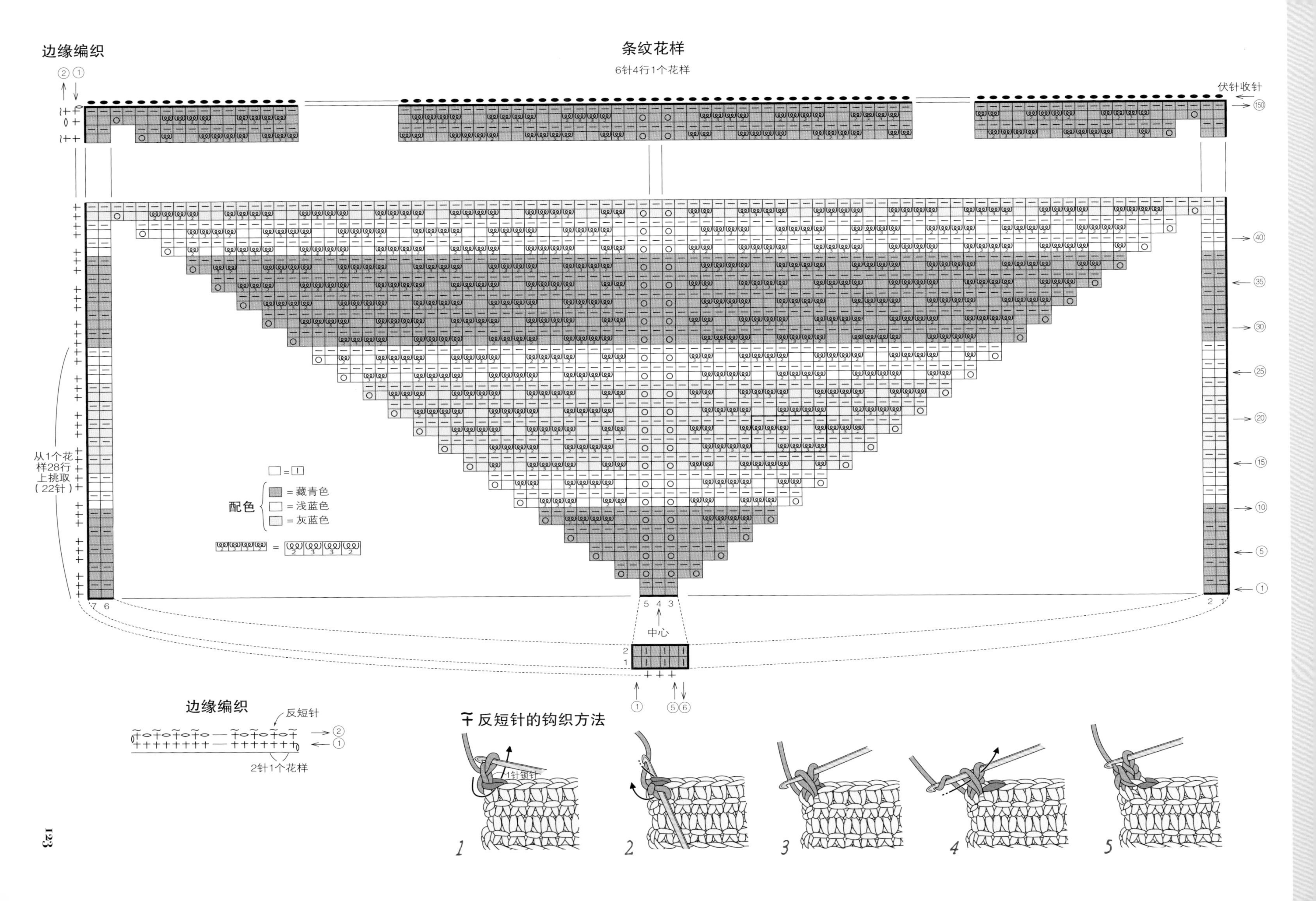
边缘编织
条纹花样
6针4行1个花样
伏针收针
从1个花样28行上挑取（22针）
配色
= 藏青色
= 浅蓝色
= 灰蓝色
中心
边缘编织
反短针
2针1个花样
反短针的钩织方法
1针锁针

p.7 ❊ 斜纹花样的披肩

材料
RICH MORE Cashmere 浅灰色(106)165g

工具
棒针5号

成品尺寸
宽46cm，长155cm

编织密度
10cm×10cm面积内：编织花样21.5针，31.5行

编织要领
使用p.78的花样169。
手指挂线起针后开始编织。编织6行起伏针后，一边交替在两端编织1针滑针，一边按编织花样继续编织410行。编织花样中去掉了本来应该有的右端的2针并1针和左端的挂针，使织物斜向伸展。最后编织6行起伏针，结束时做伏针收针。

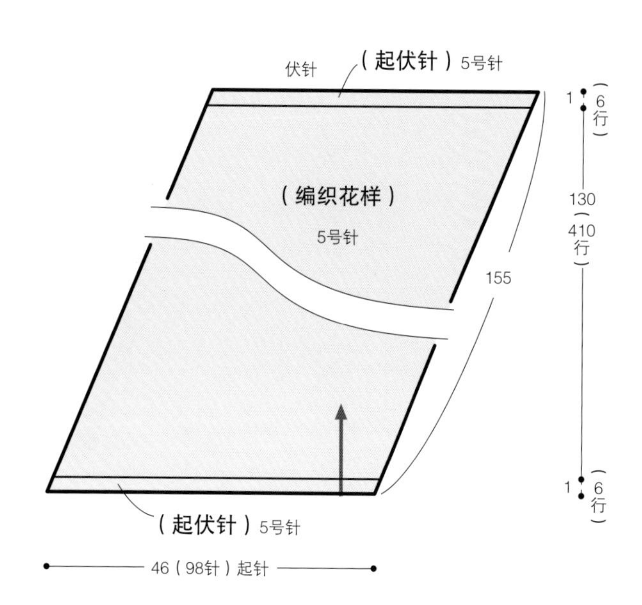

编织花样

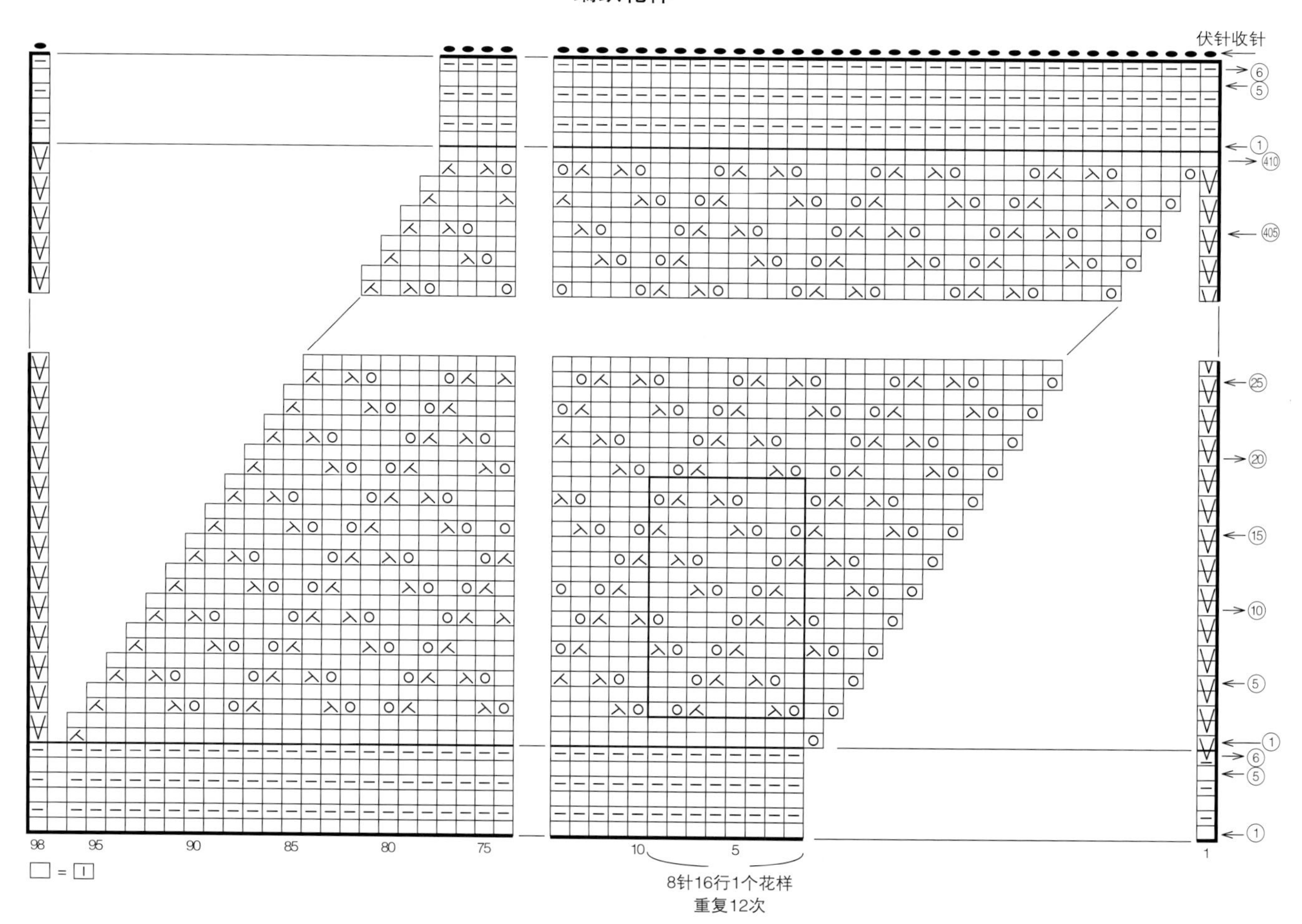

p.8 ❊ 圆形花样的露指手套

材料
芭贝 British Fine 大地色(065)25g

工具
棒针4号、2号

成品尺寸
掌围20cm，长18.5cm

编织密度
10cm×10cm面积内：下针编织25针，34行；编织花样13针5cm，30行10cm

编织要领
使用p.55的花样108。
手指挂线起针后开始编织。先环形编织双罗纹针，接着换针，按下针和编织花样继续编织，并在拇指位置编入另线。再次换针后编织起伏针，结束时一边编织上针一边做伏针收针。拇指部分拆开另线挑取针目后环形编织下针，结束时做伏针收针。

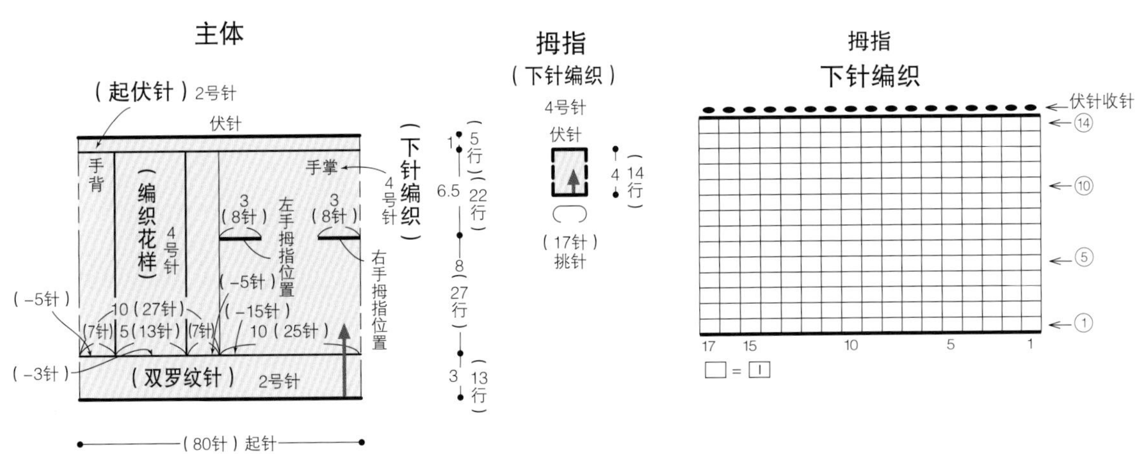

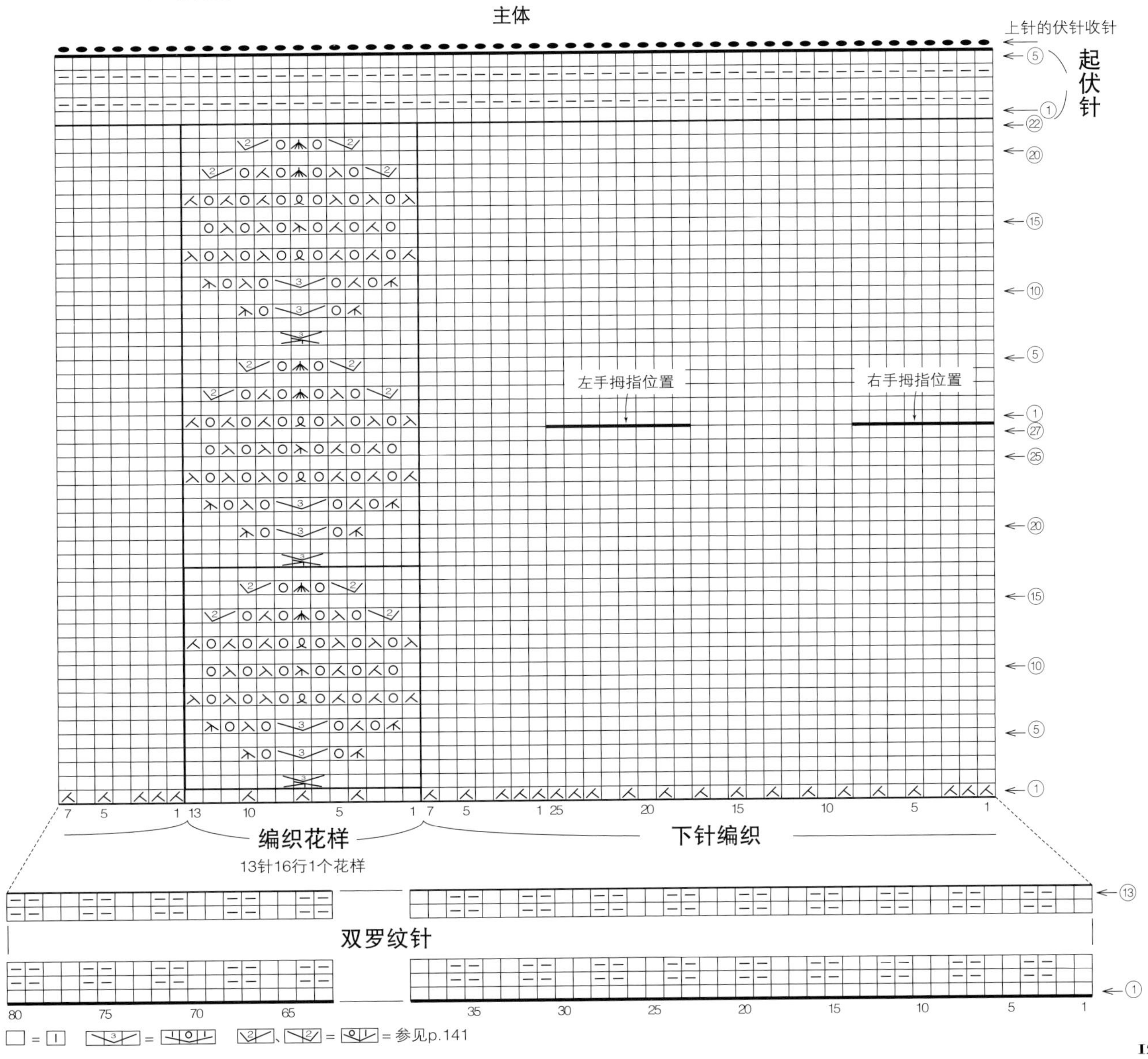

p.9 ❊ 短款围脖

材料
RICH MORE Kaunis 深褐色段染（11）40g

工具
棒针11号

成品尺寸
颈围55cm，宽15cm

编织密度
10cm×10cm面积内：编织花样15针，27行

编织要领
使用p.101的花样236。
共线锁针起针后开始按编织花样环形编织，结束时做伏针收针。

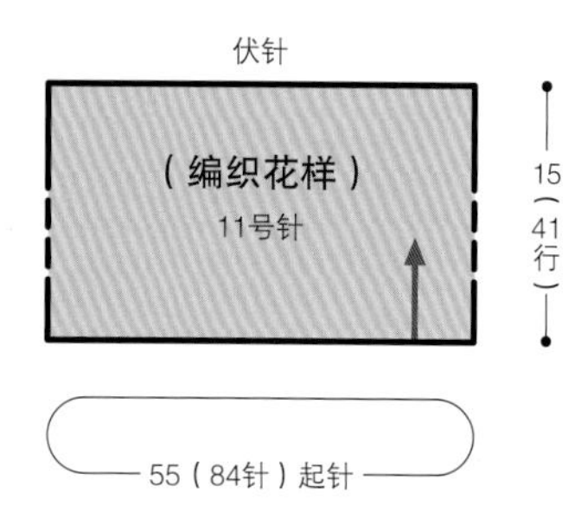

编织花样

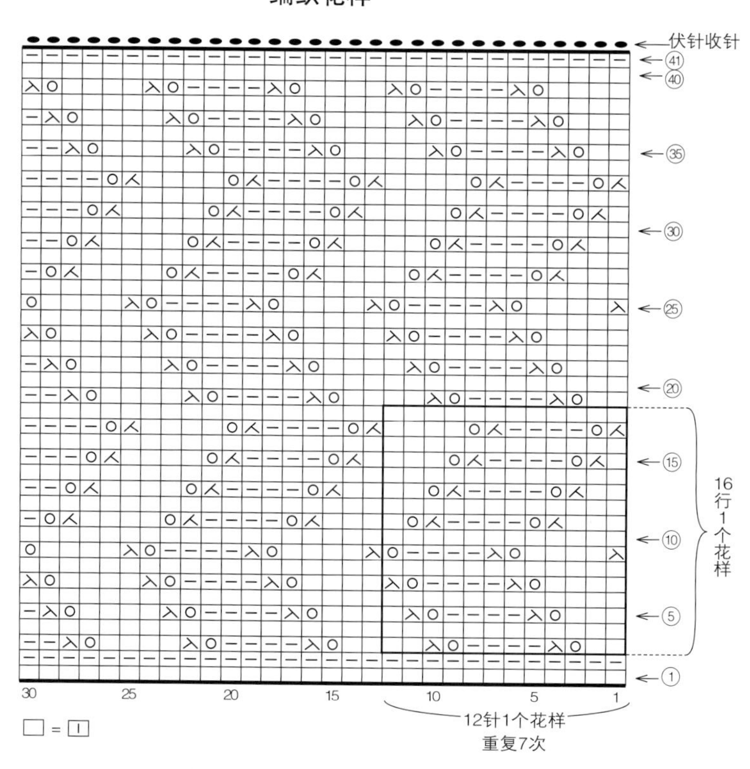

p.13 ❊ 马海毛三角形披肩

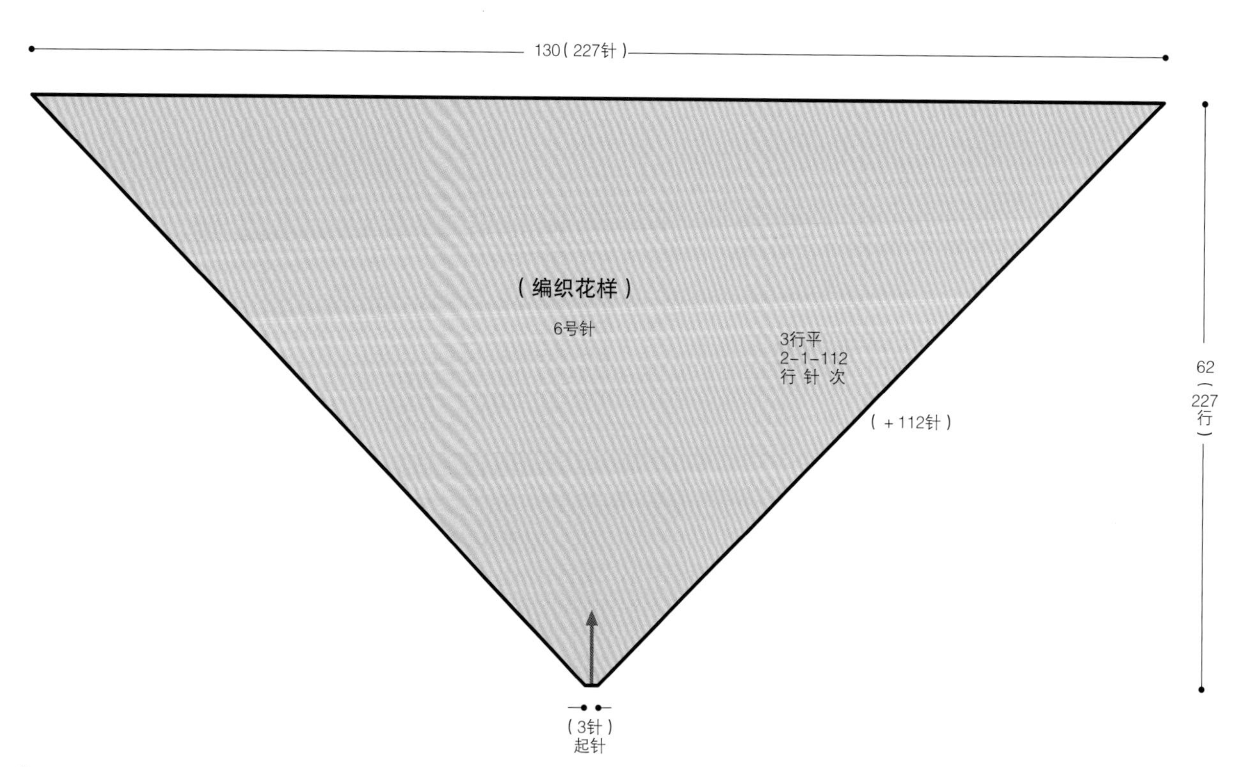

p.13 ✻ 马海毛三角形披肩

材料
和麻纳卡 Alpaca Mohair Fine 薰衣草色(23)100g

工具
棒针6号

成品尺寸
宽130cm，长62cm

编织密度
10cm×10cm面积内：编织花样17.5针，36.5行

编织要领
使用p.34的花样51。
手指挂线起针后按编织花样编织。参照符号图，右端和左端都是先挂针加针再编织，最后一行例外。编织结束时，从反面做伏针收针。

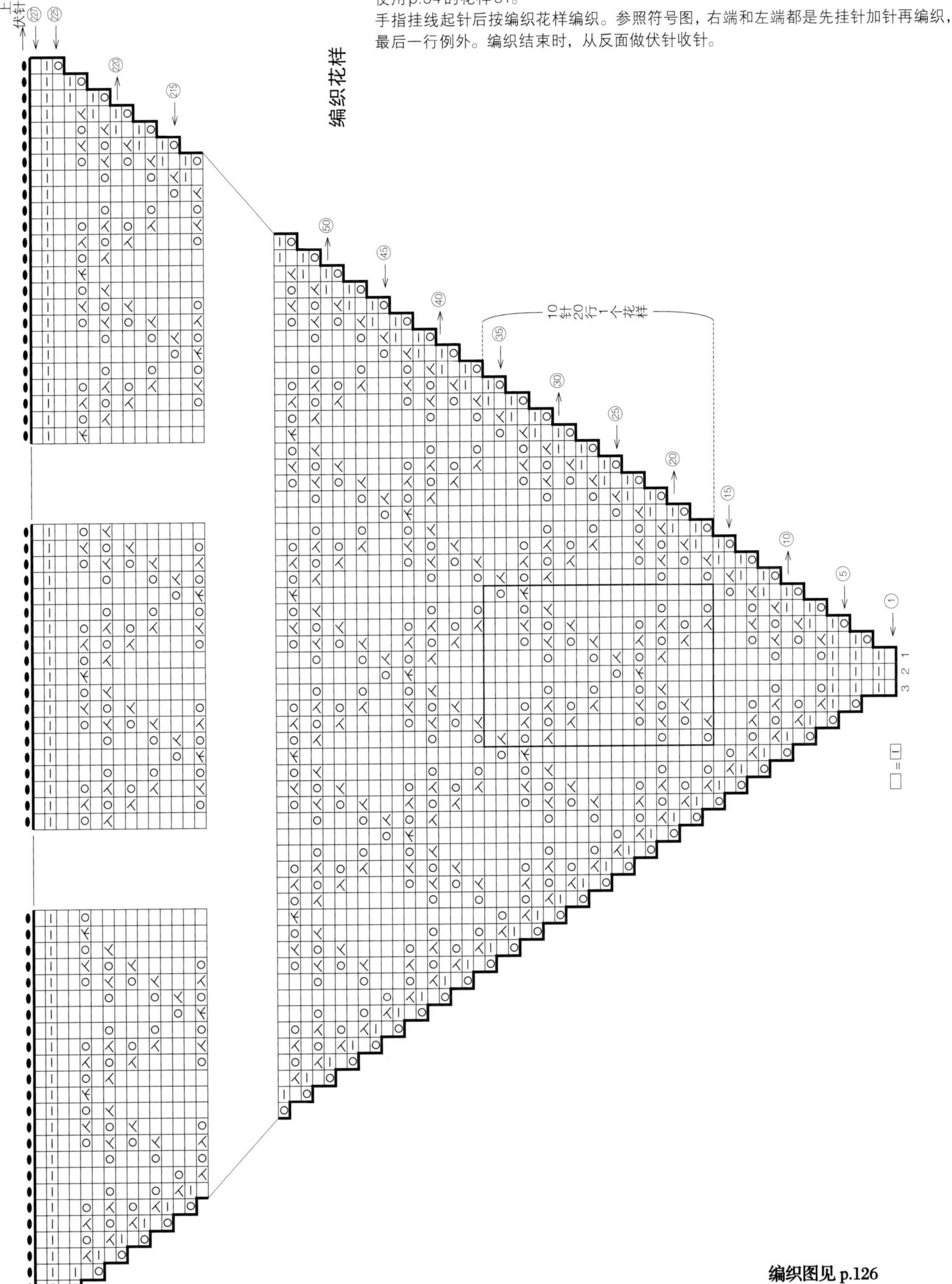

编织图见 p.126

p.10 ※ 帽子

材料
芭贝 British Eroika 浅蓝色系混染(188)75g

工具
棒针10号、8号

成品尺寸
头围50cm，帽深25cm

编织密度
10cm×10cm面积内：编织花样17.5针，24行

编织要领
使用p.79的花样174。
手指挂线起针后开始编织。先环形编织5行单罗纹针，接着换针，按编织花样继续编织。帽顶参照图解分散减针。编织结束时在最后一行的针目里穿2次线后收紧。

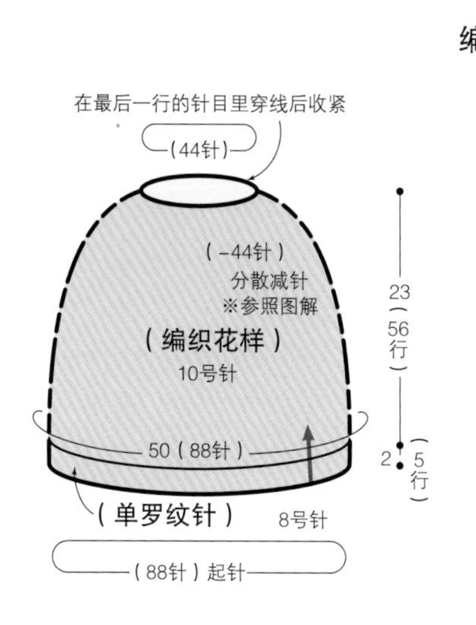

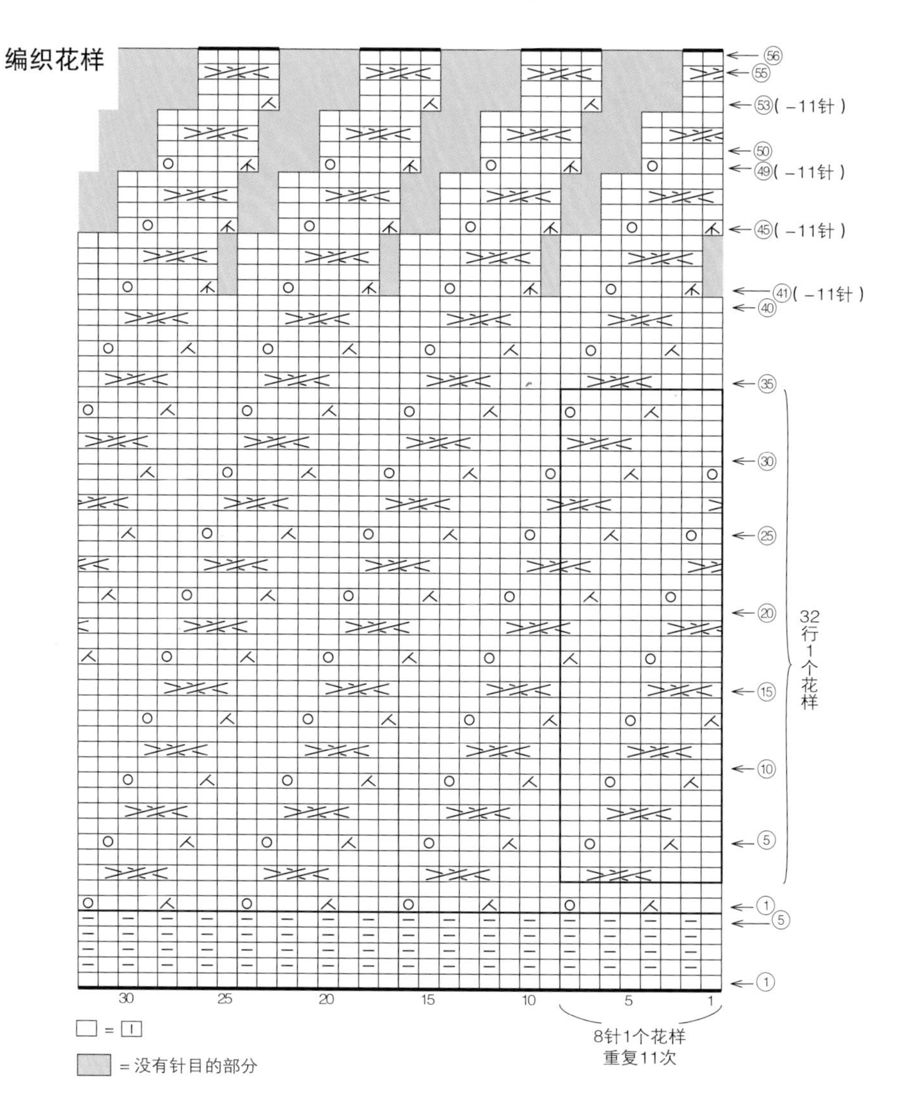

p.11 ❊ 真丝棉护臂手套

材料
RICH MORE Silk Cotton Fine 黑色（12）60g

工具
棒针5号

成品尺寸
掌围20cm，长38cm

编织密度
10cm×10cm面积内：编织花样22.5针，34行

编织要领
使用p.83的花样186。
共线锁针起针后按编织花样环形编织。编织105行后留出拇指位置。将指定位置的针目编织伏针，下一行从预先编织好的共线锁针上挑针继续编织。编织结束时，做下针织下针、上针织上针的伏针收针。

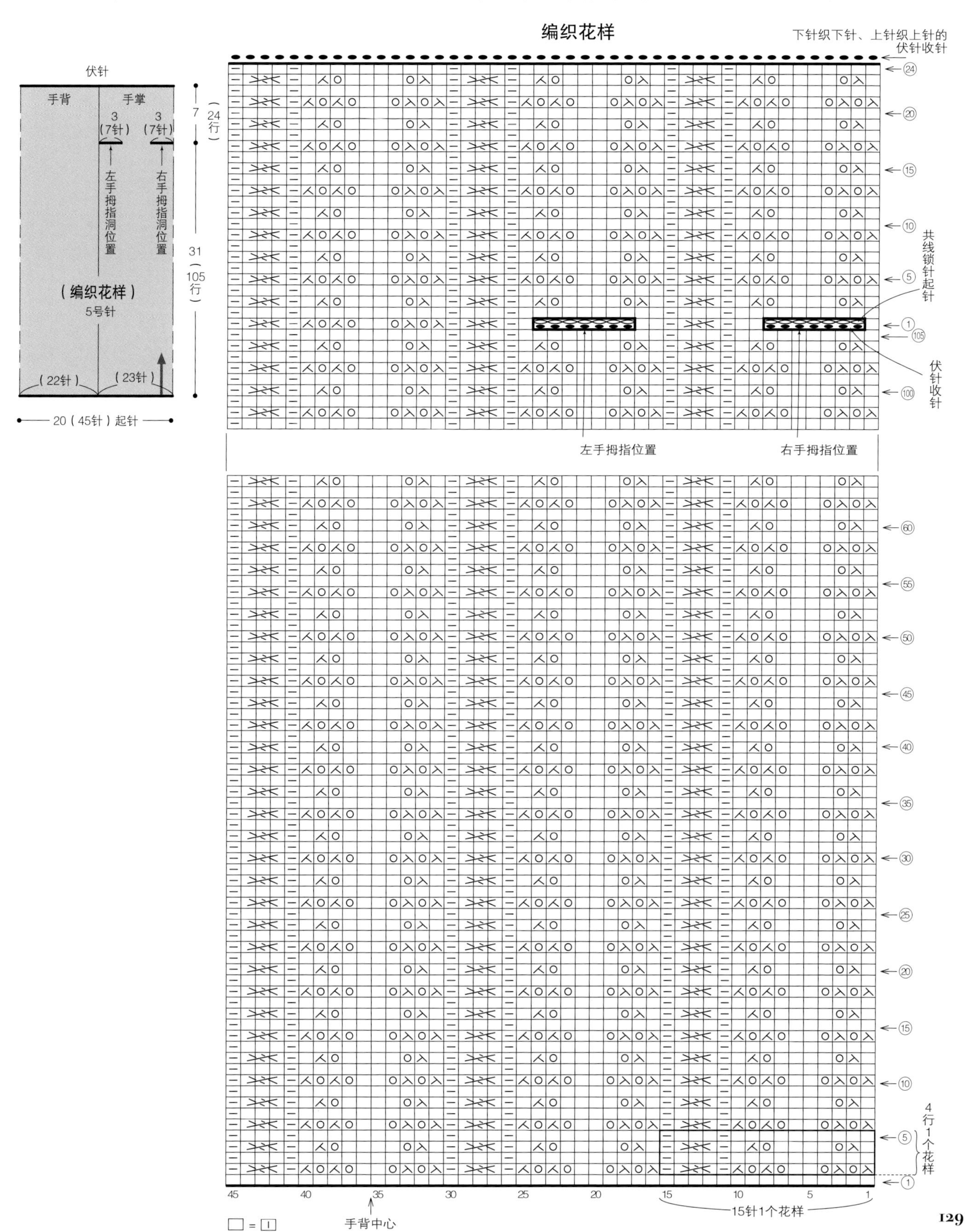

p.12 ❊ 竖条纹花样披肩

材料
MADE条纹花样TOSH Tosh Merino Light 蓝绿色(246 Nassau Blue)200g

工具
棒针4号

成品尺寸
宽40cm，长142cm

编织密度
10cm×10cm面积内：编织花样25针，31.5行

编织要领
使用p.82的花样182。
共线锁针起针后开始编织。先编织4行起伏针，接着两端编织起伏针，中间按编织花样编织。编织花样在正面行和反面行都要做相同的操作，结束时再编织5行起伏针，最后从反面做伏针收针。

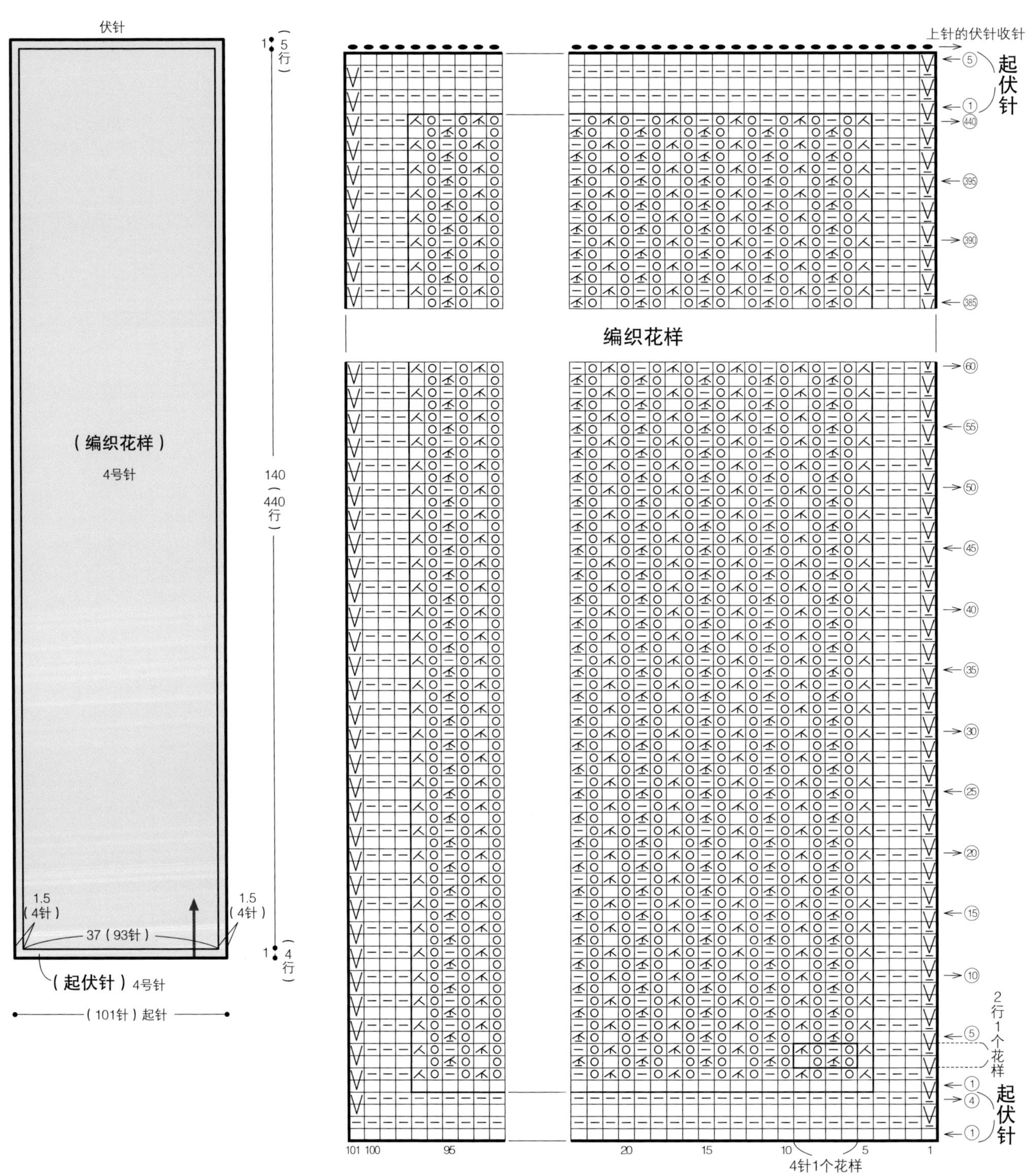

针法符号的编织方法

下面介绍的是本书花样使用的编织针法说明。
针数和行数可能与实际编织时的花样不同，
请根据需要灵活应用。

a	花样 **34**（p.27）	带亮片的极细毛线和含金属亮丝的中细毛线合成的 2 股线
b	花样 **95**（p.50）	含金属亮丝的真丝细线
c	花样 **139**（p.67）	粗毛线
d	花样 **159**（p.74）	中粗棉线
e	花样 **30**（p.25）	中粗麻线
f	花样 **68**（p.40）	极粗毛线
g	花样 **96**（p.51）	粗毛线
h	花样 **193**（p.87）	粗毛线和极细马海毛线合成的 2 股线
i	花样 **260**（p.109）	2 股极细马海毛线

下针

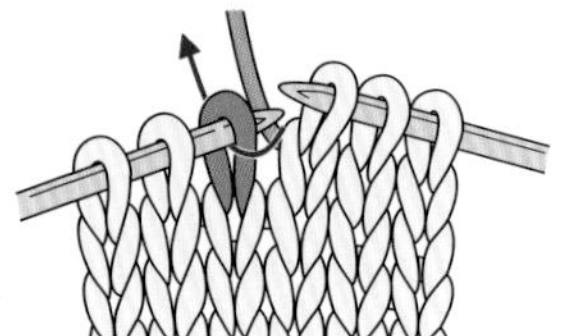

1 将线放在织物的后面，从前面插入右棒针。

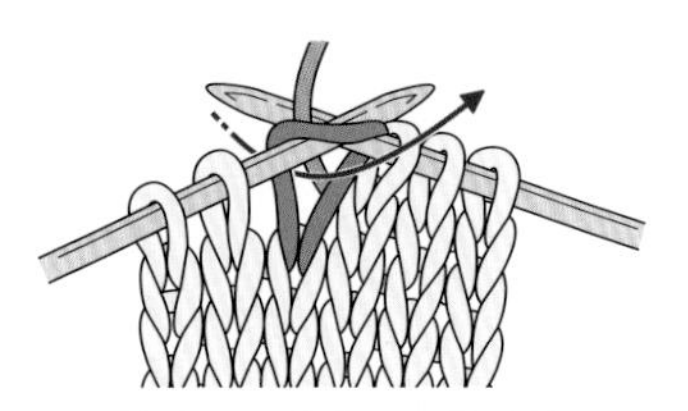

2 挂线，如箭头所示将线拉出至前面。

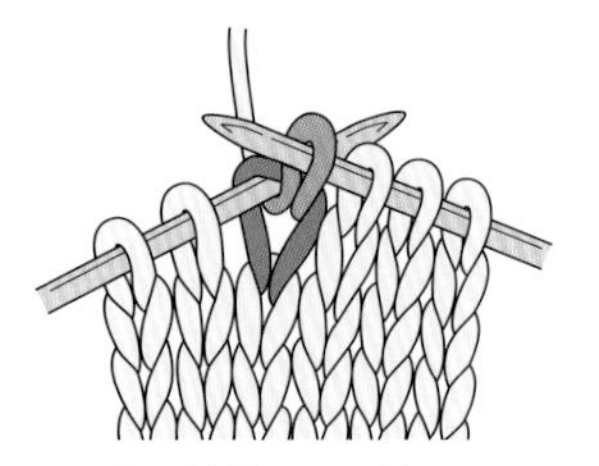

3 从左棒针上取下针目。

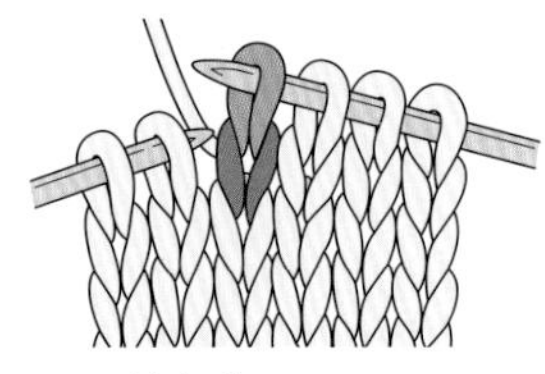

4 下针完成。

上针

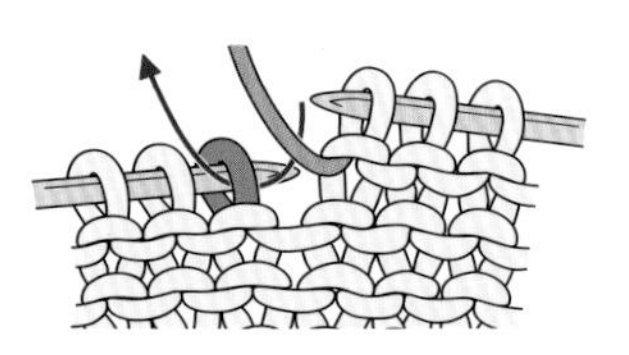

1 将线放在织物的前面，如箭头所示从后面插入右棒针。

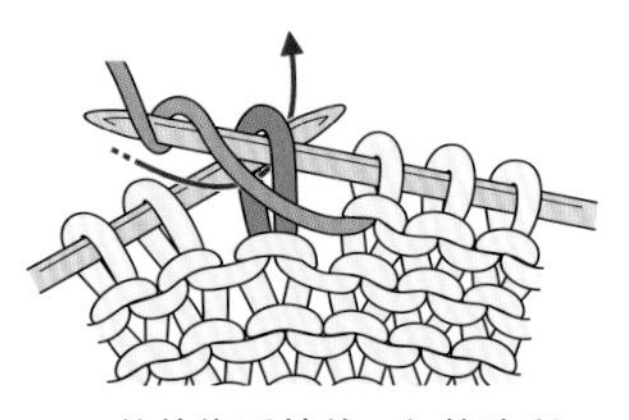

2 从前往后挂线，如箭头所示拉出。

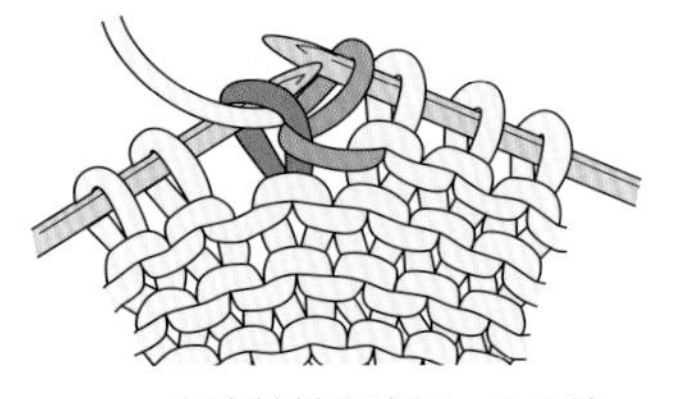

3 右棒针挑出线后，从左棒针上取下针目。

4 上针完成。

挂针

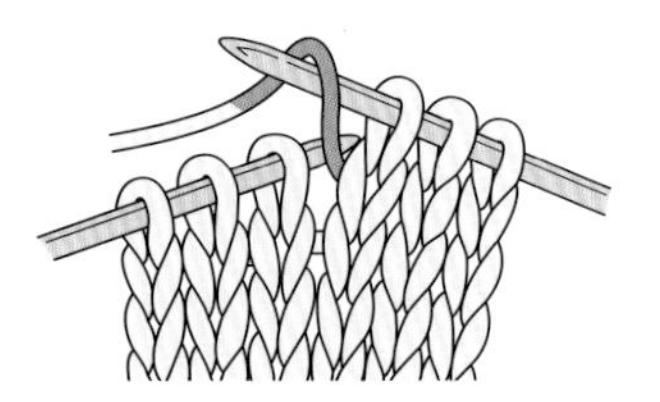

1 从前往后将线挂在右棒针上。这就是挂针。

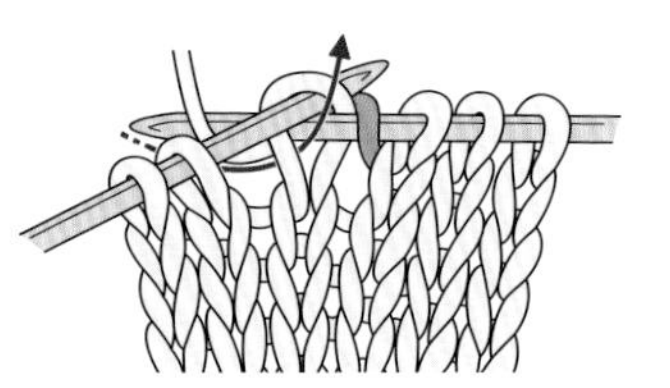

2 编织下一针。

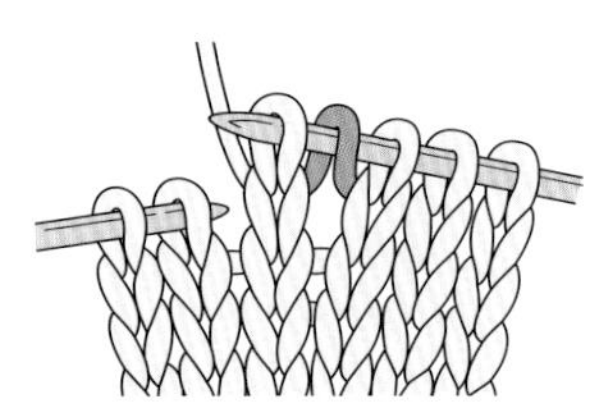

3 在 2 个针目之间完成 1 针挂针。

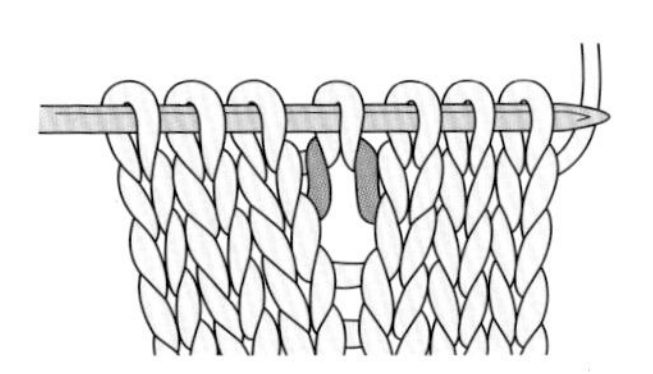

4 编织下一行后从正面看到的状态。

扭针

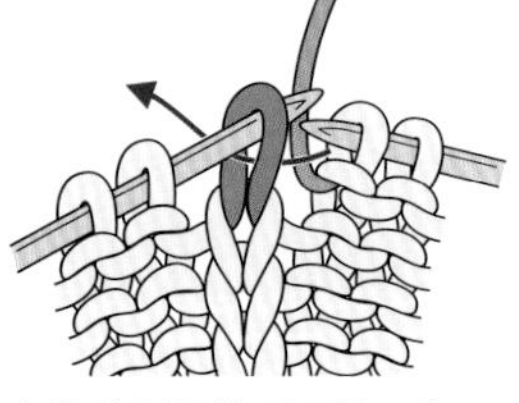

1 如箭头所示从后面插入右棒针编织下针。

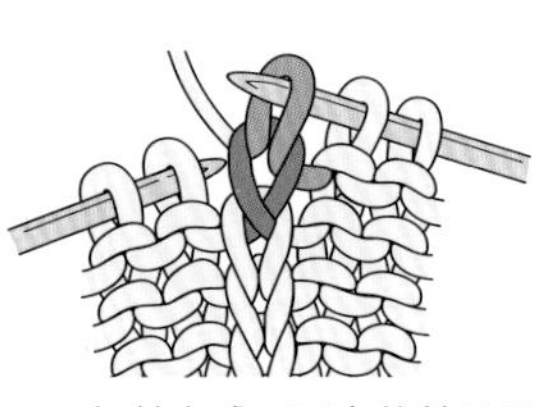

2 扭针完成。下方的针目呈扭转状态。

上针的扭针

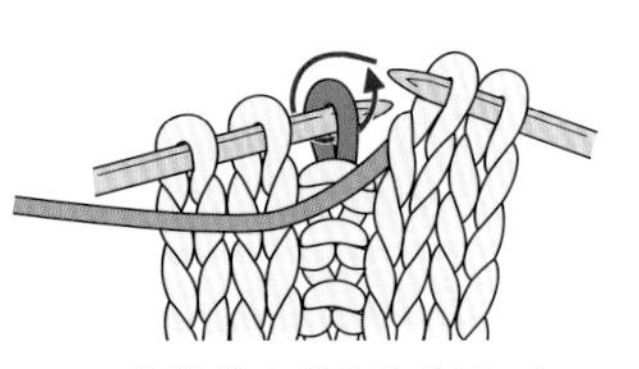

1 将线放在织物的前面，如箭头所示从后面插入右棒针编织上针。

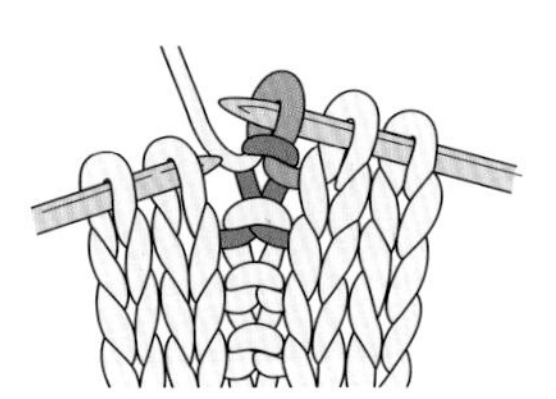

2 上针的扭针完成。下方的针目呈扭转状态。

扭针加针

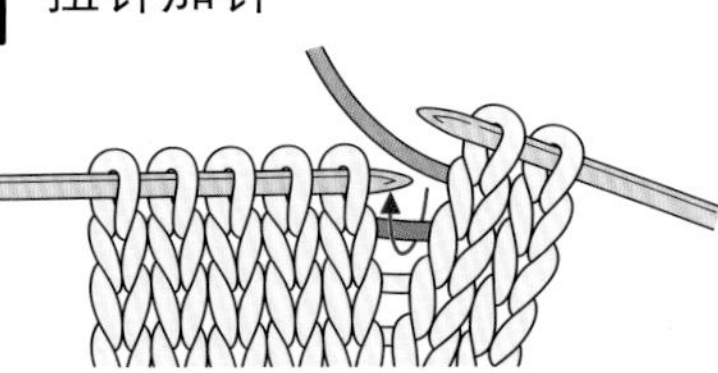

1 如箭头所示，在针目与针目之间的渡线里插入右棒针。

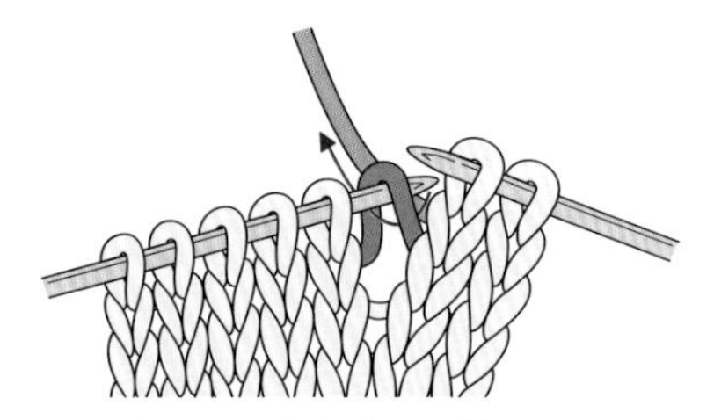

2 将步骤 1 的渡线挑上来挂在左棒针上，如箭头所示插入右棒针编织下针。

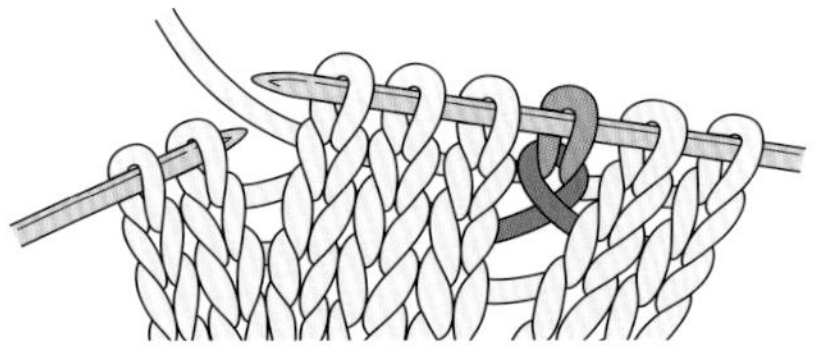

3 扭针加针完成。针目与针目之间的渡线呈扭转状态。

右上 2 针并 1 针

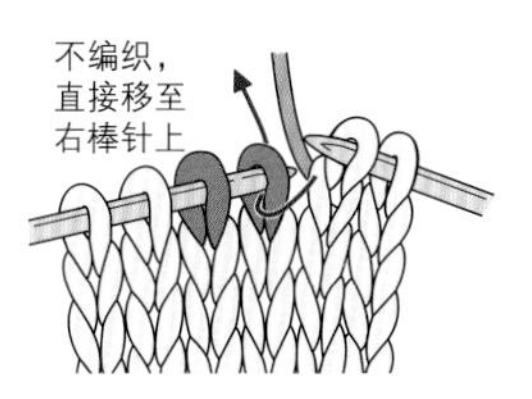

1 如箭头所示从前面插入右棒针，不编织，将针目移至右棒针上。

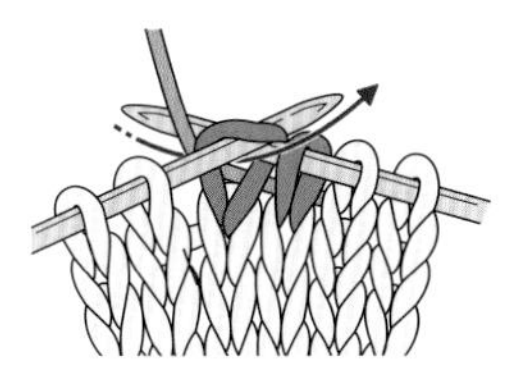

2 在下一针里编织下针。

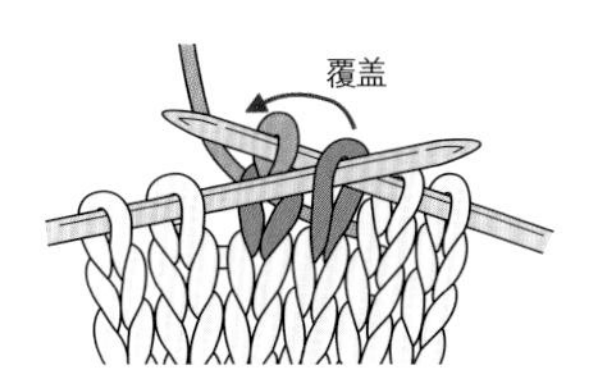

3 在移过去的针目里插入左棒针，将其覆盖在刚才编织的针目上。

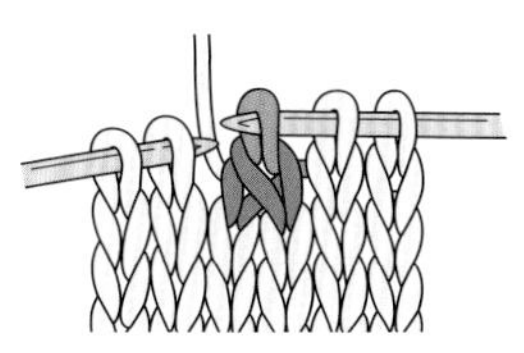

4 右上 2 针并 1 针完成。

右上 2 针并 1 针（改变针目方向的编织方法）

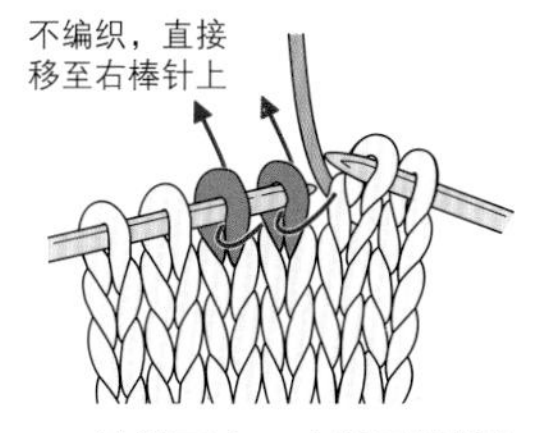

1 从前面在 2 个针目里插入右棒针，不编织，依次将针目移至右棒针上。

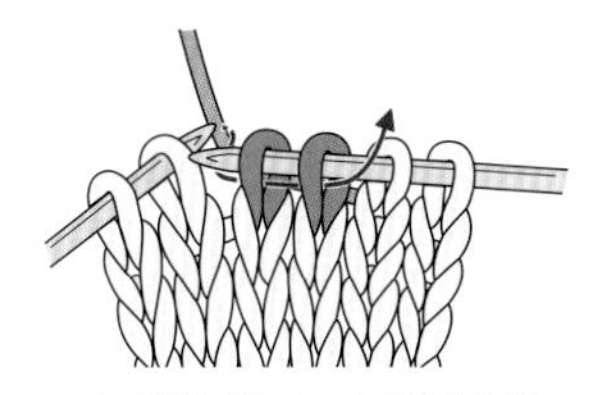

2 如箭头所示，在移过去的 2 针里插入左棒针。

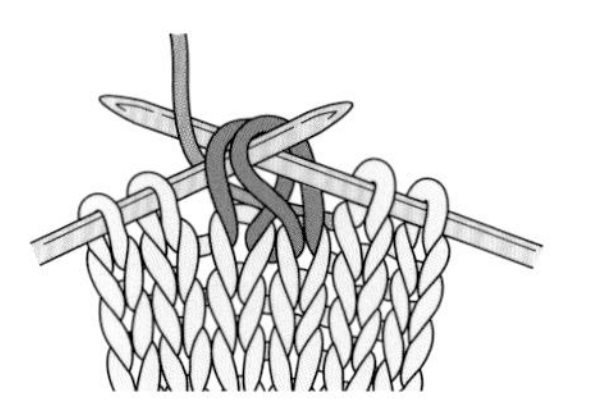

3 在右棒针上挂线并拉出。

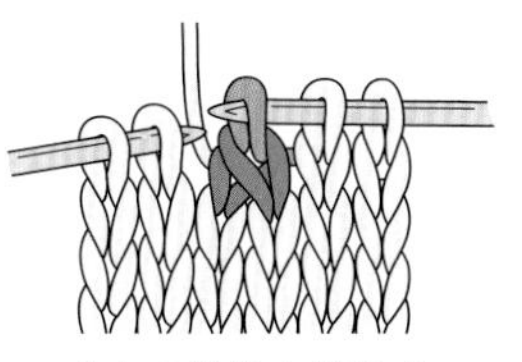

4 右上 2 针并 1 针完成。

左上 2 针并 1 针

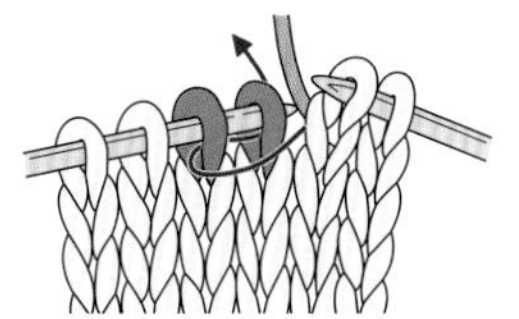

1 如箭头所示，从 2 针的左侧插入右棒针。

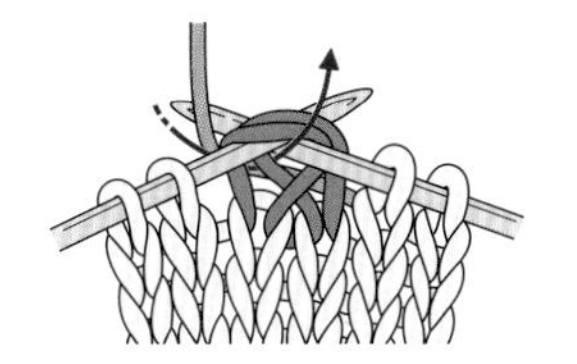

2 在针上挂线并拉出，编织下针。

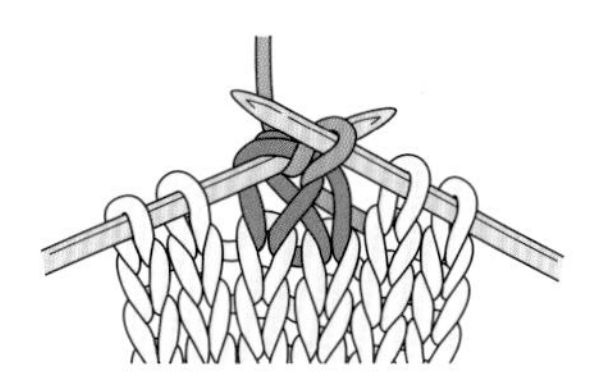

3 用右棒针挑出线后，从左棒针上取下针目。

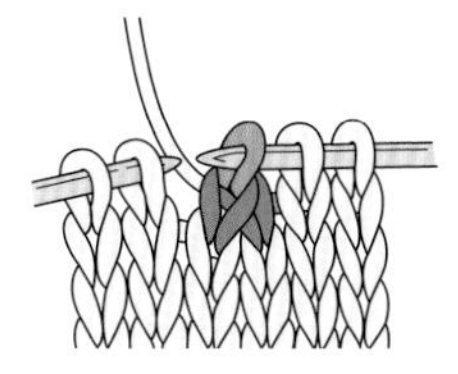

4 左上 2 针并 1 针完成。

上针的右上 2 针并 1 针

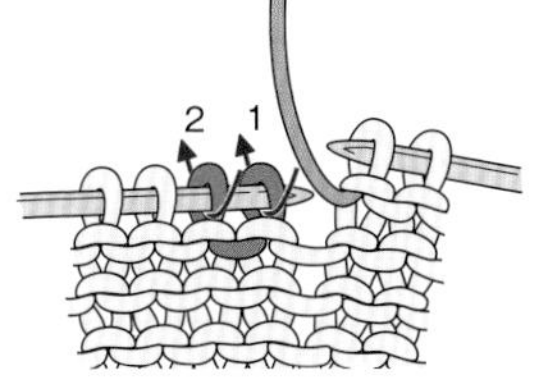

1 如箭头所示插入右棒针，依次将针目移至右棒针上。

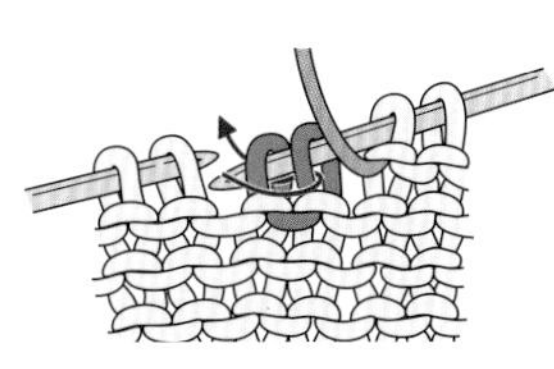

2 如箭头所示插入左棒针，移回针目。

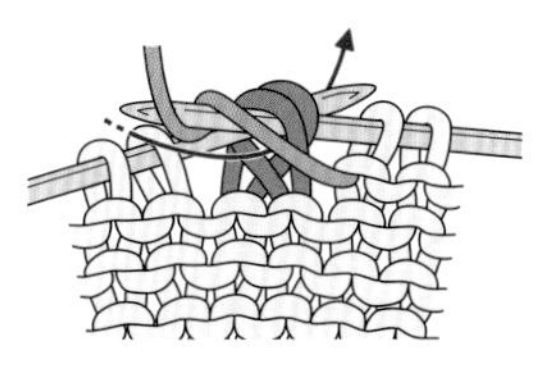

3 在 2 针里插入右棒针后挂线，编织上针。

4 上针的右上 2 针并 1 针完成。

上针的左上 2 针并 1 针

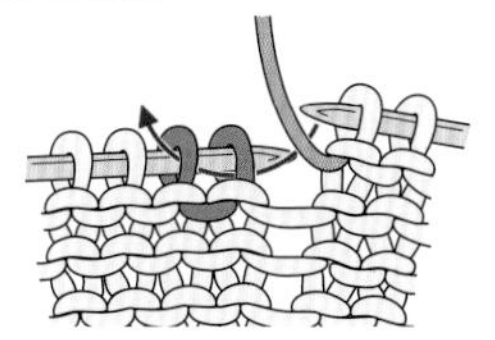

1 如箭头所示，在 2 针里插入右棒针。

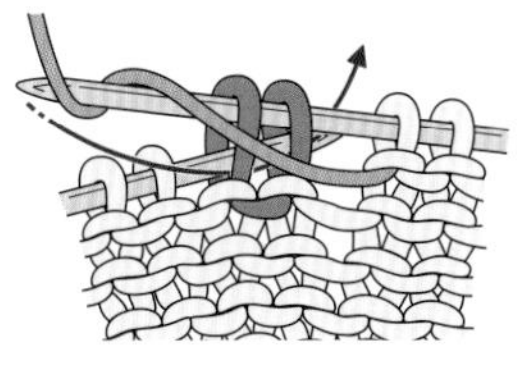

2 挂线拉出，在 2 针里一起编织上针。

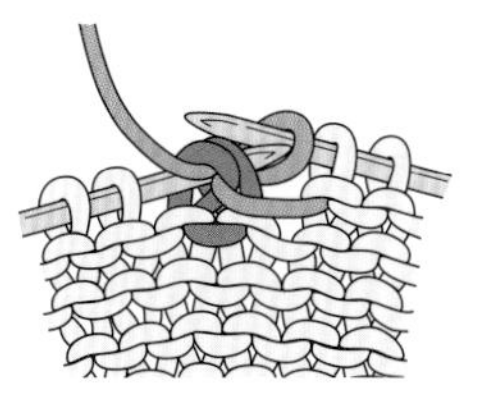

3 将线拉出后，从左棒针上取下针目。

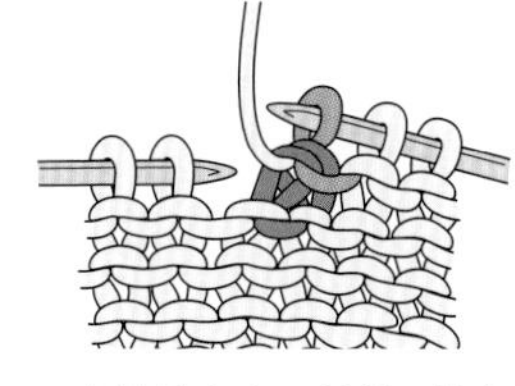

4 上针的左上 2 针并 1 针完成。

中上 3 针并 1 针

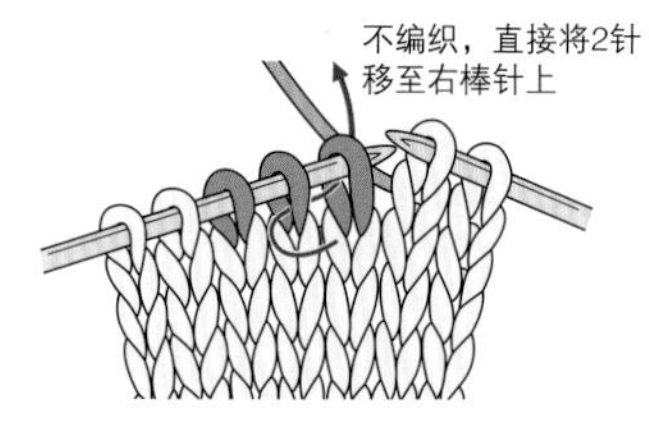

1 如箭头所示在 2 针里插入右棒针，不编织，将针目移至右棒针上。

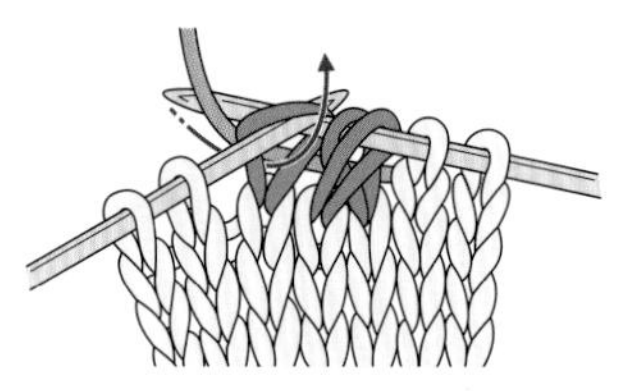

2 在第 3 针里插入右棒针将线拉出，编织下针。

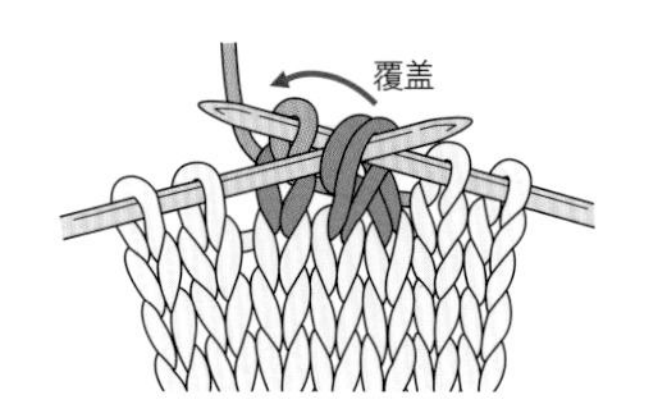

3 挑起步骤 1 移过去的 2 针，覆盖在第 3 针上。

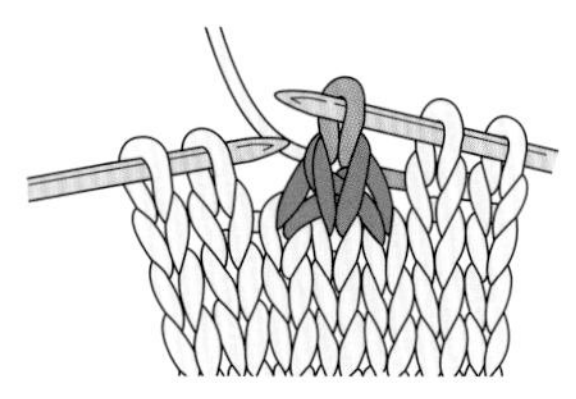

4 中上 3 针并 1 针完成。

→ 中上 3 针并 1 针（从反面编织时）

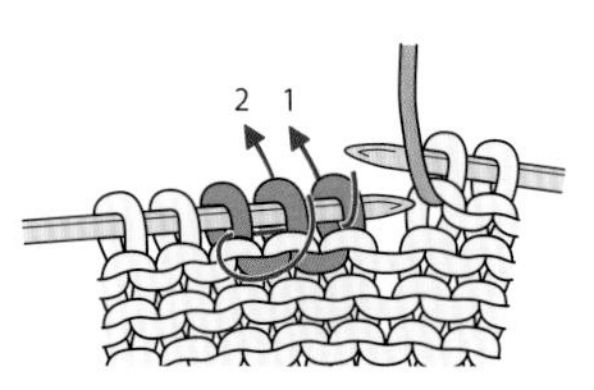

1 按 1、2 的顺序如箭头所示插入右棒针，不编织，依次将针目移至右棒针上。

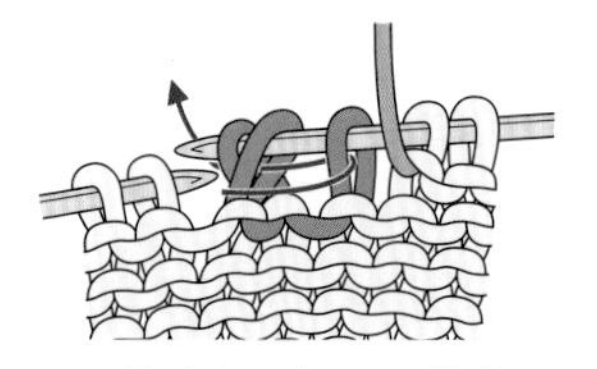

2 如箭头所示插入左棒针，移回 3 针。

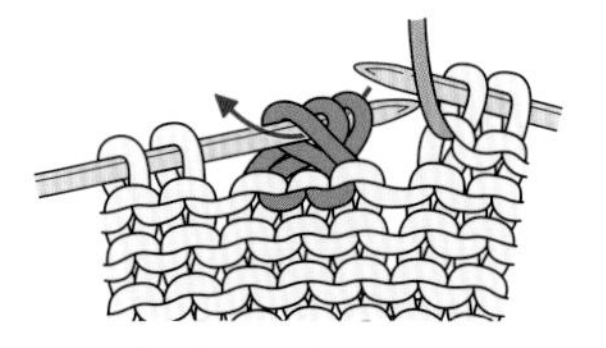

3 如箭头所示在 3 针里插入右棒针，编织上针。

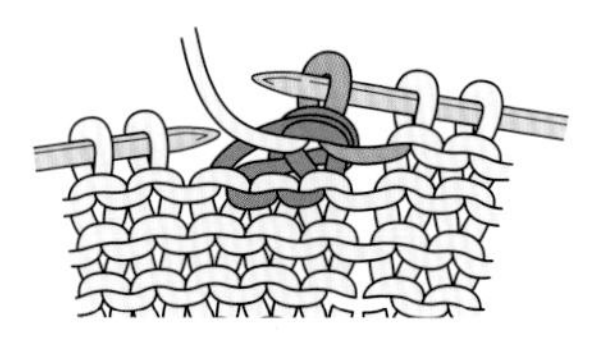

4 从正面看就是中上 3 针并 1 针。

上针的中上 3 针并 1 针

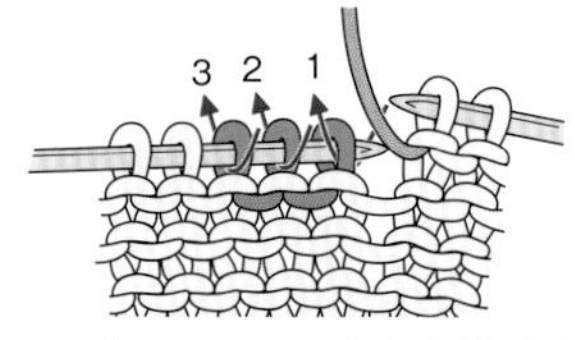

1 按 1、2、3 的顺序如箭头所示插入右棒针，不编织，依次移过针目（注意 1 的箭头方向）。

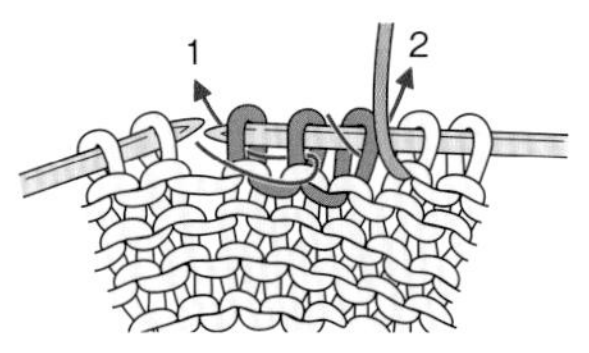

2 按 1、2 的顺序插入左棒针，移回 3 针。

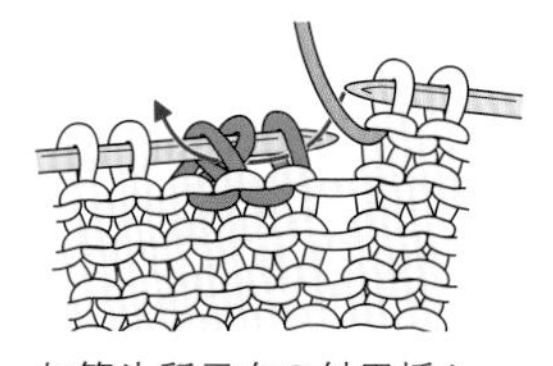

3 如箭头所示在 3 针里插入右棒针，编织上针。

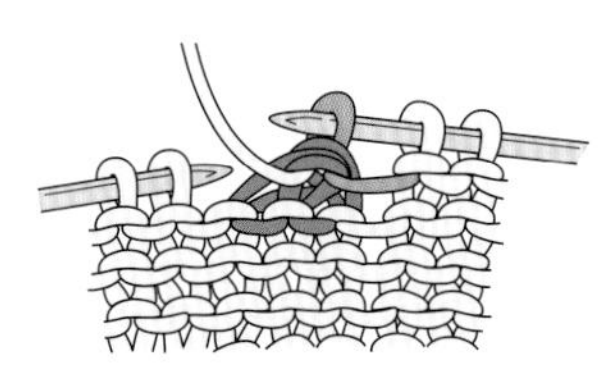

4 上针的中上 3 针并 1 针完成。

右上 3 针并 1 针

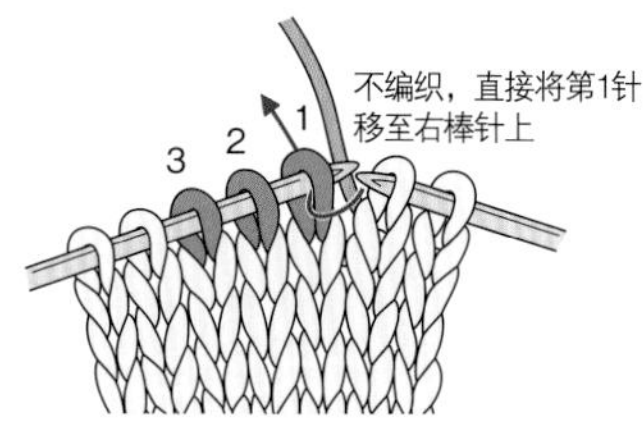

1 如箭头所示在第 1 针里插入右棒针，不编织，直接将针目移至右棒针上。

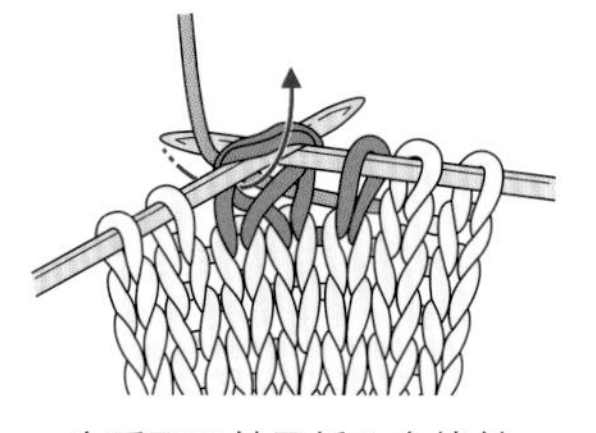

2 在后面 2 针里插入右棒针将线拉出，编织下针。

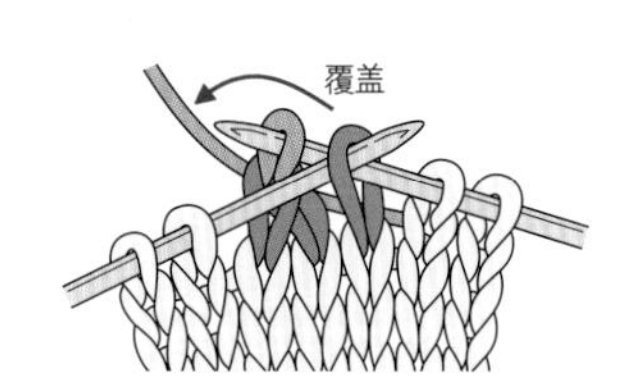

3 挑起步骤 1 移过去的针目，将其覆盖在刚才编织的针目上。

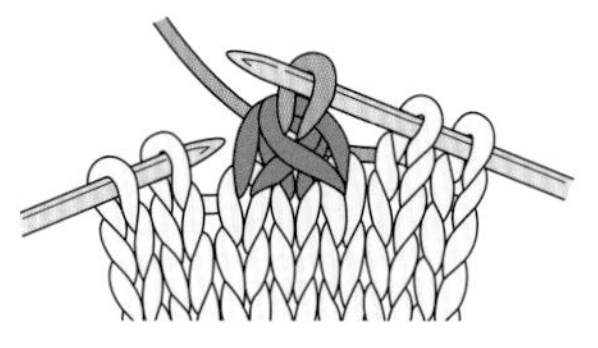

4 右上 3 针并 1 针完成。针目从前往后按 1、3、2 的顺序重叠在一起。

右上 3 针并 1 针（改变针目方向的编织方法）

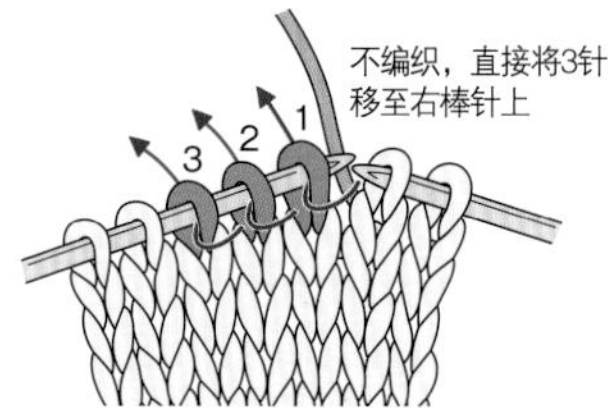

1 从前面在 3 个针目里插入右棒针，不编织，依次将针目移至右棒针上。

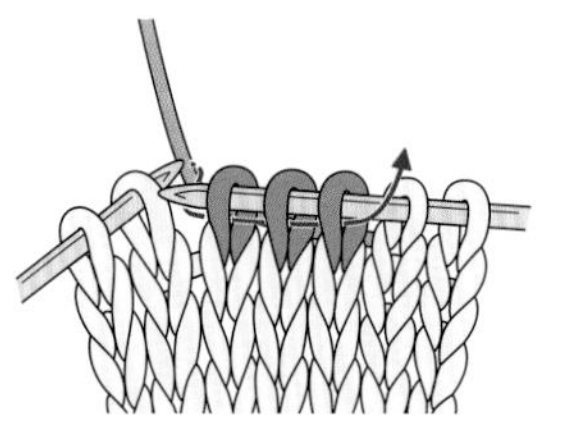

2 如箭头所示，在移过去的 3 针里插入左棒针。

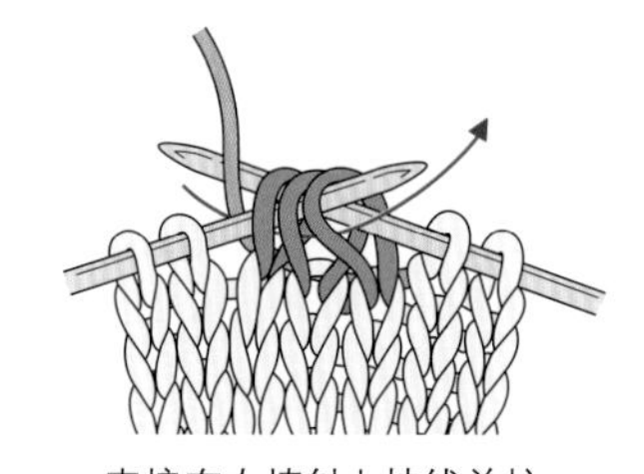

3 直接在右棒针上挂线并拉出，编织下针。

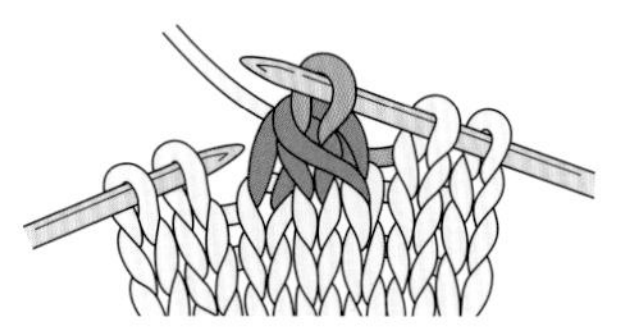

4 右上 3 针并 1 针完成。针目从前往后按 1、2、3 的顺序重叠在一起。

左上 3 针并 1 针

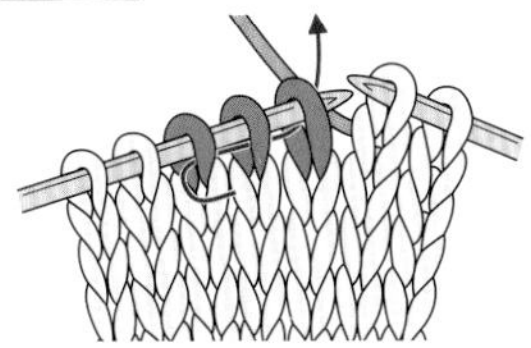

1 如箭头所示在 3 针里插入右棒针。

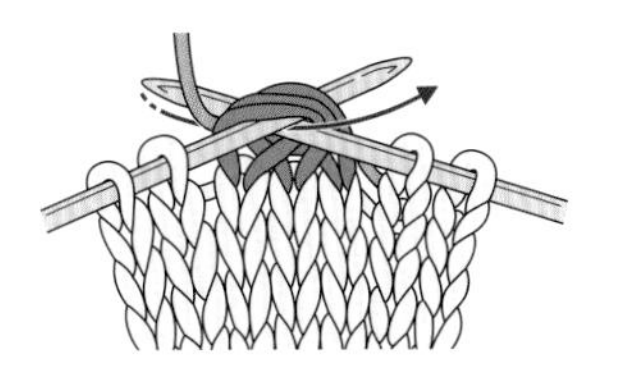

2 在右棒针上挂线并拉出，编织下针。

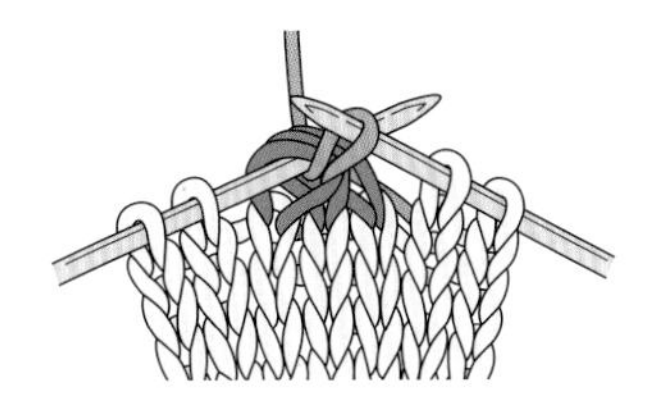

3 将线拉出后，从左棒针上取下针目。

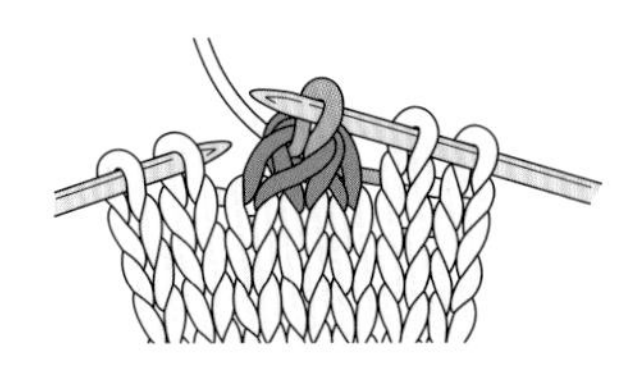

4 左上 3 针并 1 针完成。

上针的右上 3 针并 1 针

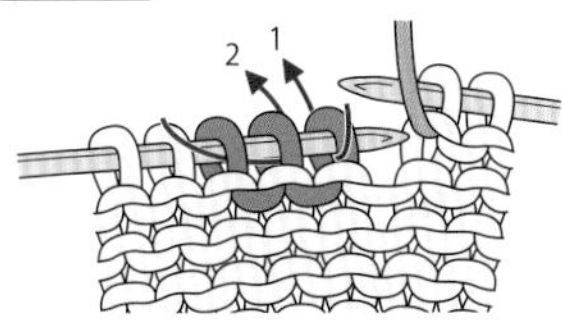

1 按 1、2 的顺序插入右棒针，不编织，直接移过 3 针至右棒针上。

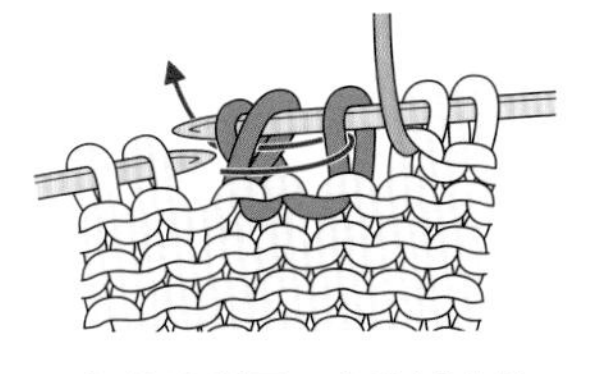

2 如箭头所示，在移过去的 3 针里插入左棒针。

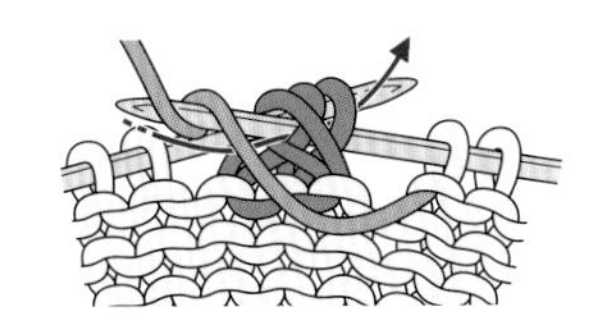

3 直接在右棒针上挂线并拉出，编织上针。

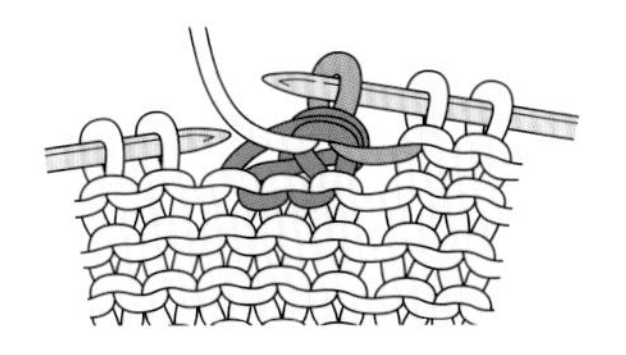

4 上针的右上 3 针并 1 针完成。

上针的左上 3 针并 1 针

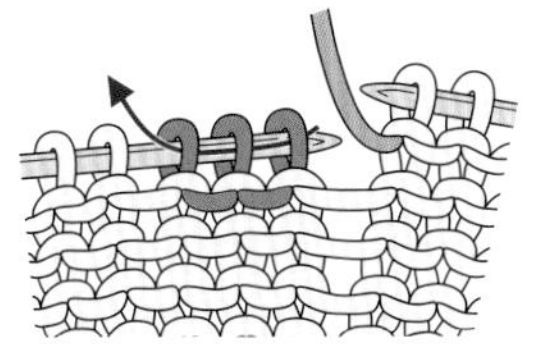

1 将线放在织物的前面，如箭头所示在 3 针里插入右棒针。

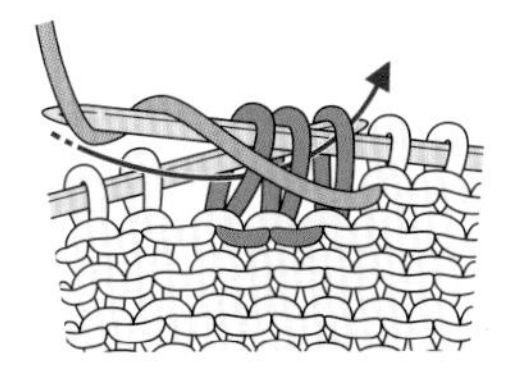

2 直接在右棒针上挂线并拉出，编织上针。

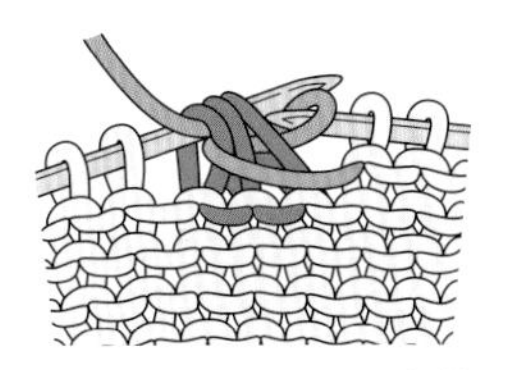

3 将线拉出后，从左棒针上取下针目。

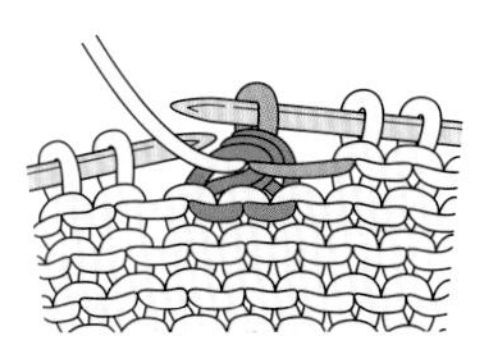

4 上针的左上 3 针并 1 针完成。

右上 4 针并 1 针

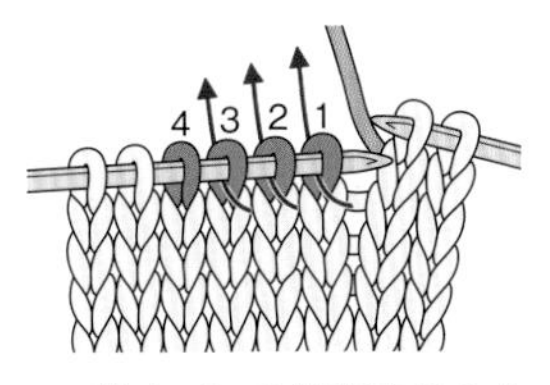

1 按 1、2、3 的顺序插入右棒针，不编织，依次将 3 针移至右棒针上。

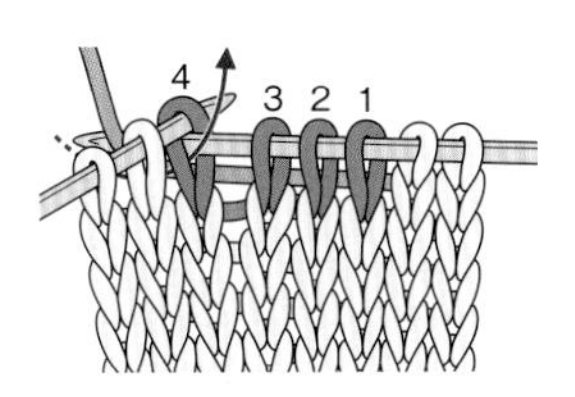

2 在第 4 针里插入右棒针，编织下针。

3 用左棒针依次挑起移至右棒针上的 3 针，覆盖在刚才编织的针目上。

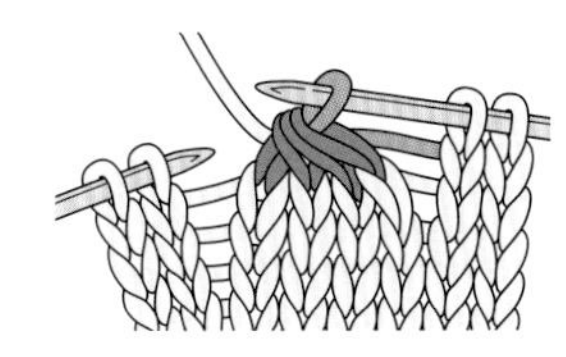

4 右上 4 针并 1 针完成。

左上 4 针并 1 针

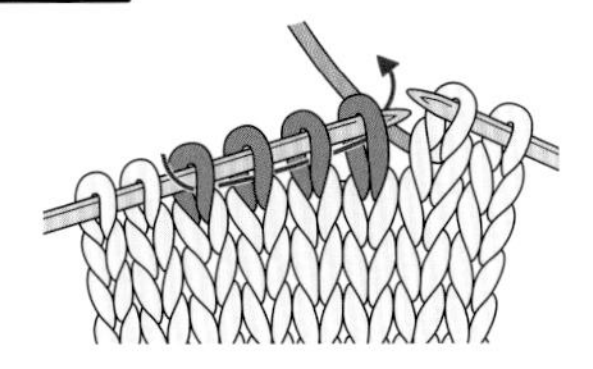

1 如箭头所示在 4 针里插入右棒针。

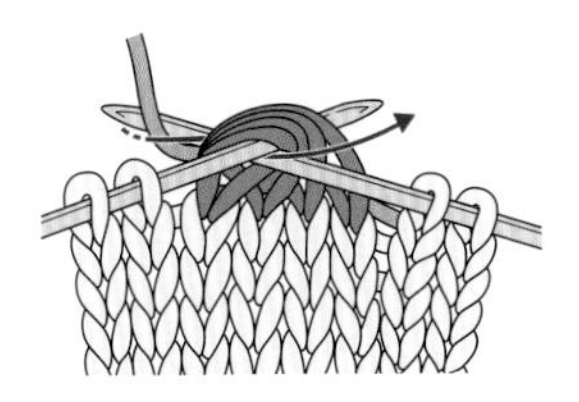

2 在右棒针上挂线并拉出，编织下针。

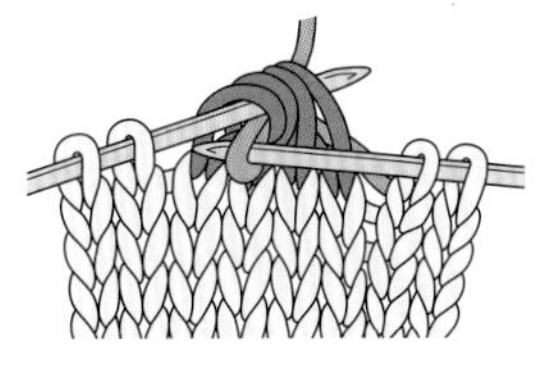

3 将线拉出后，从左棒针上取下针目。

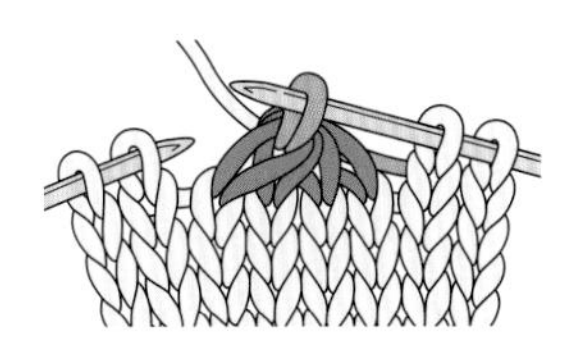

4 左上 4 针并 1 针完成。

中上 5 针并 1 针

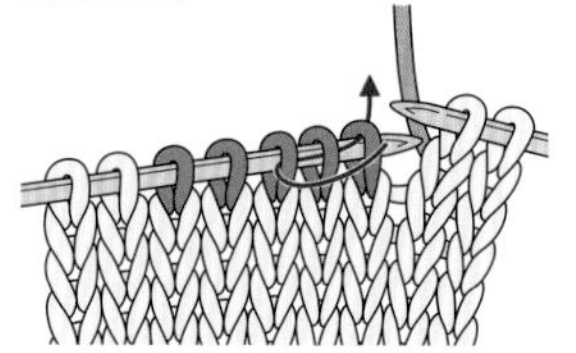

1 如箭头所示在 3 针里插入右棒针，不编织，直接将针目移至右棒针上。

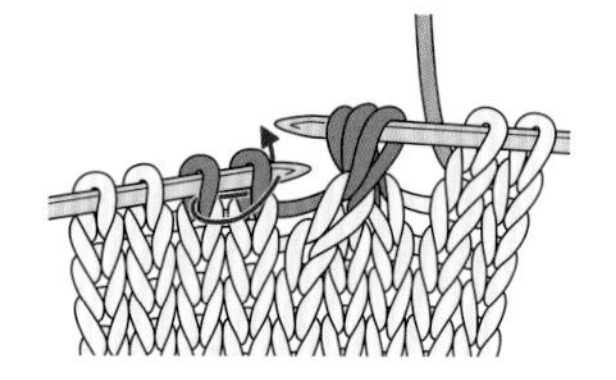

2 如箭头所示在 2 针里插入右棒针，编织下针。

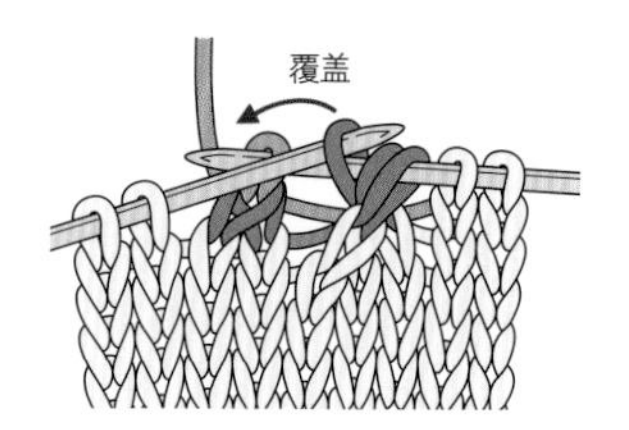

3 用左棒针依次挑起移至右棒针上的 3 针，覆盖在步骤 2 编织的针目上。

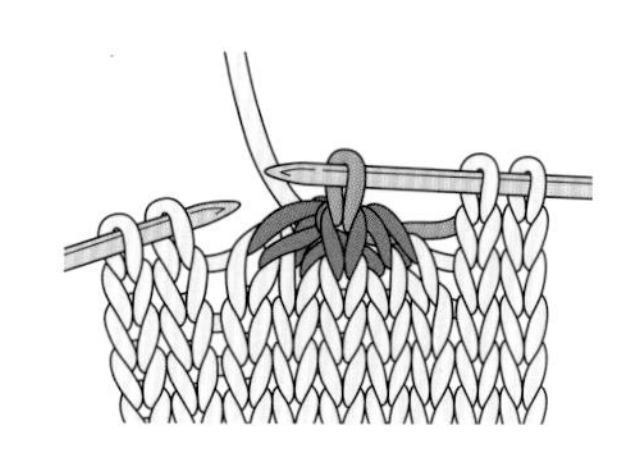

4 中上 5 针并 1 针完成。

右上 1 针交叉

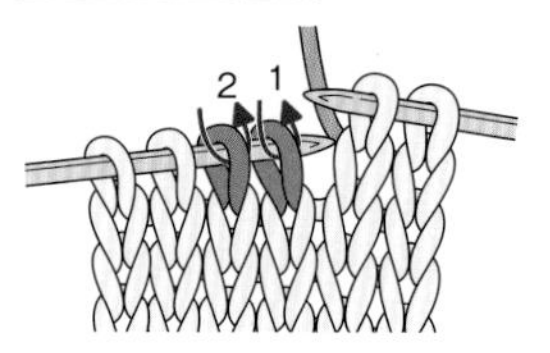

1 按 1、2 的顺序依次插入右棒针，不编织，直接将 2 针移至右棒针上。

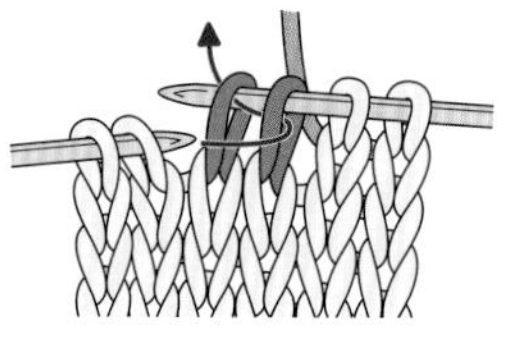

2 如箭头所示，在移过去的 2 针里插入左棒针，移回针目。

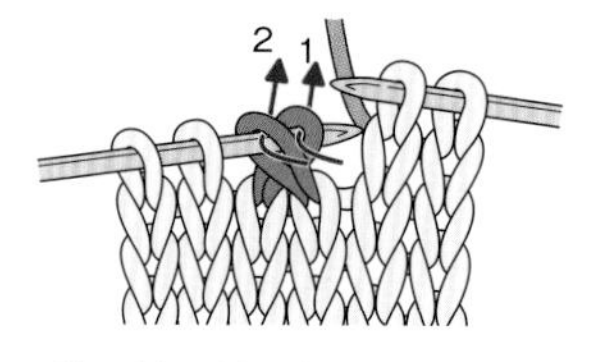

3 第 1 针和第 2 针交换了位置。如箭头所示顺序编织下针。

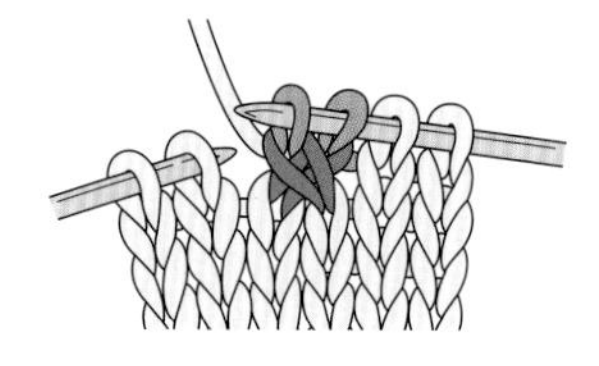

4 右上 1 针交叉完成。

左上 1 针交叉

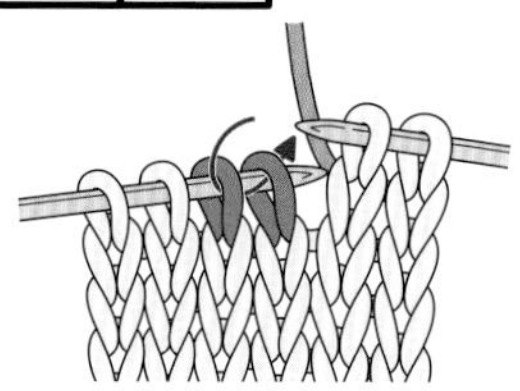

1 如箭头所示在 2 针里插入右棒针，将 2 针移至右棒针上。

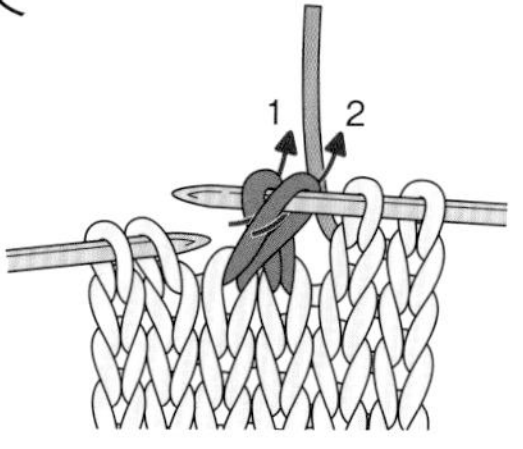

2 按 1、2 的顺序依次插入左棒针，不编织，移回 2 针。

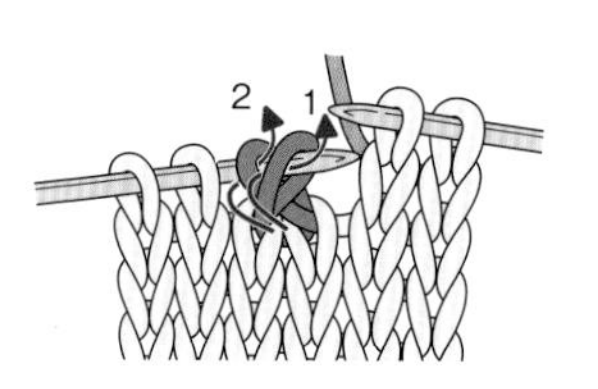

3 第 1 针和第 2 针交换了位置。如箭头所示顺序编织下针。

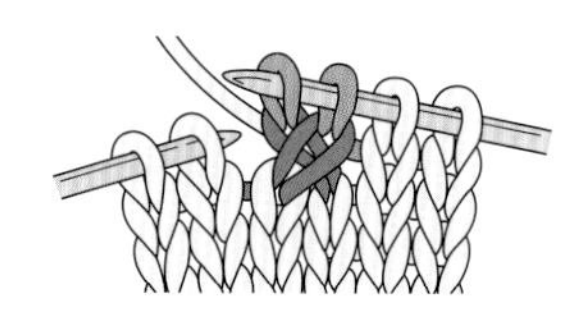

4 左上 1 针交叉完成。

右上 1 针交叉（下方为上针）

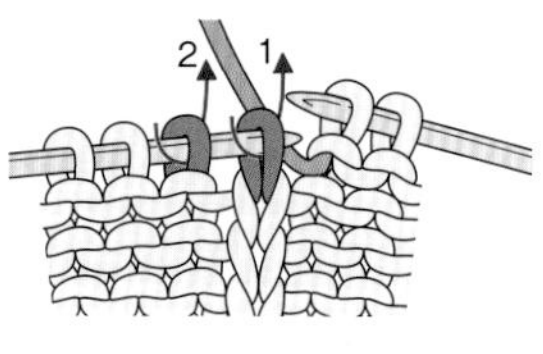

1 按 1、2 的顺序依次插入右棒针，不编织，将 2 针移至右棒针上。

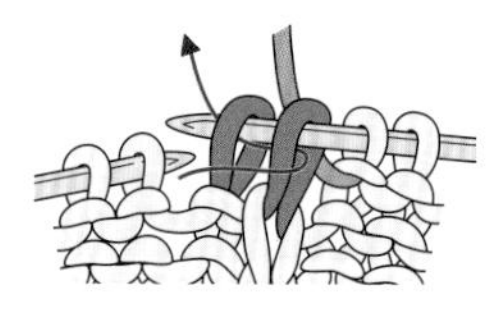

2 如箭头所示，在移过去的 2 针里插入左棒针，移回针目。

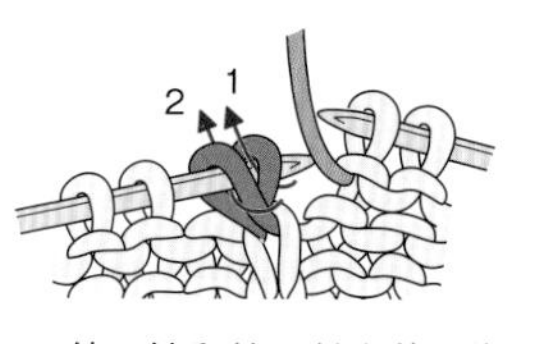

3 第 1 针和第 2 针交换了位置。如箭头所示顺序编织上针和下针。

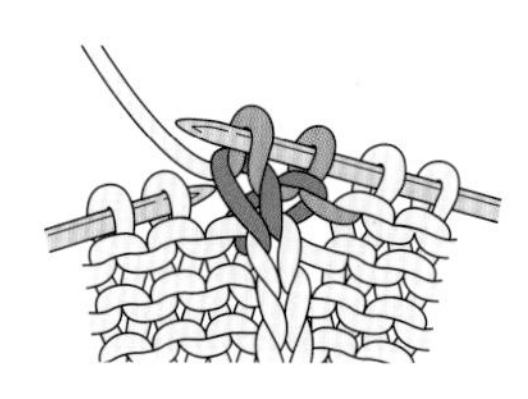

4 右上 1 针交叉（下方为上针）完成。

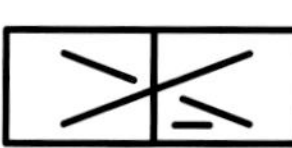

左上 1 针交叉（下方为上针）

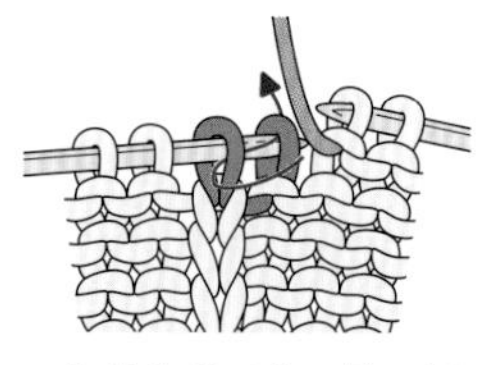

1 如箭头所示在 2 针里插入右棒针，将 2 针移至右棒针上。

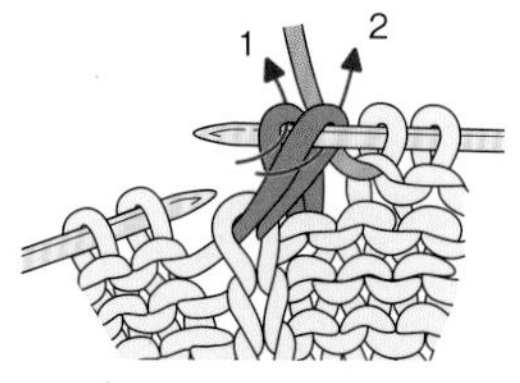

2 按 1、2 的顺序依次插入左棒针，不编织，移回 2 针。

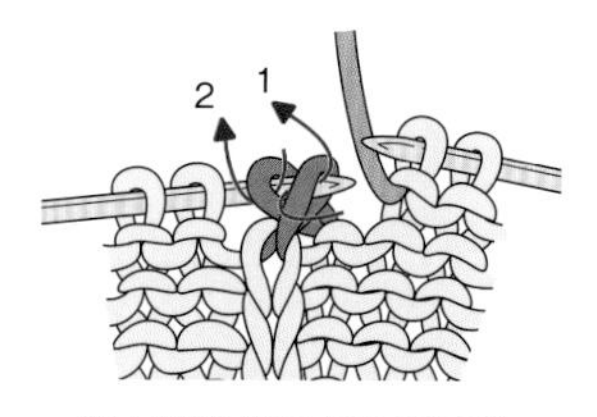

3 第 1 针和第 2 针交换了位置。如箭头所示顺序编织下针和上针。

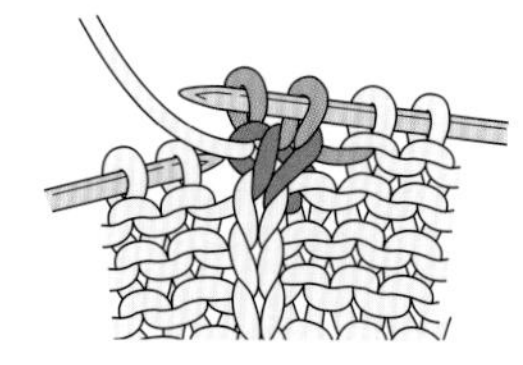

4 左上 1 针交叉（下方为上针）完成。

右上 2 针与 1 针的交叉

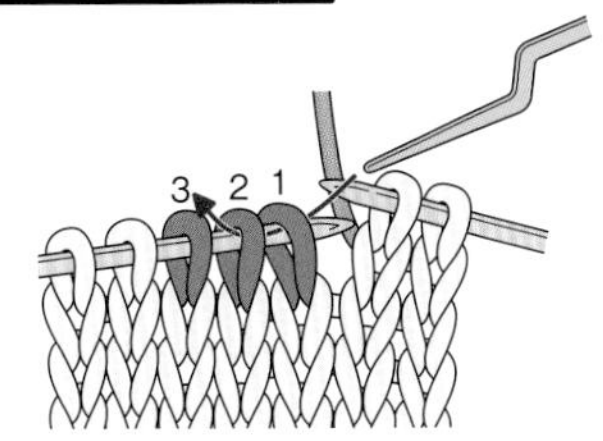

1 将针目 1 和 2 移至麻花针上。

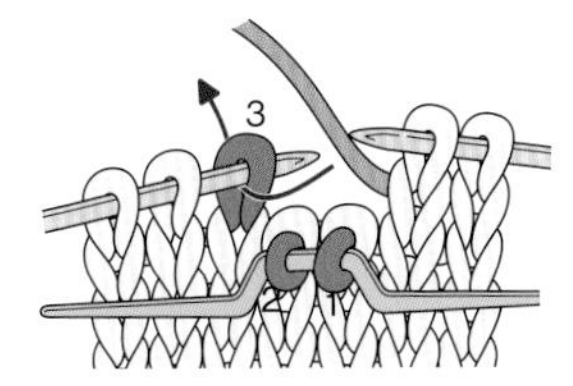

2 将移过针目的麻花针放在织物的前面，在针目 3 里编织下针。

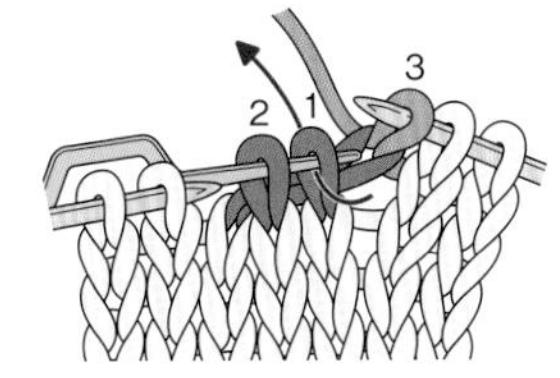

3 在针目 1 和 2 里编织下针。

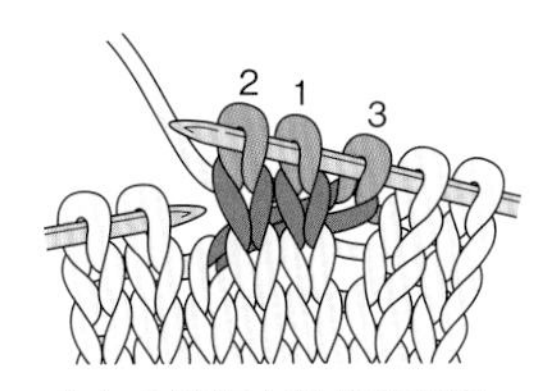

4 右上 2 针与 1 针的交叉完成。

左上 2 针与 1 针的交叉

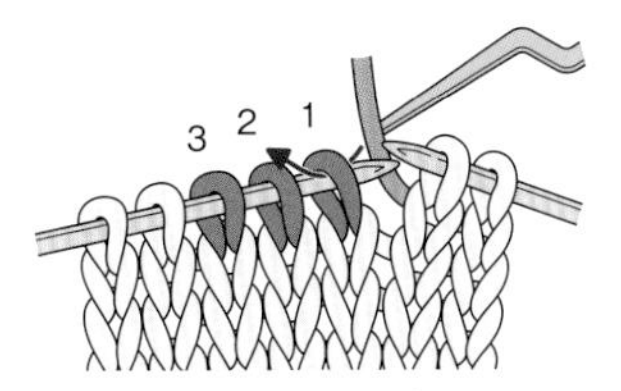

1 将针目 1 移至麻花针上。

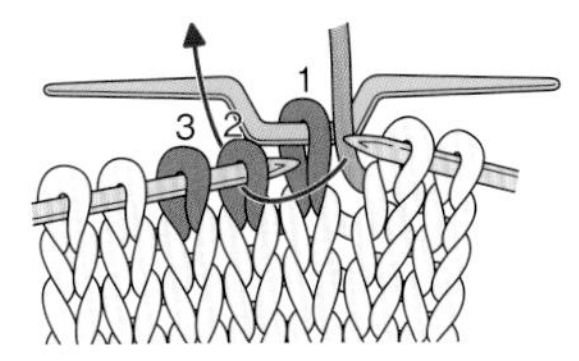

2 将移过针目的麻花针放在织物的后面，在针目 2 和 3 里编织下针。

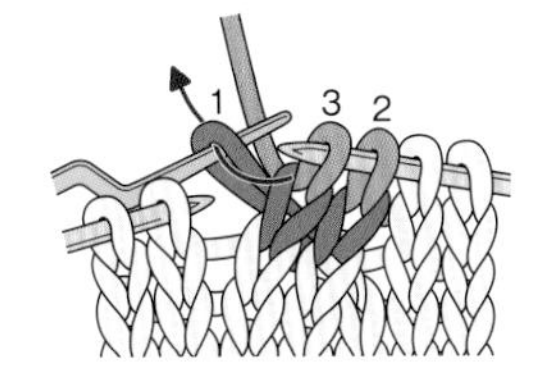

3 在针目 1 里编织下针。

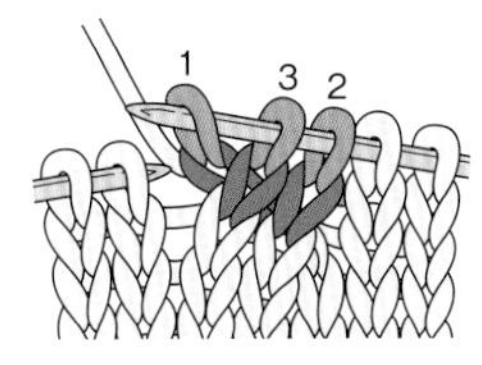

4 左上 2 针与 1 针的交叉完成。

右上 2 针与 1 针的交叉（下方为上针）

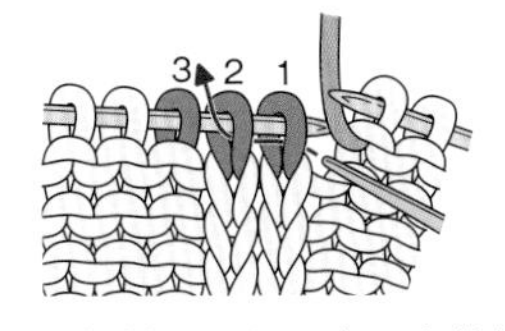

1 将针目 1 和 2 移至麻花针上。

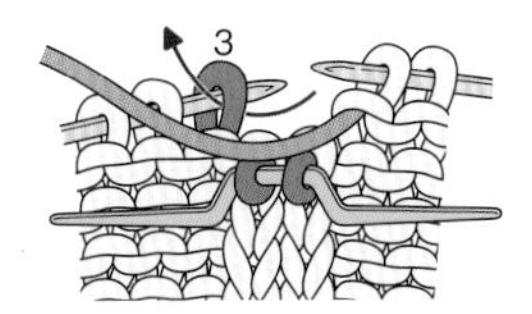

2 将移过针目的麻花针放在织物的前面，在针目 3 里编织上针。

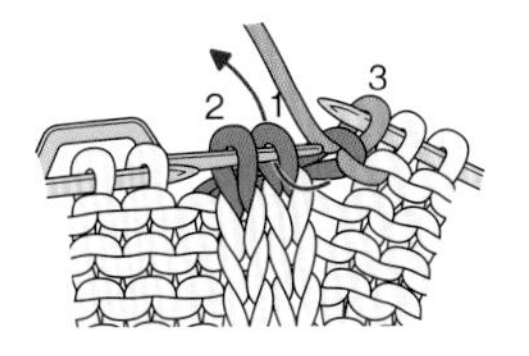

3 在针目 1 和 2 里编织下针。

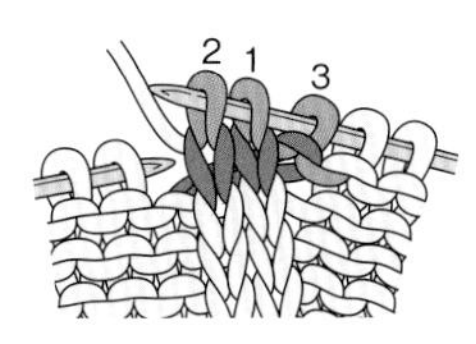

4 右上2针与1针的交叉（下方为上针）完成。

左上 2 针与 1 针的交叉（下方为上针）

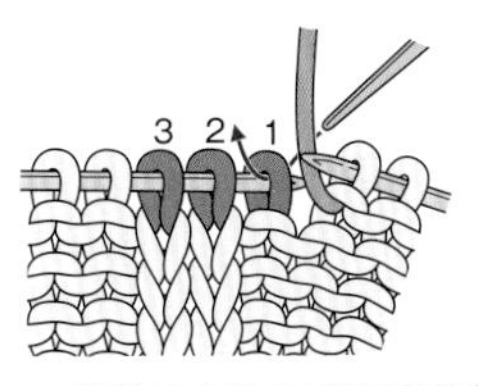

1 将针目 1 和 2 移至麻花针上。

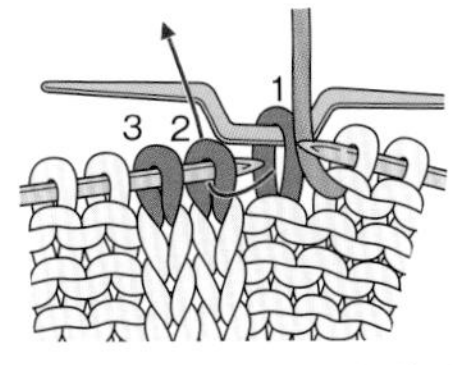

2 将移过针目的麻花针放在织物的后面，在针目 2 和 3 里编织下针。

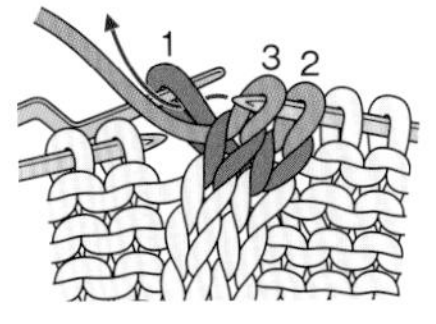

3 在针目 1 里编织上针。

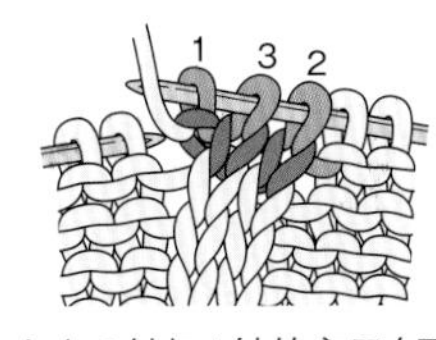

4 左上2针与1针的交叉（下方为上针）完成。

右上 1 针交叉（中间加入 3 针下针）

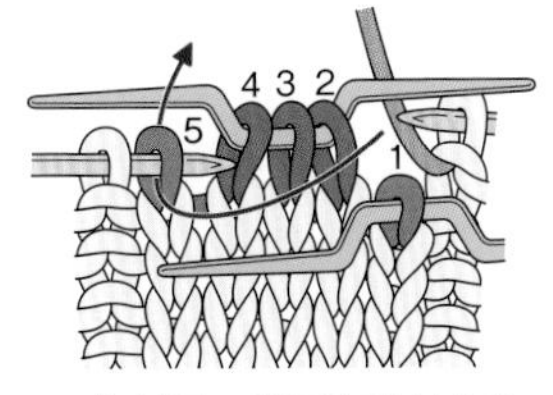

1 将针目 1 移至麻花针上放在织物的前面，将针目 2、3、4 移至麻花针上放在织物的后面。

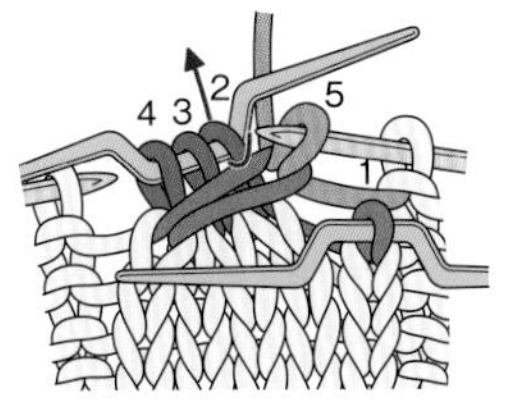

2 在针目 5 里编织下针，接着在针目 2、3、4 里编织下针。

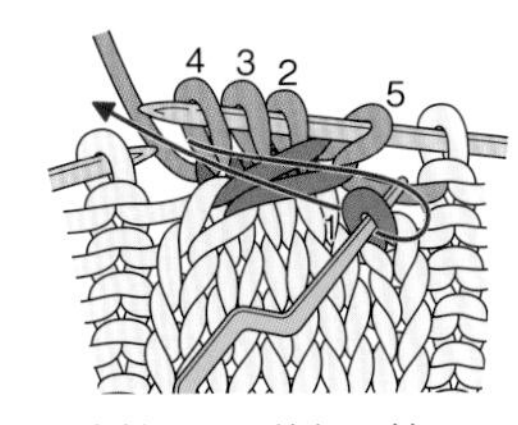

3 在针目 1 里编织下针。

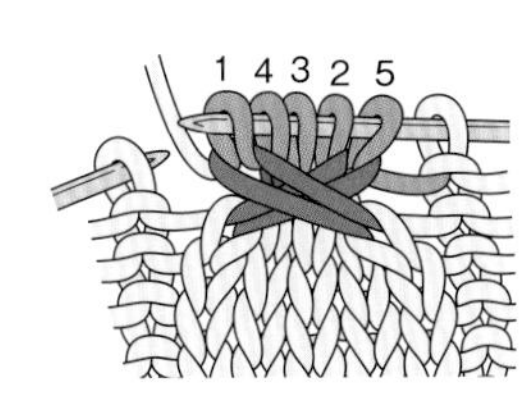

4 右上 1 针交叉（中间加入 3 针下针）完成。

扭针的右上 2 针并 1 针

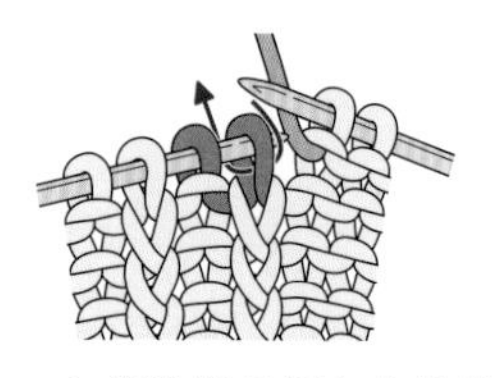

1 如箭头所示插入右棒针，将针目移至右棒针上。

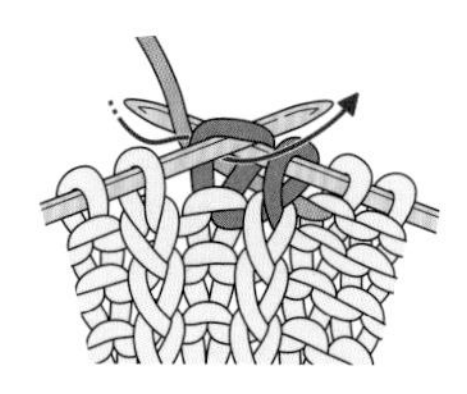

2 在下一针里编织下针。

3 在移过去的针目里插入左棒针，将其覆盖在刚才编织的针目上。

4 扭针的右上 2 针并 1 针完成。

扭针的左上 2 针并 1 针

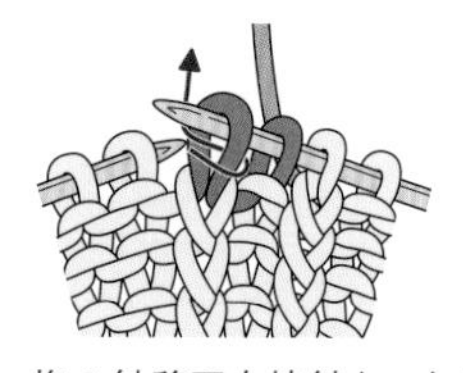

1 将 2 针移至右棒针上，如箭头所示在第 2 针里插入左棒针移回针目。

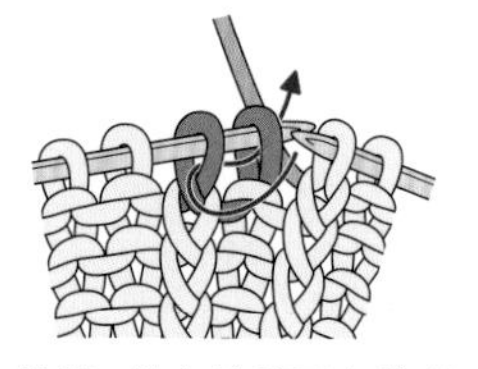

2 将第 1 针直接移回左棒针上。如箭头所示在 2 针里插入右棒针。

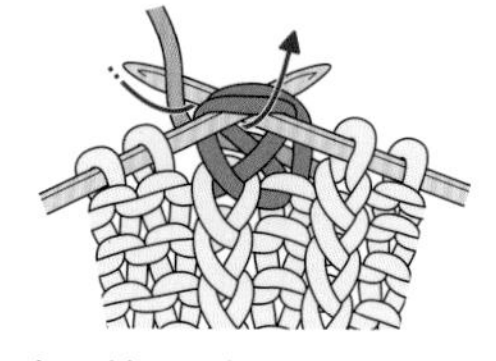

3 在 2 针里一起编织下针。

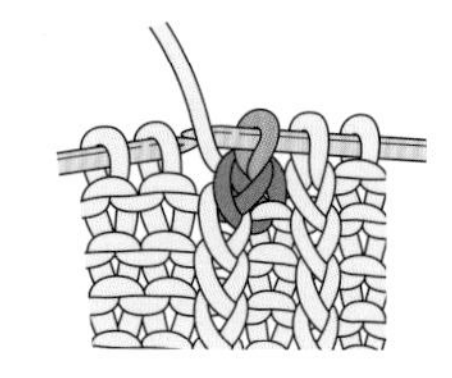

4 扭针的左上 2 针并 1 针完成。

右上扭针的 1 针交叉（下方为上针）

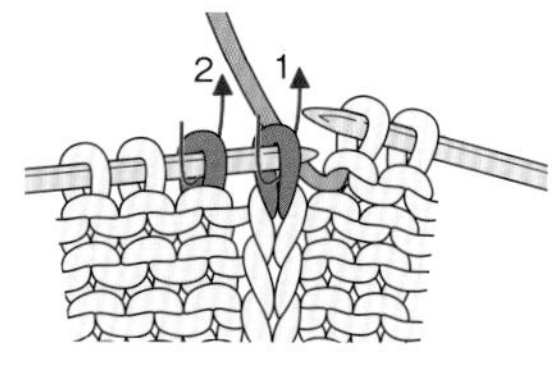

1 按 1、2 的顺序依次插入右棒针，不编织，将 2 针移至右棒针上。

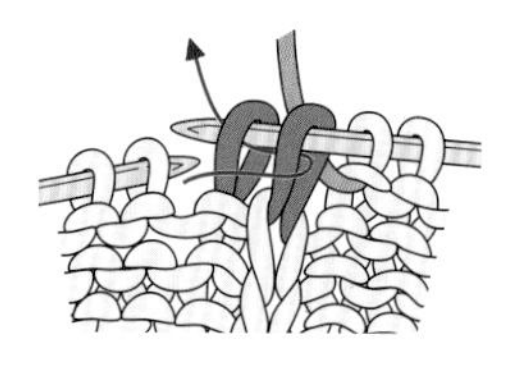

2 如箭头所示在移过去的 2 针里插入左棒针，移回针目。

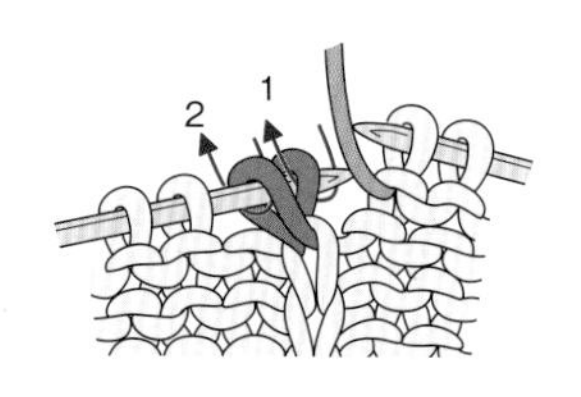

3 第 1 针和第 2 针交换了位置。如箭头所示顺序编织上针、下针的扭针。

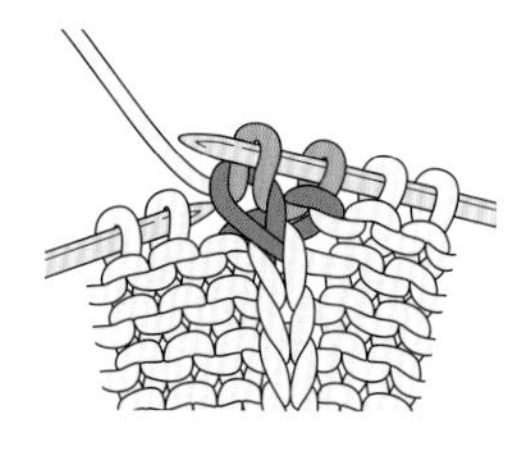

4 右上扭针的 1 针交叉（下方为上针）完成。

左上扭针的 1 针交叉（下方为上针）

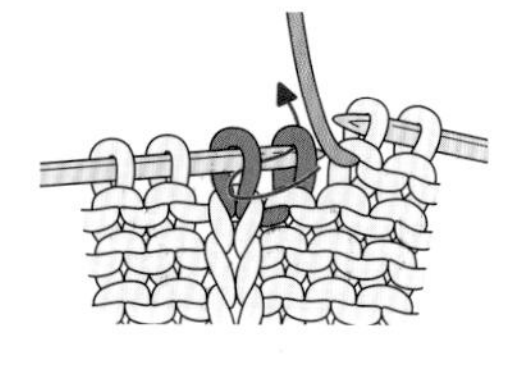

1 如箭头所示在 2 针里插入右棒针，将针目移至右棒针上。

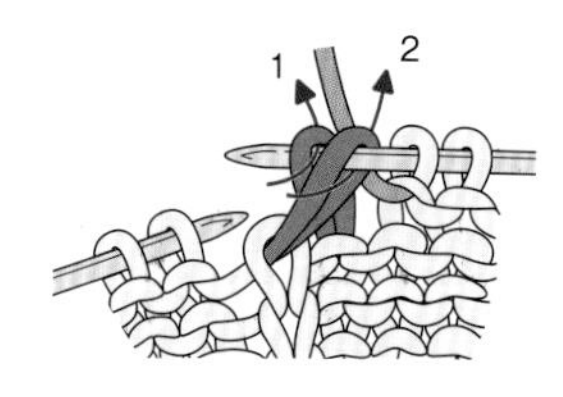

2 按 1、2 的顺序依次插入左棒针，不编织，移回 2 针。

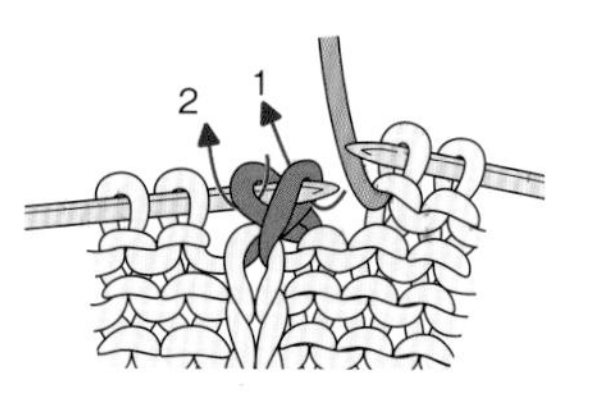

3 第 1 针和第 2 针交换了位置。如箭头所示顺序编织下针的扭针、上针。

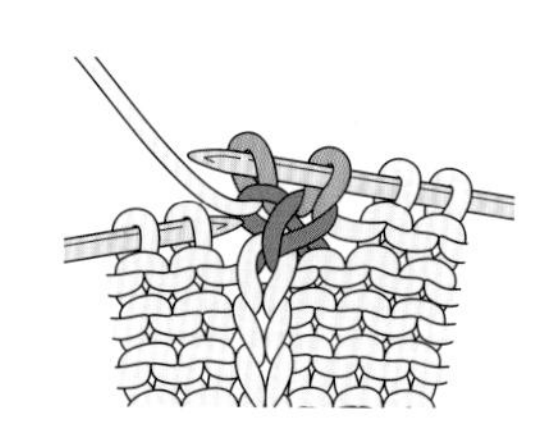

4 左上扭针的 1 针交叉（下方为上针）完成。

拉针（2 行的情况）

⇐○
⇒
⇐●
⇒×

1 编织●行时，在右棒针上挂线，不编织直接移过针目。

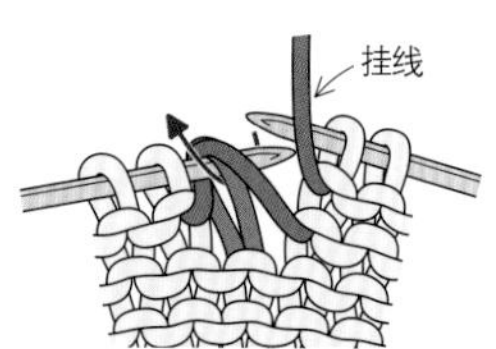

2 编织下一行时也在右棒针上挂线，再将前一行的挂针以及移过不织的针目一起直接移至右棒针上。

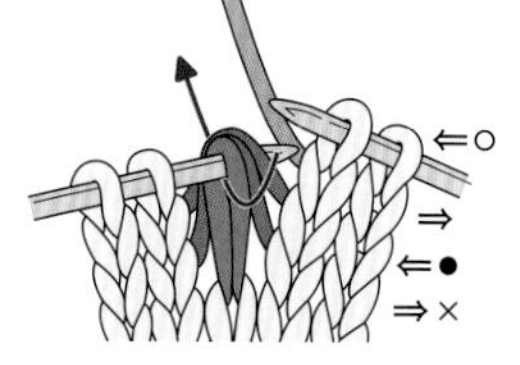

3 编织○行时，在前面移过不织的针目以及在挂针里插入右棒针，编织下针。

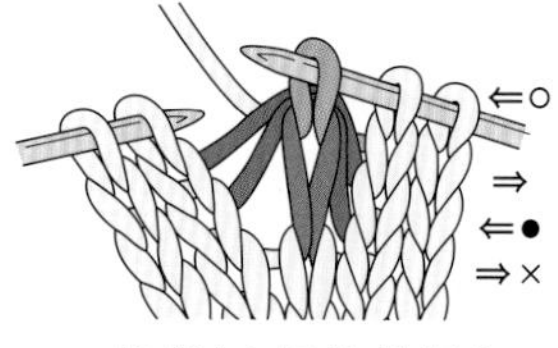

4 拉针（2 行的情况）完成。

右上 2 针交叉

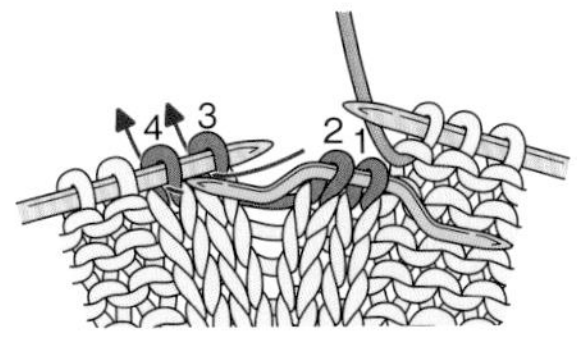

1 将针目 1 和 2 移至麻花针上放在织物的前面，在针目 3 和 4 里编织下针。

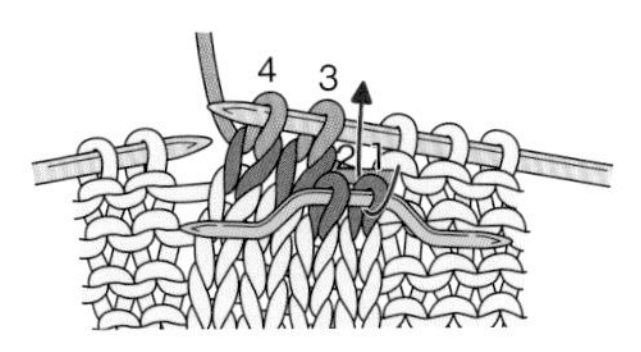

2 在针目 1 里编织下针。

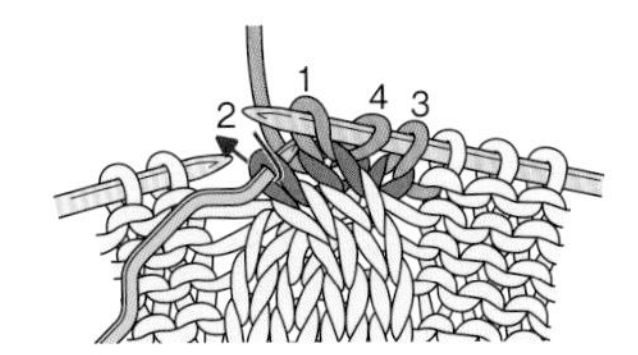

3 再在针目 2 里编织下针。

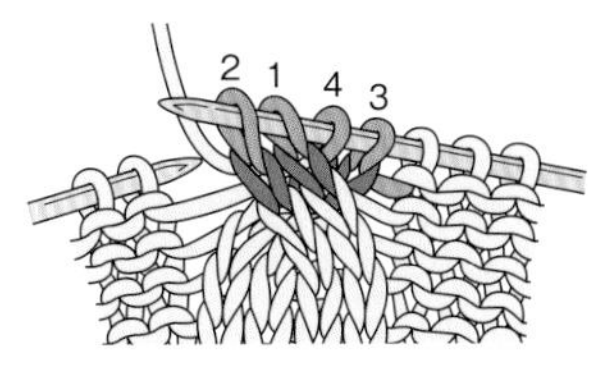

4 右上 2 针交叉完成。

左上 2 针交叉

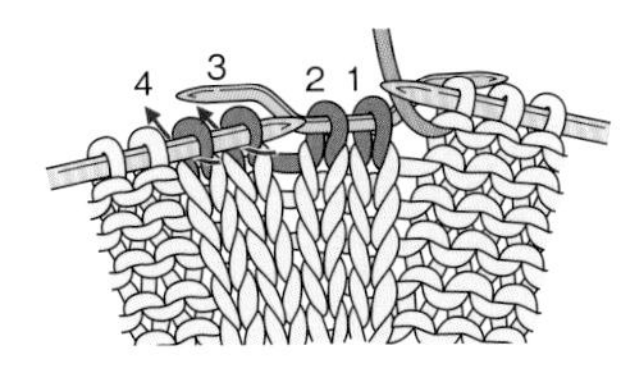

1 将针目 1 和 2 移至麻花针上放在织物的后面，在针目 3 和 4 里编织下针。

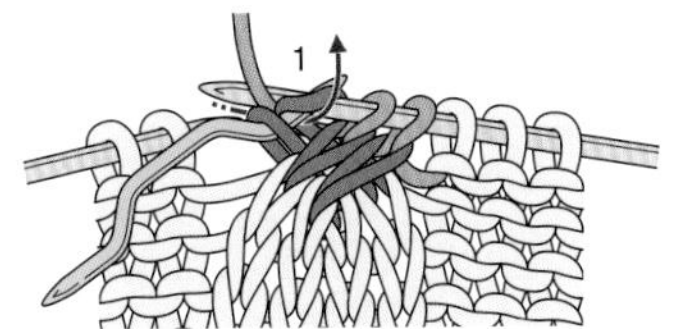

2 在针目 1 里编织下针。

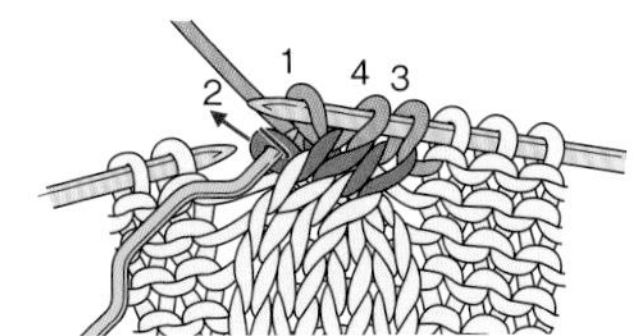

3 再在针目 2 里编织下针。

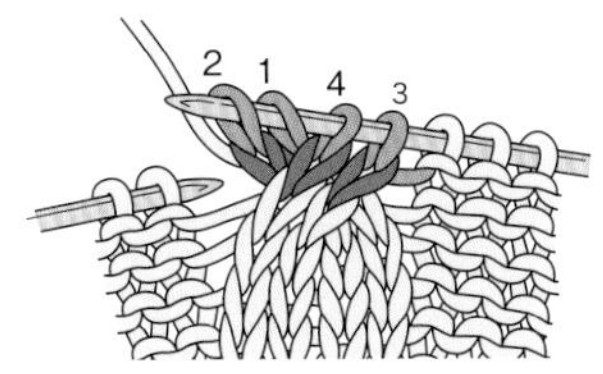

4 左上 2 针交叉完成。

右上 2 针交叉（中间加入 1 针上针）

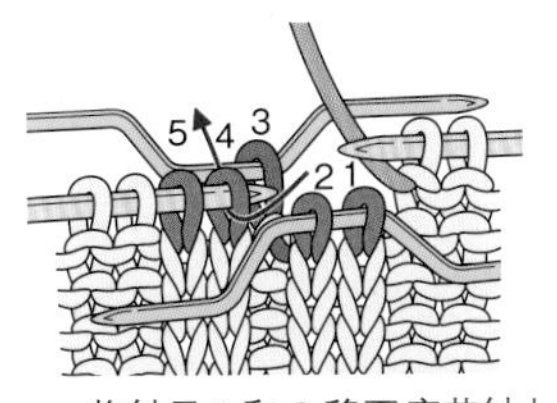

1 将针目 1 和 2 移至麻花针上放在织物的前面，将针目 3 移至麻花针上放在织物的后面。在针目 4 和 5 里编织下针。

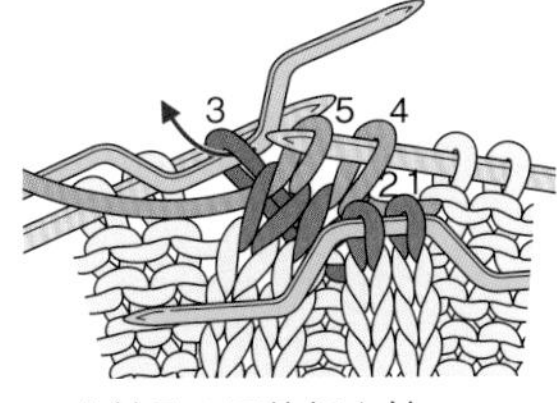

2 在针目 3 里编织上针。

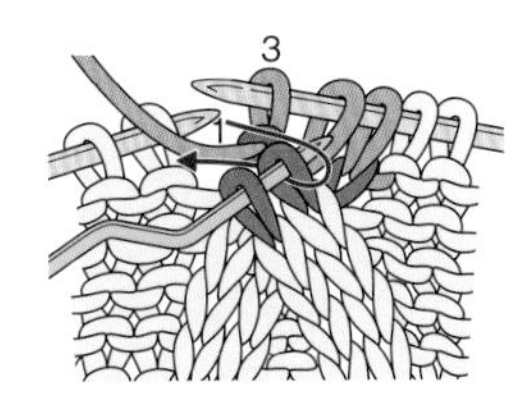

3 在针目 1 和 2 里编织下针。

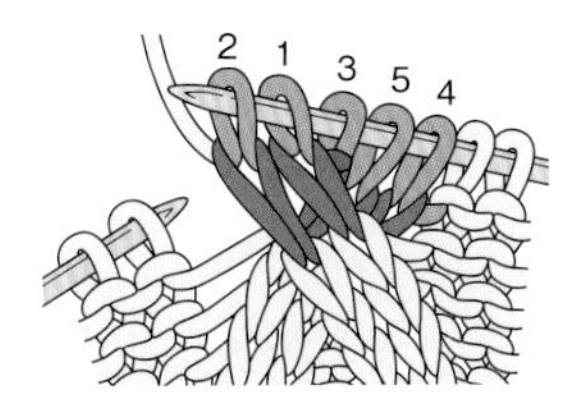

4 右上 2 针交叉（中间加入 1 针上针）完成。

左上 2 针交叉（中间加入 1 针上针）

1 分别将针目 1 和 2、针目 3 移至麻花针上放在织物的后面。在针目 4 和 5 里编织下针。

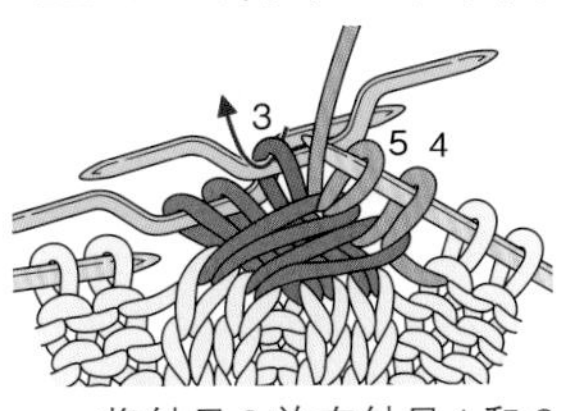

2 将针目 3 放在针目 1 和 2 的后面，再在针目 3 里编织上针。

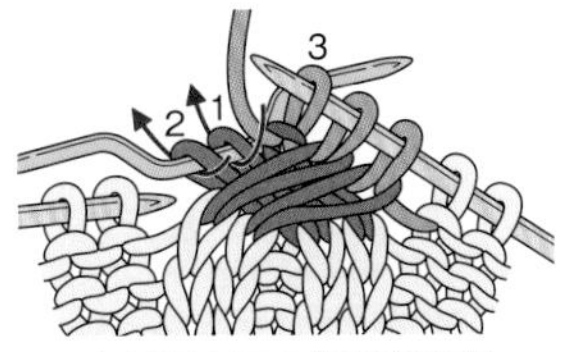

3 在针目 1 和 2 里编织下针。

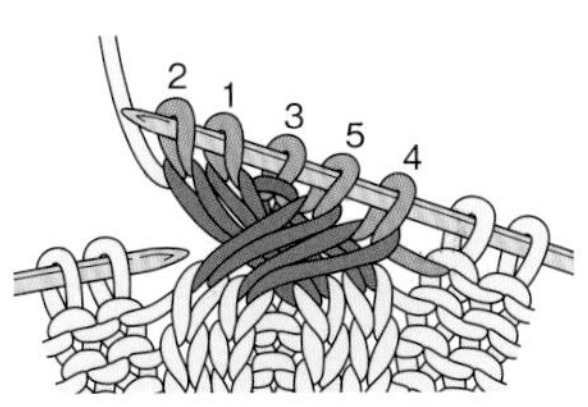

4 左上 2 针交叉（中间加入 1 针上针）完成。

上针的拉针（2 行的情况）

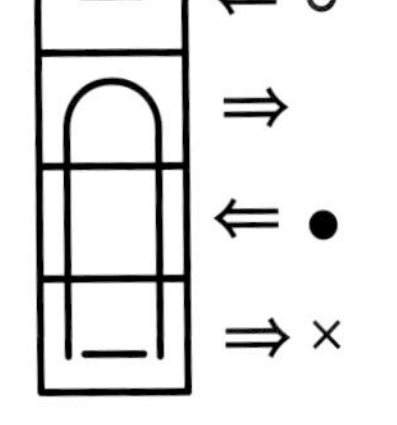

1 编织●行时，在右棒针上挂线，不编织直接移过针目。

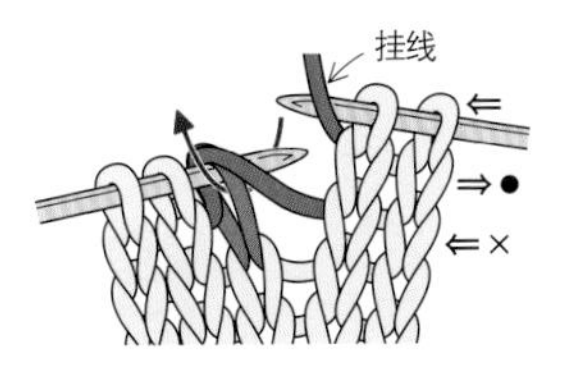

2 编织下一行时也在右棒针上挂线，再将前一行的挂针以及移过不织的针目一起移至右棒针上。

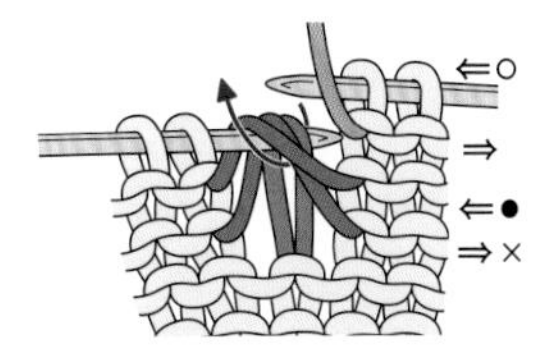

3 编织○行时，在前面移过不织的针目以及在挂针里插入右棒针，编织上针。

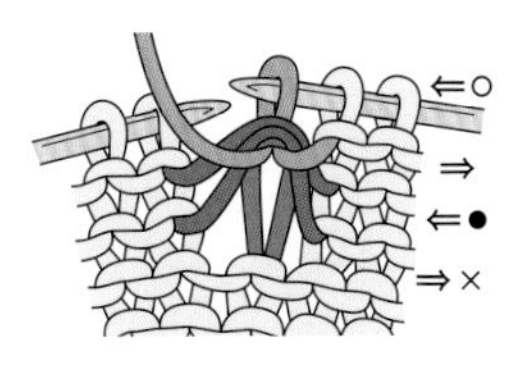

4 上针的拉针（2 行的情况）完成。

穿入左针的交叉（左套右的交叉针）

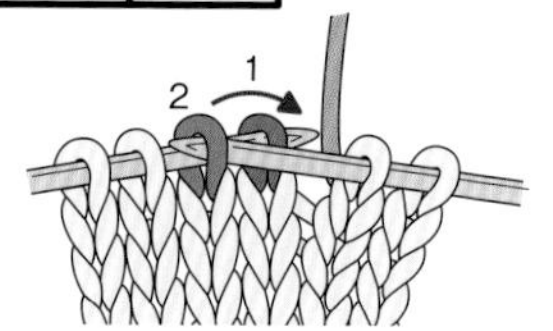

1 在针目 2 里插入右棒针，将其覆盖在针目 1 上。

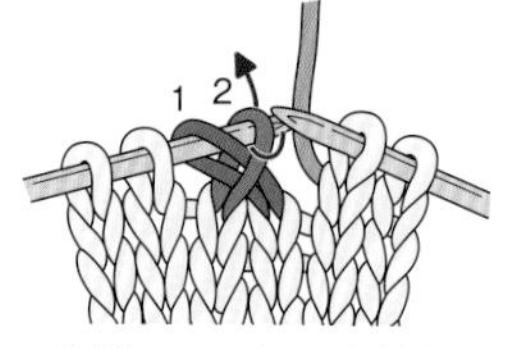

2 在针目 2 里插入右棒针编织下针。

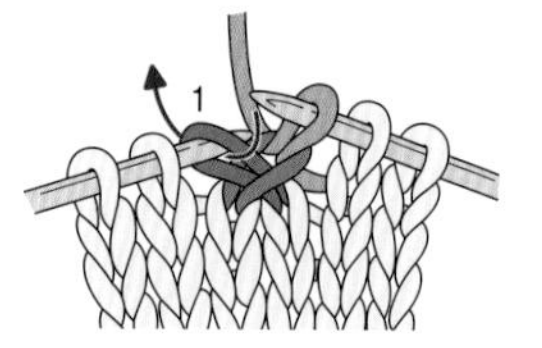

3 在针目 1 里插入右棒针编织下针。

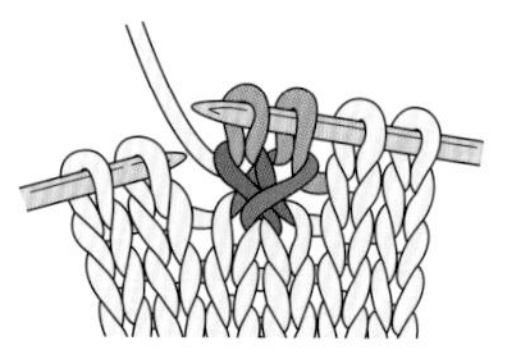

4 穿入左针的交叉（左套右的交叉针）完成。

穿入右针的盖针（3 针的情况）

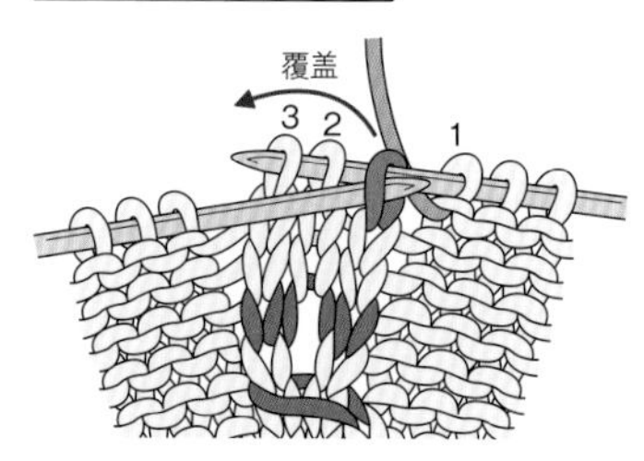

1 不编织直接将针目 1、2、3 移至右棒针上（第 1 针要改变针目方向）。在针目 1 里插入左棒针，将其覆盖在针目 2 和 3 上。

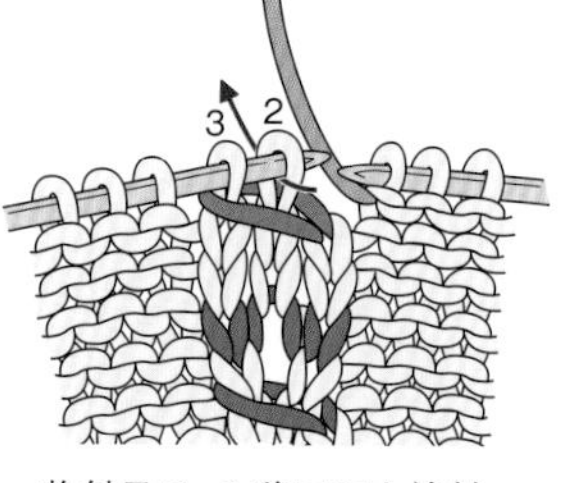

2 将针目 3、2 移回至左棒针上。在针目 2 里编织下针。

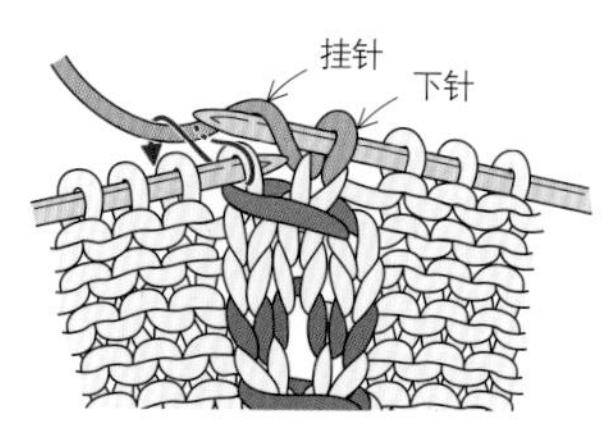

3 接着挂线，在针目 3 里编织下针。

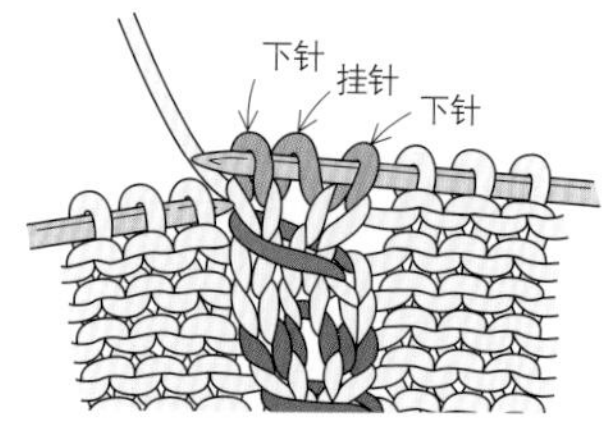

4 穿入右针的盖针（3 针的情况）完成。

穿入左针的盖针（3 针的情况）

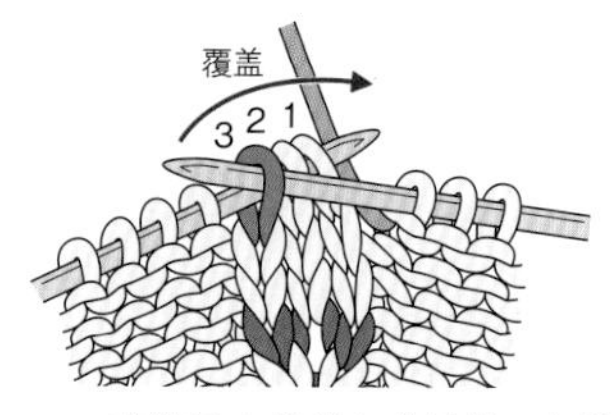

1 在针目 3 里插入右棒针，如箭头所示将其覆盖在针目 1 和 2 上。

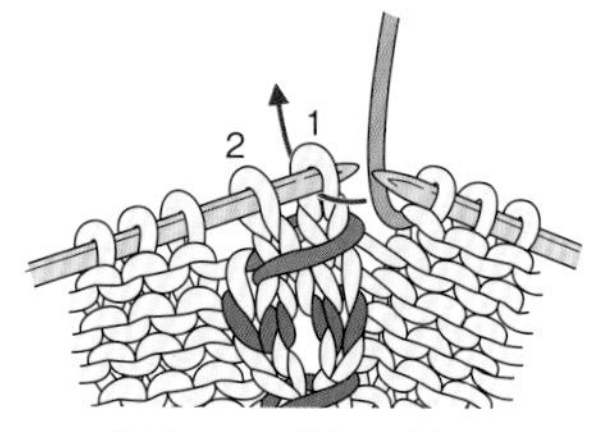

2 在针目 1 里编织下针。

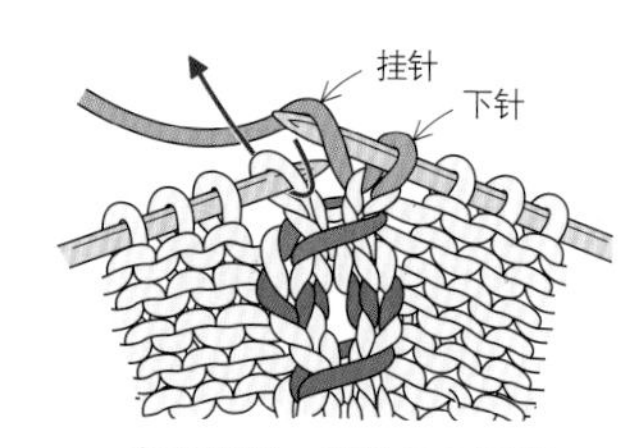

3 接着挂线，在针目 2 里编织下针。

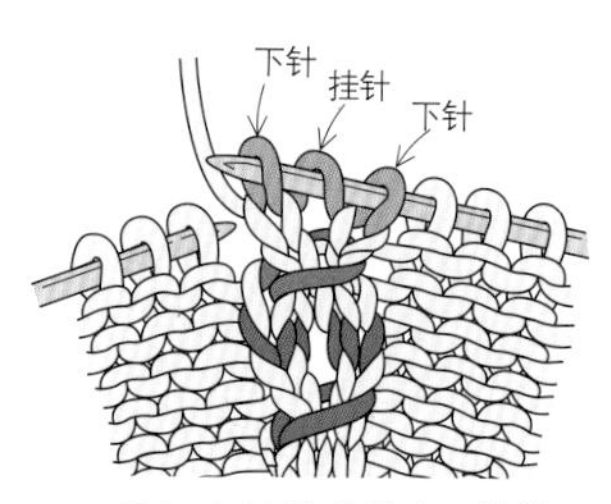

4 穿入左针的盖针（3 针的情况）完成。

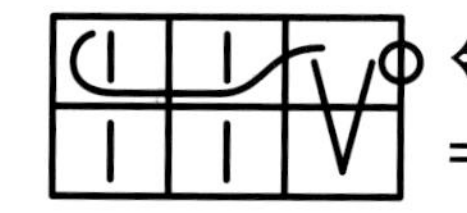

穿入右侧滑针的盖针（3 针的情况）

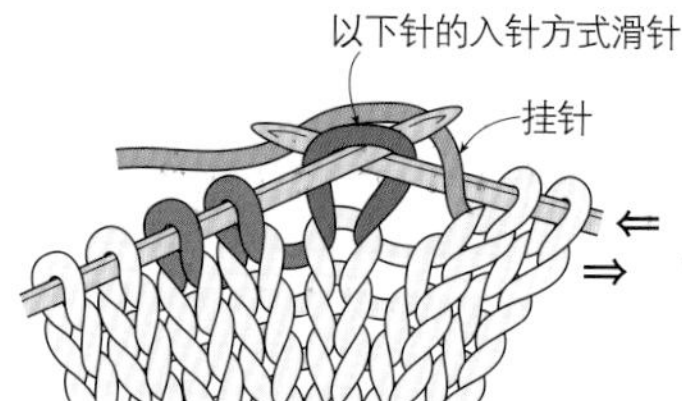

1 在右棒针上挂线，第 1 针不编织，直接移过针目（滑针）。

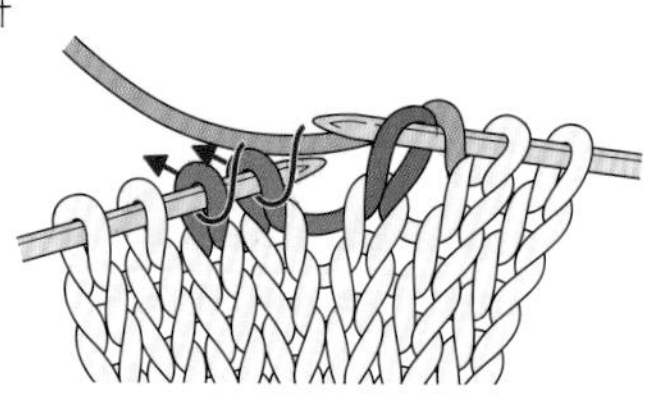

2 在后面的第 2 针和第 3 针里编织下针。

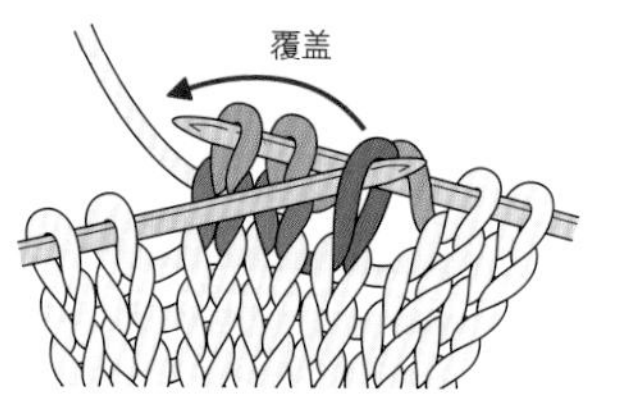

3 在步骤 1 的滑针里插入左棒针，将其覆盖在步骤 2 编织的 2 针上。

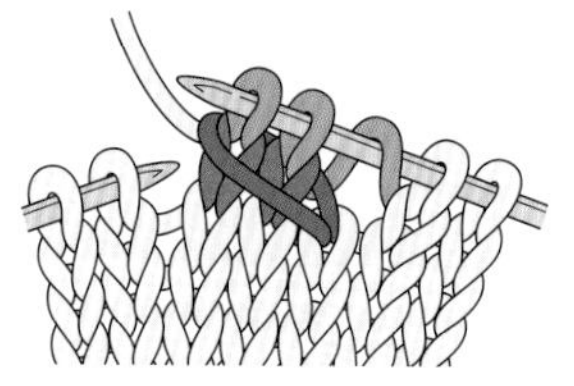

4 穿入右侧滑针的盖针（3 针的情况）完成。

卷针（绕 2 圈）

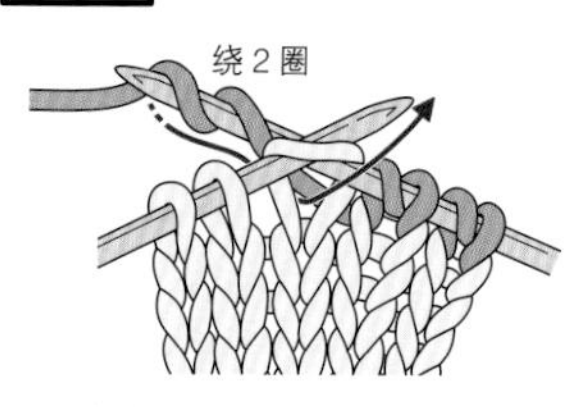

1 在针目里插入右棒针，绕 2 圈线后拉出。

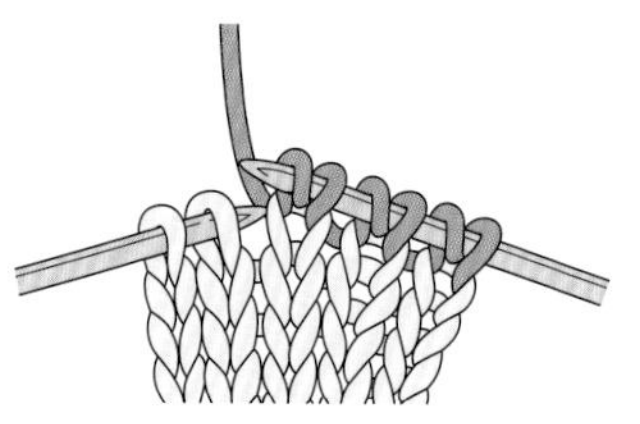

2 拉出后的状态。

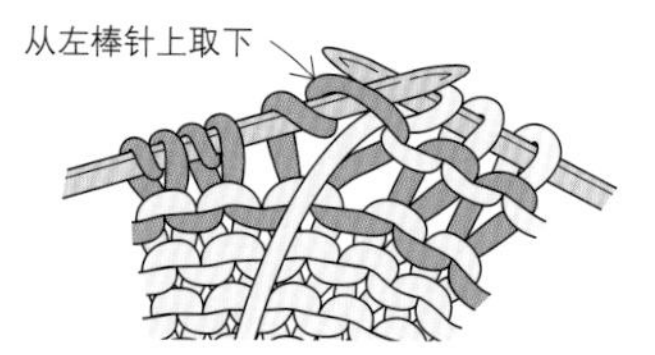

3 编织下一行时，一边从左棒针上取下针目一边按符号图编织。

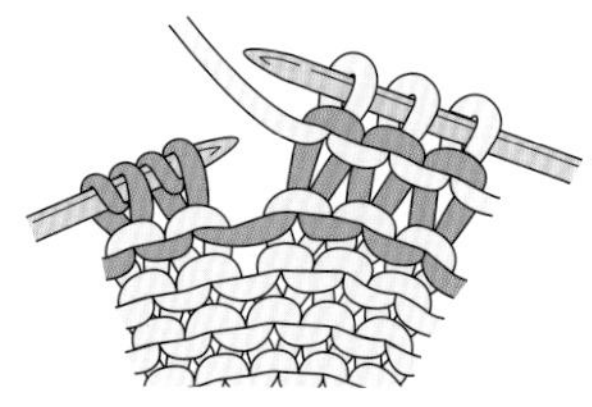

4 卷针（绕 2 圈）完成。

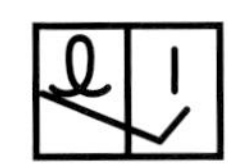

1针放2针的加针

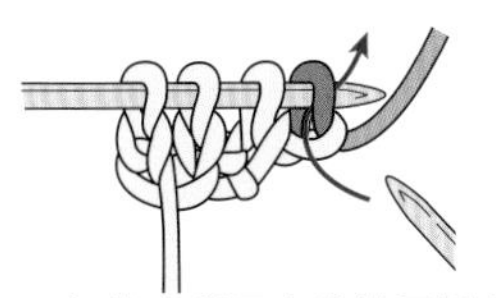

1 如箭头所示在边针里插入右棒针，编织下针。

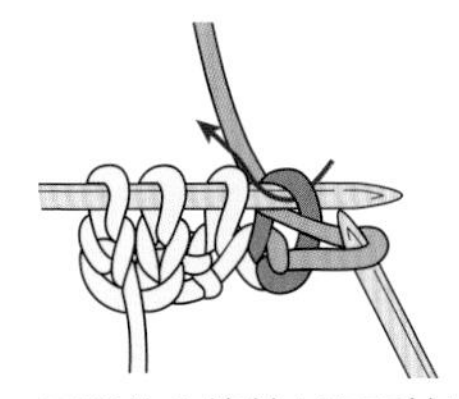

2 不要从左棒针上取下针目，如箭头所示插入右棒针。

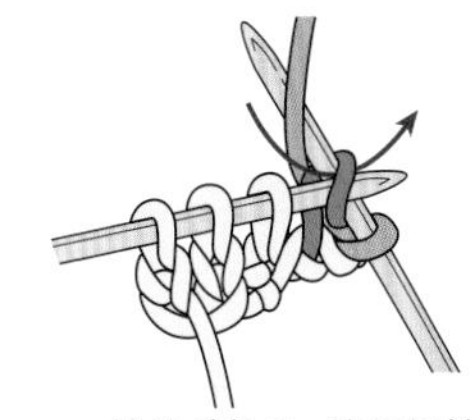

3 挂线并拉出，编织扭针。

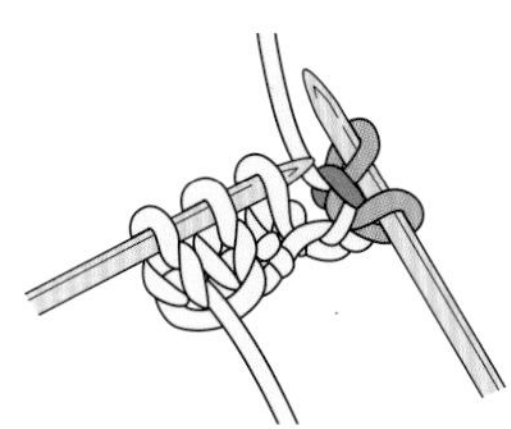

4 从左棒针上取下针目。在边上1针里织了2针下针。

1针放3针的加针

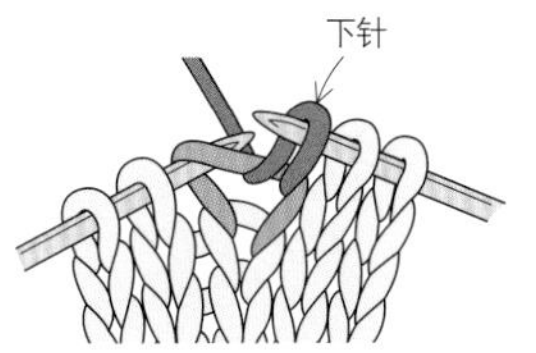

1 在针目里插入右棒针编织下针。不要从左棒针上取下针目。

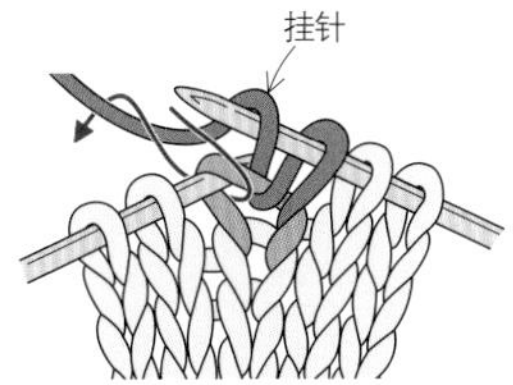

2 挂线，接着在步骤1相同针目里插入右棒针编织下针。

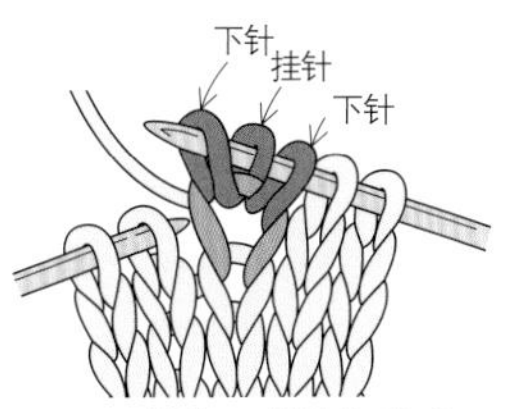

3 1针放3针的加针完成。

1针放5针的加针

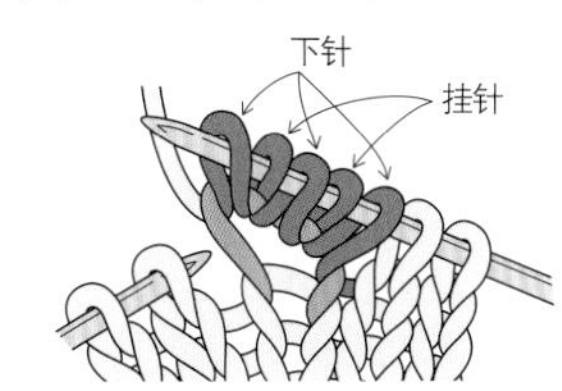

不要从左棒针上取下针目，重复编织下针、挂针、下针、挂针、下针。

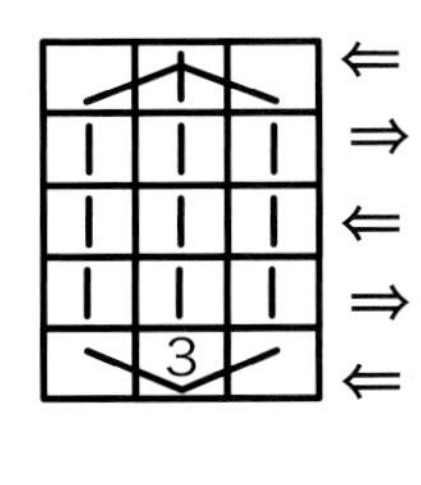

3针5行的枣形针

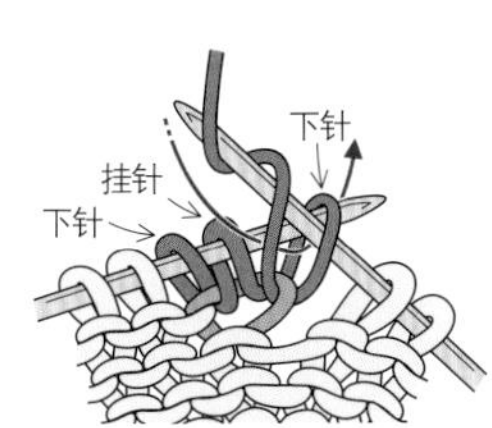

1 第1行：编织1针放3针的加针。第2行：翻转织物编织3针上针。

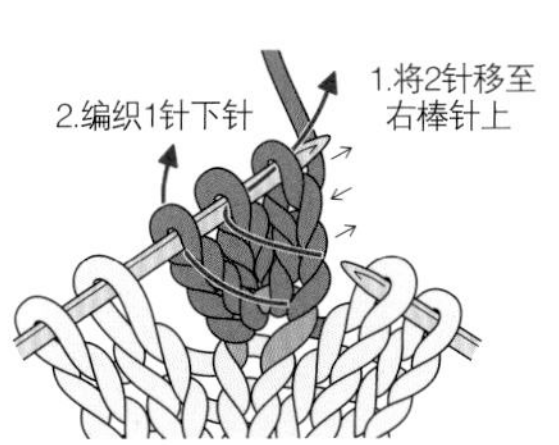

2 第3行和第4行：接着翻转织物分别在正面和反面编织3针。第5行：将2针移至右棒针上。

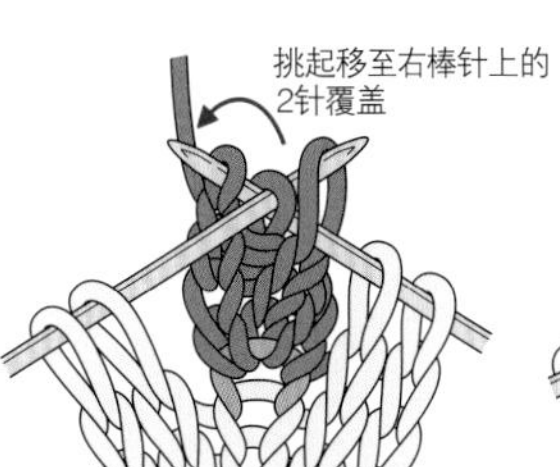

3 将移过去的2针覆盖在步骤2编织的针目上，完成中上3针并1针。

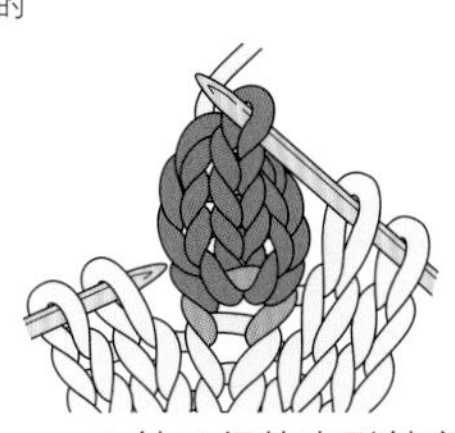

4 3针5行的枣形针完成。

3针长针的枣形针

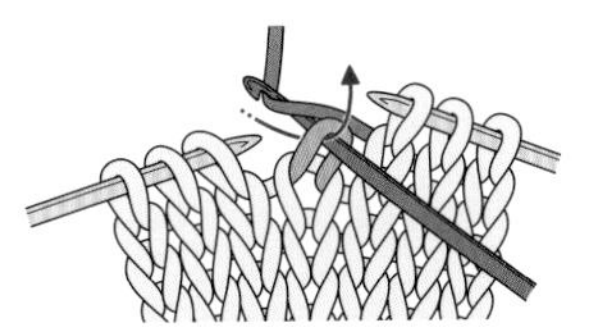

1 从针目的前面插入钩针，挂线并拉出。立织3针锁针。

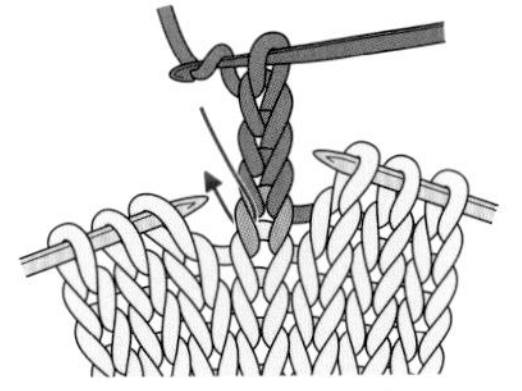

2 挂线，再在相同针目里插入钩针，钩织未完成的长针。

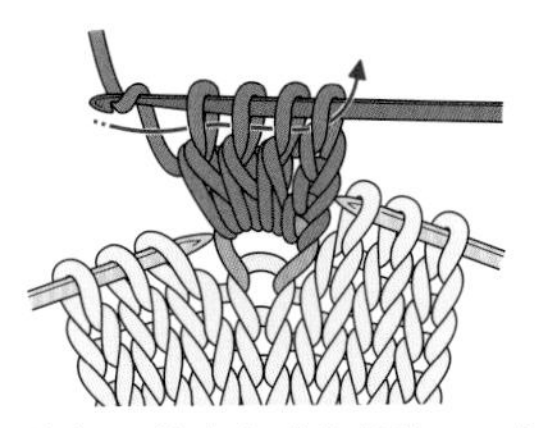

3 钩织3针未完成的长针，一次性引拔穿过所有线圈。

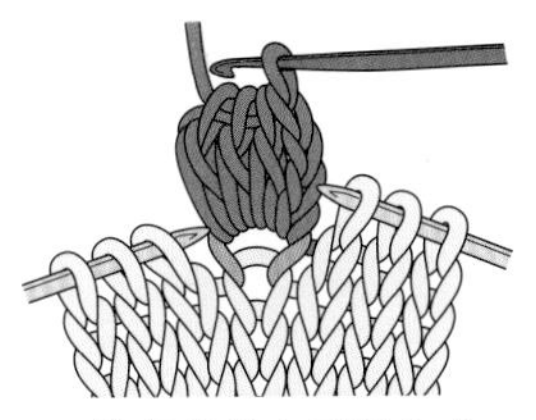

4 3针长针的枣形针完成。将针目移至右棒针上，注意针目的方向。

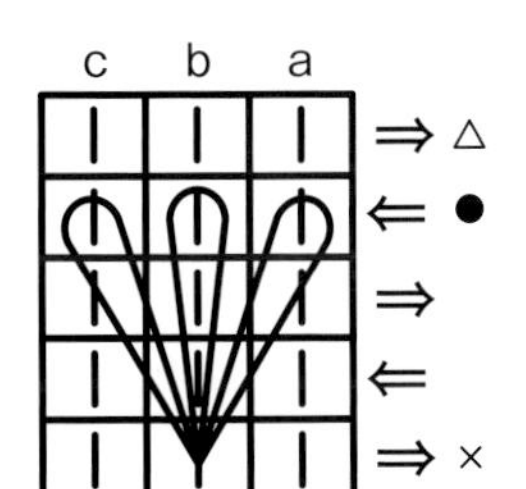

1针放3针的拉针

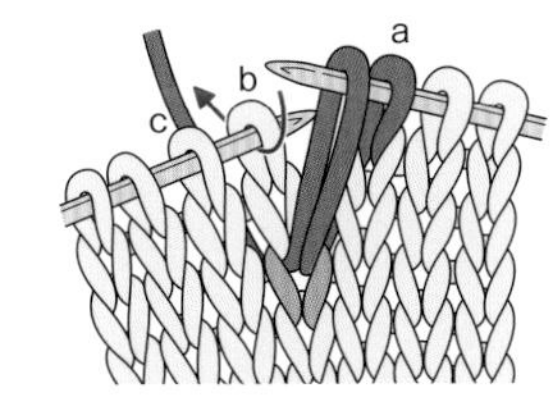

1 在编织图的●行进行操作。在针目a里编织下针。在针目b的下面第3行插入右棒针，挂线并拉出。

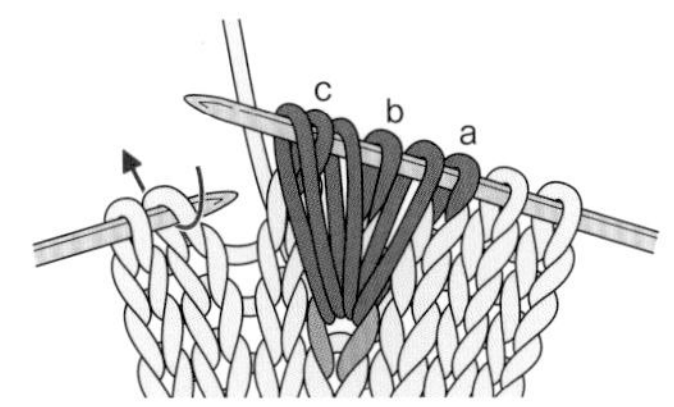

2 针目b与c也按相同方法，分别编织下针后再在相同针目里插入右棒针将线拉出。

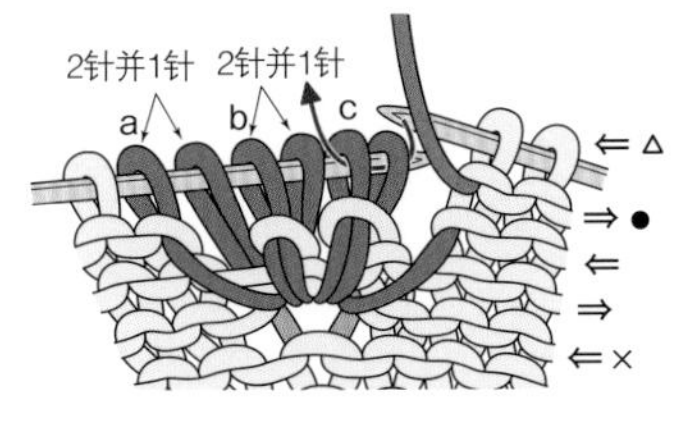

3 编织△行时，在拉出的针目和针目c里编织2针并1针。针目b和a也按相同方法，分别与拉出的针目一起编织2针并1针。

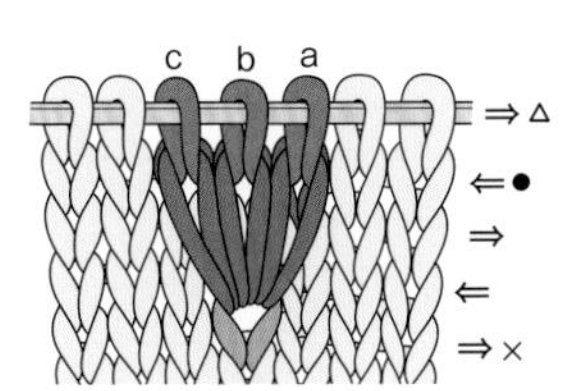

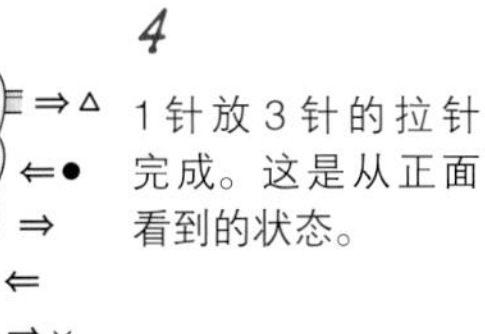

4 1针放3针的拉针完成。这是从正面看到的状态。

按 1 个花样的针数选择编织花样

按 1 个花样的针数选择花样时，请使用下面的索引。

使用线材一览

使用线材	成分	规格	线长	粗细	使用棒针号
大同好望得株式会社 芭贝事业部（Puppy）东京都千代田区外神田3-1-16 DAIDOH LIMITED大厦3楼 电话：03-3257-7135 http://www.puppyarn.com					
Princess Anny	羊毛100%（防缩加工）	40g /团	约112m	粗	5~7号
Alba	羊毛100%（使用100%超细美利奴羊毛）	40g /团	约105m	粗	6~7号
Arabis	棉100%	40g /团	约165m	中细	4~6号
British Fine	羊毛100%	25g /团	约116m	中细	3~5号
British Eroika	羊毛100%（使用50%以上的英国羊毛）	50g /团	约83m	极粗	8~10号
和麻纳卡株式会社 京都府京都市右京区花园薮之下町2-3 电话：075-463-5151 http://www.hamanaka.co.jp					
Exceed Wool FL	羊毛100%（使用超细美利奴羊毛）	40g /团	约120m	粗	4~5号
Alpaca Mohair Fine	马海毛35%、腈纶35%、羊驼绒20%、羊毛10%	25g /团	约110m	中粗	5~6号
和麻纳卡株式会社 京都府京都市右京区花园薮之下町2-3 电话：075-463-5151 http://www.richmore.jp					
Cashmere	羊毛（羊绒）100%	20g /团	约92m	粗	5~6号
Kaunis	幼羊驼绒53%、超细美利奴羊毛35%、尼龙12%	40g /团	约88m	极粗	11~12号
Silk Cotton Fine	蚕丝52%、棉48%	25g /团	约90m	中细	4~5号
Percent（编织花样）	羊毛100%	40g /团	约120m	粗	5~7号
Keito 东京都台东区浅草桥3-5-4 电话：03-5809-2018 http://www.keito-shop.com					
MADELINETOSH Tosh Merino Light	美利奴羊毛100%	约100g /桄	约384m	中细	1~2号

Photographers:Yukari Shirai,Noriaki Moriya
Original Japanese edition published in Japan by NIHON VOGUE CO., LTD.,
Simplified Chinese translation rights arranged with BEIJING BAOKU INTERNATIONAL CULTURAL DEVELOPMENT Co., Ltd.

备案号：豫著许可备字-2019-A-0126

图书在版编目（CIP）数据

镂空花样280/日本宝库社编著；蒋幼幼译.—郑州：河南科学技术出版社，2020.7（2024.9重印）
ISBN 978-7-5349-9991-8

Ⅰ.①镂… Ⅱ.①日… ②蒋… Ⅲ.①钩针－编织－图集 Ⅳ.①TS935.521-64

中国版本图书馆CIP数据核字（2020）第093801号

出版发行：河南科学技术出版社
地址：郑州市郑东新区祥盛街27号　邮编：450016
电话：（0371）65737028　65788613
网址：www.hnstp.cn
策划编辑：刘　欣
责任编辑：刘　欣
责任校对：王晓红
封面设计：张　伟
责任印制：张艳芳
印　　刷：河南瑞之光印刷股份有限公司
经　　销：全国新华书店
开　　本：889 mm×1194 mm　1/16　印张：9　字数：280千字
版　　次：2020年7月第1版　2024年9月第5次印刷
定　　价：49.00元